轧钢工人应知应会丛书

型钢生产知识问答

沈茂盛　李曼云　等编著

U0315325

北　京

冶金工业出版社

2005

内 容 提 要

本书是轧钢工人应知应会丛书之一。全书共分 10 章,较全面地介绍了型钢生产中的各种基本概念和生产知识,包括型钢品种、规格、原料、加热、轧机及其布置、车间辅助机械设备、孔型设计、导卫装置、钢的轧制、精整、控轧控冷等生产工艺和设备特点、质量检验及技术经济指标等内容。

本书适合型钢生产厂的坯料、加热、轧钢、精整和热处理等工种工人及生产管理人员学习,可作为轧钢工人技术培训教材,也可供大专院校相关专业师生参考。

图书在版编目(CIP)数据

型钢生产知识问答/沈茂盛等编著. —北京:冶金工业出版社,2003.5(2005.3 重印)

(轧钢工人应知应会丛书)

ISBN 7-5024-3225-6

Ⅰ.型… Ⅱ.沈… Ⅲ.型钢—生产—问答 Ⅳ. TG14-44

中国版本图书馆 CIP 数据核字(2003)第 012294 号

出版人 曹胜利(北京沙滩嵩祝院北巷 39 号,邮编 100009)
责任编辑 李培禄 美术编辑 王耀忠 责任校对 侯 珊 责任印制 牛晓波
北京昌平百善印刷厂印刷;冶金工业出版社发行;各地新华书店经销
2003 年 5 月第 1 版.2005 年 3 月第 2 次印刷
850mm×1168mm 1/32;12.625 印张;335 千字;381 页;3001~7000 册
29.00 元
冶金工业出版社发行部 电话:(010)64044283 传真:(010)64027893
冶金书店 地址:北京东四西大街 46 号(100711) 电话:(010)65289081
(本社图书如有印装质量问题,本社发行部负责退换)

出版说明

　　为了配合各轧钢企业考核工人和职工技术培训工作，适应我国轧钢生产工人提高专业技术水平的需要，我们组织轧钢工程技术人员、大学教师和设计人员为广大轧钢工人和生产管理人员编写了一套轧钢工人应知应会丛书。

　　这套丛书包括轧钢生产基础知识、轧钢加热炉、热轧型钢、线材、钢管、热轧带钢、冷轧带钢、钢丝及钢丝绳生产等内容，将分册陆续出版。各册均以问答形式、按生产工艺过程编写。内容以介绍实用技术为主，侧重总结现场操作经验。

　　本丛书适合轧钢车间原料清理、加热、轧钢、酸洗、热处理、精整等各工种 1～6 级工及生产管理人员自学，可作为轧钢工人技术培训教材，也可供大专院校有关专业师生参考。

前 言

型钢是重要的冶金产品之一,它在国民经济中占有重要地位。近些年来,热轧型钢的生产装备与技术有了很大的进步和发展。本书结合近些年国内外型钢生产的先进生产技术与装备、产品品种与产品质量、生产经验和基本理论,针对热轧型钢的生产工艺、装备、新技术、产品质量等方面的问题,以问答方式编写而成。

《型钢生产知识问答》一书是"轧钢工人应知应会丛书"之一,是配合各轧钢企业考工和职工技术培训,适应轧钢生产工人和有关人员提高技术水平的需要而编写的。

本书由宝钢集团上海第一钢铁有限公司沈茂盛教授级高级工程师和北京科技大学李曼云教授主编。参加各章编写工作的人员是:第一、第四章:徐福昌;第二、第三、第十章:袁康;第五章:沈茂盛;第六、第七章:李曼云、牟文恒、肖树勇;第八章:李曼云、王有铭;第九章王有铭、肖树勇。全书由李曼云教授审改、校对。

由于编著者业务水平有限和时间仓促,书中一定会有某些不足之处,敬请广大读者给予批评指正。

编 者
2003 年 1 月

目 录

第 一 章

型钢品种规格和生产工艺

1. 什么叫型钢,型钢在国民经济中占有什么地位?

型钢是经各种塑性加工成形的具有一定断面形状和尺寸的直条实心钢材。型钢生产历史悠久,产品品种规格众多,断面形状和尺寸的差异大。据统计,各类型钢的形状有 1500 多种,尺寸规格达到 3900 多个,因而其生产方式也十分繁多。尽管钢材生产中钢板和钢管的比例在不断提高,但根据各个国家的具体条件,型钢仍占钢材总量的 30% ~ 60%。我国目前的型材产量占钢材总产量的 50% 左右。型钢广泛应用于国民经济的各个部门,如机械、金属结构、桥梁建筑、汽车、铁路车辆制造和造船等部门,在国民经济领域中仍占有不可缺少的地位。

2. 型钢的分类方法有哪些?

型钢常用的分类方法有:按照型钢的断面形状分、按断面尺寸和单位长度分、按生产方式分等。

型钢按照断面形状可以分为简单断面型钢、复杂断面型钢和周期断面型钢三类。周期断面型钢的横断面通常以圆断面居多。

型钢根据断面尺寸和单位长度的质量可分为钢轨、钢梁、大型材、中小型材。

型钢按生产方式分有热轧型钢、冷轧型钢、弯曲型钢、焊接型钢、锻压型钢和挤压型钢等。

3. 简单断面型钢、复杂断面型钢和周期断面型钢的特征是什么?

简单断面型钢是指钢材长度与截面周长之比相当大、横断面无明显凹凸、外形比较对称和均匀简单的型钢,也称普通断面型钢,包括圆钢、方钢、扁钢和六角钢等,在我国习惯上把角钢也归入简单断面型钢。简单断面型钢也曾包括线材,现在线材已自成一类钢材产品。简单断面型钢如图1-1所示。简单断面型钢多用于机械制造、金属结构、桥梁建筑等部门。

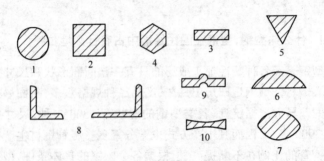

图1-1　简单断面型钢示意图

1—圆钢;2—方钢;3—扁钢;4—六角钢;5—三角钢;6—弓形钢;
7—椭圆钢;8—角钢;9—带槽弹簧扁钢;10—汽车拖拉机用弹簧扁钢

复杂断面型钢也称异形断面型钢,是指横断面由两个以上的简单几何形状组成的、具有长而薄的翼缘的型钢。复杂断面型钢按用途可以分成以下5类(参见图1-2~图1-4):

图1-2　复杂断面型钢示意图

1— 工字钢;2—槽钢;3—钢轨;4—窗框钢;5—钢板桩

(1)机械工业用复杂断面型钢,其中主要有:

1)印刷机、打印机零件,如印刷机导轨、打印机辊架;

2)风动工具零件;

3)石油机械零件;

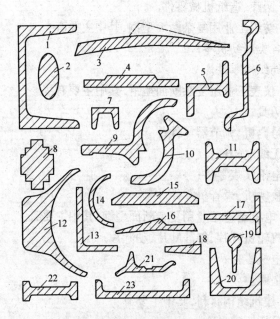

图 1-3　农机用异形断面型钢示意图

1—东方红-54 型拖拉机用深腿槽钢；2—万能拖拉机耘刺；3—机引五铧犁犁刃；4—中凸扁钢；5—偏乙形钢；6—胶轮车轮辋；7—小槽钢；8—机引五铧犁副梁；9—拖拉机挡圈；10—胶轮车挡圈；11—五铧犁主梁；12—磁极用钢；13—薄壁角钢；14—弧形钢；15—拱面扁钢；16—犁铧钢；17—长腿丁字钢；18—楔形钢；19—锤杆钢；20—辕槽钢；21—拖拉机履带板；22—端部加厚扁钢；23—浅槽钢

4）采矿机械零件；

5）粮食加工机械零件；

6）农业机械零件，如脱粒机零件、犁刀坯、榨油机零件；

7）汽车零件，如汽车箱体压板、发动机零件；

8）轴承零件，如轴承圈、轴瓦盖；

9）机床零件；

10）刀具，如绞刀、冲头；

11）传动机械零件；

12) 医疗、造纸机械零件。

(2) 纺织工业用复杂断面型钢,其中主要有:

1) 各类缝纫机零件;

2) 纺织机零件。

(3) 仪表工业用复杂断面型钢,其中主要有:

1) 刃具;

2) 号码机、调节器零件;

3) 无线电构件;

4) 电讯仪表零件;

5) 放映机、录音机零件。

(4) 电机制造工业用复杂断面型钢,其中主要有:

1) 汽轮机叶片,如静叶片、动叶片;

2) 电机零件;

3) 垫圈。

(5) 建筑结构材料,其中主要有:

1) 民用钢窗;

2) 船舰用钢窗。

复杂断面型钢按断面形状特点分有:

(1) 钢材断面具有水平和垂直方向两个对称轴的异形钢,如工字钢、H 型钢等。

(2) 钢材断面有水平或垂直一个方向对称轴的型钢,如槽钢、T 形钢和 U 形钢。

(3) 钢材断面没有对称轴的型钢,即在型钢各部分的组成上、在水平和垂直方向上均不对称,如球扁钢、钢窗用钢和犁铧钢等。

周期断面型钢的断面和尺寸沿轧材纵轴方向呈周期性变化。周期断面型钢的部分产品有热轧、冷轧带肋钢筋,变断面轴,变断面扁钢和机械零件用的变断面轧件。周期断面型钢可用纵轧、斜轧、横轧或楔横轧方式生产。部分周期断面型钢见图 1-5 所示。最常见的几种周期断面型钢见表 1-1。

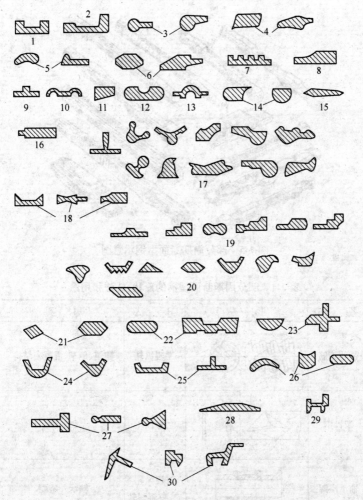

图 1-4　小型异形断面型钢示意图

1—印刷机导轨；2—打字机辊架；3—风动工具零件；4—石油机械零件；5—采矿机械零件；6—粮食加工机械零件；7—脱粒机零件；8—型刀坯；9—榨油机零件；10—汽车箱体压板；11—发动机零件；12—轴承圈；13—轴瓦盖；14—机床零件；15—铰刀；16—冲头；17—传动机械零件；18—医疗、造纸机械零件；19—缝纫机零件；20—纺织机零件；21—刃具；22—号码机、调节器零件；23—无线电构件；24—电讯仪表零件；25—放映机、录音机零件；26—汽轮机叶片；27—电机零件；28—垫圈；29—民用钢窗；30—船舰用钢窗

5

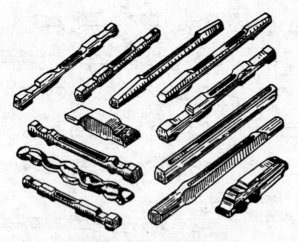

图 1-5 部分周期断面型钢示意图

表 1-1 部分周期断面型钢的形状、轧法和用途

名　称	形　状	轧　法	用　途
带肋钢筋		二辊纵轧	建筑、地基、混凝土结构
犁铧钢	A　　B A—A B—B A　　B	二辊纵轧	犁　铧
轴承座圈		二辊纵轧 二、三辊斜轧	轴承外座圈
变断面轴		三辊楔横轧	各类轴承
犁刀型钢		二辊纵轧	犁刀坯

6

4. 型钢有哪些生产方法?

型钢的生产方法很多,有冷、热轧制法,冷拔法,冷、热弯曲法,焊接法,挤压法,锻压法和特殊方法等。

(1) 轧制法:采用适当的原料,在初轧机、钢坯连轧机和各种型钢轧机上通过不同形状的孔型轧制成众多简单断面和复杂断面型钢(包括初轧钢坯、小方坯、圆管坯、各种异形断面钢坯等半成品)。目前各种中小型型钢轧机用的原料通常是连铸坯。根据温度不同,有热轧和冷轧型钢之分。热轧型钢具有生产规模大、生产效率高、能耗少和成本低等优点,是生产型钢的主要方法。

(2) 弯曲成形法:用钢板或钢带,通过多对具有不同形状且旋转的轧辊,使轧件承受弯曲变形获得所需形状的钢材,这种生产方法称为弯曲成形,图1-6示出了其连续成形过程。弯曲成形也有冷弯和热弯之分,其中冷弯成形法占主导地位。用弯曲型钢代替普通热轧型钢可以减轻结构质量,减少制造工作量并节省大量金属。弯曲型钢广泛应用于汽车、车辆、造船、农具、航空和自行车等制造部门。

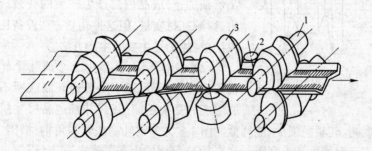

图1-6 连续弯曲成形过程示意图
1—主成形辊;2—侧辅助辊;3—上辅助辊

(3) 焊接成形法:焊接成形法是将中厚板或带钢焊接成型钢的方法,可生产特大断面型钢,目前多应用于生产H型钢。用焊接法生产型钢可以节省金属。随着钢板生产的发展,焊接型钢的比例也将日益提高。

（4）锻压成形法：锻压型钢是原料在锻锤往复冲击力或在压力机的压力作用下而成形的钢材。典型的锻压法生产的型钢有圆棒材、饼材、变断面和异形断面型钢，如连杆、曲轴、飞轮、螺旋桨和涡轮机叶片等。

5. 轧制型钢的常规生产方法有哪些？

目前轧制型钢的主要生产方法有两大类：常规纵向轧制法和特殊轧制法（如周期轧制法）。根据轧辊多少和具体的轧制方式，常规轧制法可以分为以下 6 种：

（1）普通热轧法：在二辊或三辊轧机上进行，孔型由两个轧辊的轧槽组成（见图 1-7）。

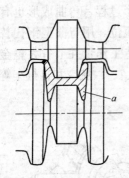

普通热轧法可生产简单断面型钢、复杂断面型钢及其他型钢。尽管这种方法在轧制异形断面型钢时会产生辊径差（见图 1-7）和不均匀变形，引起孔型内各部分金属相对附加流动，从而使轧制能耗增加，孔型磨损加速，成品内部产生较大的残余应力，影响轧材质量，但这种轧制方法设备比较简单，故仍是主要的生产方法。

图 1-7　闭口槽和辊径差
a—闭口槽

（2）多辊轧法：孔型由 3 个或 4 个轧辊的轧槽组成，可以生产普通轧制法所不能生产的复杂断面型钢，并且产品尺寸精度高、轧辊磨损少、能耗低。图 1-8 为多辊轧制法轧制角钢、槽钢、丁字钢的生产示意图。这也是 H 型钢的生产方式之一。

（3）弯轧法：先是将坯料轧成扁带或接近成品断面的形状，然后在后续孔型中热弯成形。这种方法可得到一般方法不能生产的弯折断面产品，如图 1-9 所示。

（4）热轧-纵剖法：是把非对称断面产品设计成对称断面产品，或将小断面产品设计成并联型大断面产品，然后在轧机上或冷

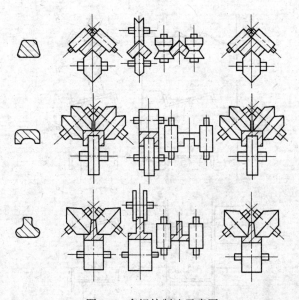

图 1-8　多辊轧制法示意图

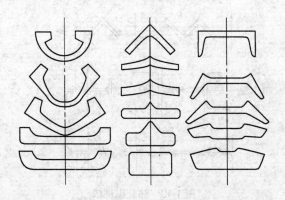

图 1-9　热弯型钢成形过程

却后用圆盘剪沿轧件纵向剖切、分成两根型钢的生产方法,如图 1-10 所示。这种方法可以提高轧机的生产能力。

（5）热轧-冷拔法：先在热轧机上轧制成形,但留有一定冷加

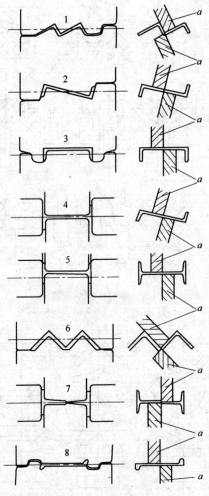

图 1-10 热轧纵剖法

a—圆盘剪

工余量，然后经冷拔加工成材。这种方法可生产出力学性能和表面质量均高于一般热轧型钢的产品，可直接加工成机械零件。

6．热轧型钢如何表示，其规格范围和用途是什么？

热轧型钢形状各异，其表示方法也各不相同。下面简要说明部分热轧型钢的表示方法、规格范围及其用途，并列于表1-2中。

表 1-2　部分热轧型钢的表示方法、规格范围及其用途

名　称	表 示 方 法	规 格 范 围	用　途
H 型钢	高×宽/mm×mm	(193~715)×(150~500)	土建、桥梁、建筑、支护
钢　轨	单重/kg·m^{-1}	5~30 38~75 80~120	轻轨 重轨 吊车轨
工字钢	腰高的 1/10(No.)	No. 5 ~ 63 (高 50 ~ 630mm × 底 宽 32 ~ 115mm)	建筑、造船、金属结构件
槽　钢	腰高的 1/10(No.)	No. 5 ~ 45 (高 50 ~ 450mm × 宽 32 ~ 115mm)	建筑、车辆制造、金属结构件
U 形钢	单重/kg·m^{-1}	18~36	结构件、支护
Z 字钢	高度/mm	60~310	结构件、铁路车辆
T 字钢	腿宽 × 厚度/mm × mm	(150~400)×(9~32)	结构件、铁路车辆
等边角钢	边长的 1/10(No.)	No.2~25(20~250mm ×20~250mm)	建筑、造船、机械、车辆、结构件
不等边角钢	(长边长/短边长)的 1/10(No.)	No. 2.5/1.6~25/16.5 (25mm/16mm~250mm/ 165mm)	建筑、造船、结构件
扁　钢	厚×宽/mm×mm	(3~10)×(60~240)	薄板坯、焊管坯
圆　钢	直径 φ/mm	9~350	无缝管坯、机械零件、冷拔
线　材	直径 φ/mm	4.5~13	建筑、冷拔
方　钢	边长 A/mm	5~250	机械制造零件

名　称	表 示 方 法	规 格 范 围	用　　途
六角钢	内接圆直径/mm	5～100	机械制造零件
球扁钢	宽×厚/mm×mm	(50～270)×(4～14)	造船
带肋钢筋	外径/mm	12～40	建筑

（1）方钢：断面形状为正方形，其规格以边长大小表示，有尖角方钢和圆角方钢之分，常见规格范围为 5.5～200mm。方钢通常用于制造各种设备零部件。

（2）圆钢：断面形状为圆形，其规格以直径大小表示，常见的圆钢直径为 5.5～250mm。小规格圆钢用于建筑，直径大于 30mm 的圆钢主要用于制造各类机械零件。

（3）扁钢：断面形状为矩形，其规格以厚度和宽度表示。厚度一般为 5～60mm，宽度为 10～150mm。多用于焊管和机械制造业。

（4）六角钢：断面形状为正六边形，其规格以六边形的对边距离表示，通常为 8～70mm，多用于制造螺帽和各种工具。

（5）三角钢：断面形状为等边三角形，其规格用边长表示，经常生产的规格范围为 9～30mm。

（6）弓形钢：断面形状为弓形，其规格用其宽度和厚度表示，常用的弓形钢宽度为 15～20mm。

（7）椭圆钢：断面形状为椭圆，其规格也用宽度和厚度表示，其宽度通常为 10～26mm，厚度通常为 4～10mm。

三角钢、弓形钢和椭圆钢为小规格型钢，主要用于生产锉刀。

（8）角钢：有等边角钢和不等边角钢两种，以边长（单位为 mm）的 1/10 表示角钢的规格（号数）。常用的等边角钢边长为 20～200mm。不等边角钢的边长由 25mm×16mm 到 250mm×165mm。

（9）复杂断面型钢：是指 H 型钢、工字钢、槽钢、钢轨、U 形钢、Z 字钢和 T 形钢等产品。工字钢是以腰高 h（单位为 mm）的

1/10 来表示其规格大小。槽钢以腰高(单位为 mm)的 1/10 来表示其规格大小。钢轨则由轨头、轨腰和轨底 3 部分组成。它的规格是以每米长的质量(kg/m)来表示的,品种有轻轨、重轨、电车轨和吊车轨等。

7. 热轧复杂断面型钢生产的特点是什么?

复杂断面型钢,如槽钢、工字钢、Z 字钢、钢轨等,其断面形状复杂,各部分之间的断面形状差异很大,首先给孔型设计带来困难;在热轧成形过程中,各部分金属变形严重不均,表现在孔型各个部位的轧制速度不同,各部分金属受力条件不同,以及在时间上的不同时性等。这种严重的不均匀变形导致轧件在孔型中变形的复杂化,对轧件的质量、轧辊磨损、轧制能耗以及导卫安装和调整工作带来很多不利的影响。

复杂断面型钢在轧后自然冷却过程中,断面各部分的金属冷却条件不同,引起各部分金属温度不同,造成冷却收缩不均。这样就会使冷却后的型钢发生弯曲或扭转,造成轧件内部组织性能的不均匀和外部尺寸的变化,给后续精整带来困难,并导致成材率的降低。

8. 热轧型钢生产系统是什么?

生产各种热轧型钢产品的轧钢系统叫热轧型钢生产系统。一般热轧型钢生产系统的年产量不超过 300 万 t,但许多国家的热轧型钢在热轧钢材中都占有较大比例(一般占 30% ～35%),加上连铸连轧技术的发展,使得型钢生产的原料不再完全依赖于初轧和开坯,因此,热轧型钢生产系统仍是最常见的一种单一化的轧钢生产系统,见图 1-11。

组成型钢生产系统的基本轧机是方坯初轧机、中小型钢坯连轧机和各类成品型钢轧机。各种规格的连铸坯已成为各类成品轧机的主要原料来源。

采用铸锭、方坯初轧机及钢坯连轧机为型钢轧机提供原料的

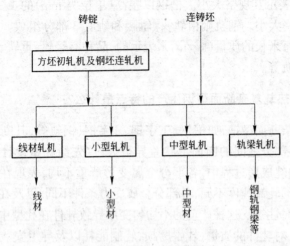

图 1-11 型钢生产系统图示

生产方式已经被连铸坯所代替,目前,仅有少数合金钢采用铸锭、锻造开坯提供型钢坯料。

生产规模的大小以及对型钢钢种、品种规格的要求是选择和决定型钢生产系统轧机组成的基本依据。

9. 热轧型钢生产常用哪些钢种?

根据国家标准 GB/T13304—91,用于生产型钢的钢种有非合金钢、低合金钢和合金钢 3 类。各类钢的合金元素规定含量界限值如表 1-3 所示。

表 1-3　非合金钢、低合金钢和合金钢
合金元素规定含量界限值(w/%)

合金元素	非合金元素 界限值	低合金元素 界限值	合金元素 界限值
Al	<0.10		≥0.10
B	<0.0005		≥0.0005
Bi	<0.10		≥0.10
Cr	<0.30	0.30~0.50	≥0.50

14

合 金 元 素	非合金元素 界限值	低合金元素 界限值	合金元素 界限值
Co	＜0.10		≥0.10
Cu	＜0.10	0.10~0.50	≥0.50
Mn	＜1.00	1.0~1.40	≥1.40
Mo	＜0.05	0.05~0.10	≥0.10
Ni	＜0.30	0.30~0.50	≥0.50
Nb	＜0.02	0.02~0.06	≥0.06
Pb	＜0.40		≥0.40
Se	＜0.10		≥0.10
Si	＜0.50	0.50~0.90	≥0.90
Te	＜0.10		≥0.10
Ti	＜0.05	0.05~0.13	≥0.13
W	＜0.10		≥0.10
V	＜0.04	0.04~0.12	≥0.12
Zr	＜0.05	0.05~0.12	≥0.12
La 系(每一种元素)	＜0.02	0.02~0.05	≥0.05
其他元素(S,P,C,N 除外)	≤0.05		≥0.05

（1）用于生产型钢的非合金钢。非合金钢是 1991 年制定国家标准中引用国际标准的通用术语,便于与国际标准统一。非合金钢除应符合表 1-3 中限定的各元素含量外,它的内涵比以前通用的"碳素钢"更广泛,既包括"碳素钢",还包括为了获得某种特殊性能和工艺性能而有意地在钢中加入一种或某几种微量元素或保留一定量的残余元素所形成的钢,但这些元素的含量仍未达到低合金钢成分范围钢种的含量,如兵器专用钢 50Z 等。非合金钢按质量等级分为普通质量非合金钢、优质非合金钢和特殊质量非合

金钢 3 种级别。

1) 普通质量非合金钢不专门规定在生产过程中有目的的质量控制,仅能满足有关标准中所规定的碳、硫、磷和氮含量及其性能即可。用于生产型钢的普通质量非合金钢主要有:第一,以规定最低强度为主要特性的 Q195、Q215、Q235、Q255 中的 A、B 级和 Q275 碳素结构钢、Q235 碳素钢钢筋、50Q、55Q、Q235-A、Q255-A 及一般工程用不进行热处理的钢;第二,以碳含量为主要特征的普通碳素钢盘条、一般用途低碳钢钢丝等。

2) 优质非合金钢是指在生产过程中需要控制钢的晶粒度,降低硫、磷含量,改善钢材表面质量,具有比普通质量非合金钢高一个级别的质量要求的非合金钢。用于生产型钢的优质非合金钢主要有:第一,以规定最低强度为主要特征的优质碳素结构钢 65Mn、70Mn、55Ti、60Ti、70Ti 等,U71、U74 重轨等优质碳素钢,16q 桥梁用钢,12LW、15LW、08Z~25Z 汽车用钢;第二,以碳含量为主要特征的焊条用钢,如 H08、H08A、H15Mn、ML10~ML45、ML25Mn~ML45Mn 冷镦用钢,25~65、40Mn~60Mn 冷拔用盘条,Y12~Y35、Y12Pb、Y15Pb、Y45Ca 易切削结构钢等。

3) 特殊质量非合金钢是指在生产过程中需要特别严格控制钢的质量和性能(例如控制钢的淬透性能和钢质的纯净度),钢材要进行热处理,限制非金属夹杂物含量和改善内部材质均匀性等的非合金钢。生产特殊质量非合金钢型钢的钢种主要有:第一,以规定最低强度为主要特征的 65Mn、70Mn、70~85 钢的优质碳素结构钢,CL60A 级、LG60 与 LG65A 级铁道用钢,所有航空专用非合金结构钢以及各种兵器用非合金钢;第二,以碳含量为主要特征的 H08E、H08C 焊条用钢,65~68、65Mn 碳素弹簧钢,65~80、60~70Mn、T8MnA、T9A 特殊盘条钢,非合金调质钢,冷顶锻和冷挤压钢;第三,要求测定热处理后冲击韧性的 Y75 易切削钢;第四,碳素工具钢和碳素中空钢。

(2) 用于生产型钢的低合金钢。在国家标准中将低合金钢作为一种分类规定下来。在我国,已经形成完整的低合金钢钢号系列和标准体系。牌号系列中以锰系为主,有些钢中加入微量元素钼、铌、镉、稀土等,重点牌号为 16Mn。

用于生产型钢的低合金钢也分为普通质量低合金钢、优质低合金钢和特殊质量低合金钢 3 个质量等级。

1) 普通质量低合金钢在生产中不规定进行专门的质量控制,如不规定对钢材进行热处理等,但应满足有关标准中所规定的技术条件。用于生产型钢的普通质量低合金钢主要包括:第一,钢材的屈服强度不大于 360MPa 的一般用途可焊接高强度低合金结构钢,如 09MnV、09MnNb、16Mn、09MnCuPTi、14MnNb 等;第二,一般低合金钢筋,如 20MnSi、20MnTi、20MnSiV、25MnSi 等;第三,铁道用一般低合金轻轨钢,如 45SiMnP、50SiMnP;第四,矿用低合金钢,如 20MnK、25MnK、24Mn2K 和 30Mn2K 等。

2) 优质低合金钢要在生产中有目的地进行钢的质量控制,降低钢中硫、磷含量,控制晶粒度,改善表面质量,增加工艺控制等,以达到比普通质量低合金钢高一个级别的质量要求。用于生产型钢的优质低合金钢主要包括:第一,屈服强度大于 360MPa 并小于 420MPa 的可焊接低合金高强度结构钢,如 15MnV、15MnTi、16MnNb、15MnVN 等,造船、汽车、桥梁和自行车用低合金钢,如 AH36、DH36、EH36、06~10TiL、16Mnq、15MnVq;第二,铁道用低合金重轨钢,如 U71Cu、U71Mn、U70MnSi、U71MnSiCu;第三,铁路用异形钢,如 09CuPRe、90V;第四,矿用低合金结构钢,如调质的 20Mn2K、20MnVK、34SiMnK;第五,易切削结构钢,如 Y40Mn。

3) 特殊质量低合金钢除满足合金成分在限定界限值范围内之外,在生产中还要严格控制非金属夹杂物含量,钢材内部质量要均匀,控制硫、磷含量(质量分数)小于或等于 0.025%,$w(\mathrm{Cu}) \leqslant 0.10\%$,$w(\mathrm{V}) \leqslant 0.05\%$。用于可焊接的高强度钢屈服强度不小于 420MPa,更应满足钢材的低温(低于 $-40℃$)冲击性能。用于生产特殊质量低合金钢型钢的钢种主要有:第一,可焊接的性能用低合金钢、船舰兵器用低合金钢;第二,铁道用低合金车轮钢,如

CL45MnSiV;第三,低温用低合金钢。

(3) 用于生产型钢的合金钢。合金钢的合金元素含量如表1-3所示。合金钢的质量等级分为优质合金钢、特殊质量合金钢两类,均可用于生产各种品种规格的型钢。用合金钢生产的型钢多以棒材、线材和丝材为主。

优质合金钢是在满足合金成分要求的条件下,在生产过程中对其钢的质量和性能进行必要的控制,但其要求低于特殊质量合金钢。例如生产可焊接的高屈服强度合金结构钢规定,其屈服强度值不大于420MPa,耐磨钢和SiMn弹簧钢中的磷、硫含量(质量分数)不大于0.035%等。

用于生产型钢的优质合金钢钢种主要包括:第一,一般工程结构用合金钢,主要为高强度合金钢,但屈服强度值小于420MPa,如生产履带板用热轧型钢40SiMn2,钢筋40Si2Mn、45SiMnV、45Si2MnTi等;第二,轻轨,如36CuCrP,$w(S) \leqslant 0.040\%$,抗拉强度≥785MPa;第三,硫、磷含量(质量分数)大于0.035%的耐磨钢和SiMn弹簧钢,如40SiMn2拖拉机、推土机履带用板等热轧型钢。

特殊质量合金钢除满足化学成分的要求外,在生产过程中还要特别严格地控制其质量和性能。多数钢种要求进行炉外精炼及热处理,以保证钢材的组织和性能要求。

用于生产型钢的特殊质量合金钢的钢种主要有:第一,经热处理的合金钢钢筋,如40Si2Mn、48Si2Mn、45Si2Cr预应力混凝土用热处理合金钢筋,其屈服强度($\sigma_{0.2}$)达到1325MPa以上;第二,合金结构钢,如20~50Mn2、27~42SiMn、40~50B、15~50Cr、20~30CrMnTi等;第三,合金弹簧钢,如55Si2Mn、30W4Cr2V等;第四,冷拉及冷镦钢,如ML15~40Cr、ML30~42CrMo、20CrMnTi、20~35CrMnSi(A)等;第五,焊接用盘条,如H08Mn2Si(A)、H30CrMnSiA等;第六,航空用结构钢,如12~37CrNi3A、40CrMnSiMoVA等;第七,军用钢,如21MnNiMo、60Cr2MoA等;第八,不锈钢、耐热钢,如0~4Cr13、Cr14Mo4

等；第九，合金工具钢和高速工具钢，如 9Cr2、W18Cr4V 等；第十，特殊物理性能钢，如无磁钢（低磁钢）、永磁钢和软磁钢的棒材、扁钢和盘条等。

10. 热轧非合金钢和低合金钢型钢的生产工艺过程由哪些基本工序组成？

根据所采用的原料和型钢生产系统区分，热轧非合金钢和低合金钢型钢生产的工艺过程可分为以下 5 种类型：

(1) 连铸坯直接轧制系统。其特点是连铸设备和轧钢设备紧凑，充分利用连铸坯的热量，坯料不重新加热或仅角部局部加热后直接进入轧机，轧制成成品。这一工艺不需要建立大的开坯机，但要求连铸坯表面质量有所保证，连铸速度和轧制速度要匹配、协调。

(2) 连铸坯采用一次加热，轧制成成品。连铸坯既可以是冷料，也可以热送热装。在热送连铸坯过程中，采取保温措施，减少热量损失。为了一次加热成材，连铸坯的尺寸不易过大。这种生产工艺已在型钢生产中得到广泛应用。

(3) 以钢锭和连铸坯为原料的大型生产系统。其特点是有能力强大的初轧机或开坯机。以钢锭为原料时，既可以用热锭也可以用冷锭在均热炉中加热。原料经加热之后初轧成坯，经 2 次加热甚至 3 次加热轧成成品。由于多次加热，增加了燃料和金属消耗，所以除特殊要求外，一般新建型钢轧机都不采用这一工艺。

(4) 以钢锭为原料的中型生产系统。其特点是采用冷锭，经加热，在轧辊直径为 900~650mm 的二辊或三辊开坯机上开坯及轧制成材。钢坯经开坯后也可作为小型和线材轧机的坯料。

(5) 以小钢锭为原料的小型生产系统。其特点是所用钢锭质量轻，尺寸小，经 1 次加热，直接在中小型或线材轧机上轧制成材。采用这一轧制工艺的轧机产量不高，产品质量差，金属消耗大。

这 5 种类型的型钢生产工艺的基本工序是相同的，即原料→

加热→轧制(或控制轧制)→冷却(或控制冷却)→精整→表面清理
→打印、标记→包装→入库。

11. 热轧合金钢型钢生产工艺过程由哪些基本工序组成？

由于对合金钢型钢的表面和内部质量，物理、化学或力学性能
等的技术要求比非合金钢和低合金钢的要求严格，钢种特性比较
复杂，故其生产工艺过程一般也比较复杂。

合金钢型钢生产的原料可分为钢锭(冷、热锭)和连铸坯两种。
采用冷锭时，对钢锭表面进行缺陷清理，以保证和提高钢坯表面质
量。在清理前进行软化退火，以降低钢的硬度。钢锭的开坯方式
有两种，一种为轧制开坯，对某些高合金钢则采用锻造开坯。随着
钢种的不同，锻、轧后的合金钢钢坯采用空冷、缓冷和热处理等工
艺制度，如图 1-12 所示。

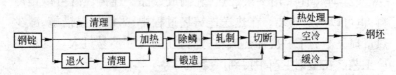

图 1-12　合金钢钢锭开坯工艺过程示意图

由于合金钢的钢种、型钢尺寸和用途的不同，合金钢型钢的生
产工艺过程也有所不同，其基本生产工艺如图 1-13 所示。

为了清除合金钢坯表面缺陷，通常先对所用原料连铸坯和轧
(锻)坯进行酸洗，然后进行表面检查和清理，接着在连续式加热
炉中加热，经高压水除鳞后轧制。轧后合金钢型钢进行控制冷却
或形变热处理等工艺，控制型钢的组织状态和性能。然后进行表
面检查、缺陷清理、精整，一些合金钢进行必要的热处理，最后
进行打捆、标记、打印和入库。与非合金钢和低合金钢相比，合
金钢轧制时，除各工序的具体工艺规程会因钢种的不同而不同
外，在工序上多了原料准备中的退火和酸洗，轧制后的热处理和
酸洗等工序。

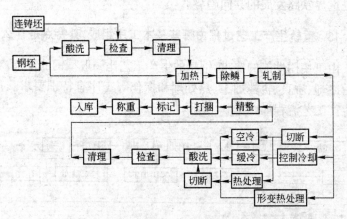

图 1-13　合金钢型钢生产工艺过程示意图

12. 钢轨产品有哪些规格,怎样表示?

钢轨是运行轨道的重要组成部分,与铁路具有同样长的历史。世界各国对钢轨的技术条件有不同要求,但断面形状是一致的。钢轨的横断面由轨头、轨腰和轨底 3 部分组成(参见图 1-2)。轨头是与车轮相接触的部分,轨底宽度较大,是接触轨枕的部分。

钢轨的规格以每米长的质量(kg/m)来表示。普通规格的质量范围为 5~78kg/m,起重机用轨可达 120kg/m。常用的规格有 9kg/m、12kg/m、15kg/m、22kg/m、24kg/m、30kg/m、38kg/m、43kg/m、50kg/m、60kg/m 和 75kg/m。通常将 30kg/m 以下的钢轨称为轻轨,超过 30kg/m 的称为重轨。轻轨主要用于森林、矿山等工矿内部的短途、轻载、低速的专用线铁路。重轨用于长途、高速、重载的干线铁路。也有部分钢轨用于工业结构件。

现代化铁路的载重量不断增长,时速越来越高,因此对钢轨的强度、韧性、耐磨性和抗弯截面模数等均提出了越来越高的要求。为了保证钢轨有较大的纵向抗弯截面模数而不断增加轨底宽度和轨腰高度,从而使钢轨单重不断增加。以重型钢轨代替较轻型钢轨是世界铁路发展的共同趋势。

13. 重轨生产工艺过程由哪些基本工序组成,其特点是什么?

由于使用性能的要求,钢轨的生产工艺比一般型钢的复杂,对轧后冷却、矫直、轨端加工、热处理和探伤等工序有特别要求。重轨生产工艺流程如图 1-14 所示。

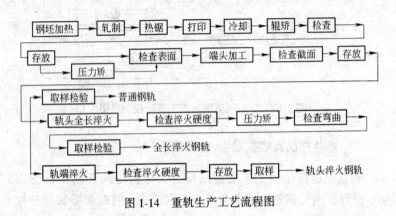

图 1-14 重轨生产工艺流程图

重轨的轧制方式分为常规轧制法和多辊轧制法。常规轧制法又分为直轧法、斜轧法和万能轧制法 3 种 (见图 1-15)。轧成的重轨通常采用热锯切头尾和定尺。重轨的冷却分自然冷却和缓冷。

采用无氢冶炼的钢,重轨轧后可直接在冷床上自然冷却,放置方法如图 1-16 所示。而在其他情况下,为了去除钢中的氢,防止冷却时氢迅速析出,产生白点缺陷,重轨要在缓冷坑中缓冷,或在等温炉中保温,使氢能从钢中缓慢析出。

列车在经过两根重轨的接头处时常引起振动和冲击,因此要求重轨端部有足够的强度、韧性和耐磨性。为此,冷却后的重轨需要进行轨端淬火,或者全长淬火。全长淬火又分为离线全长淬火和轧后利用余热的在线直接淬火。热处理后重轨的端部还需要进行机加工,包括铣头、钻眼等。

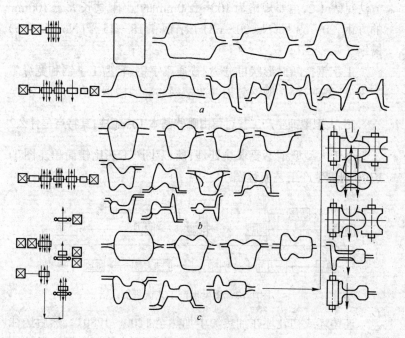

图 1-15　重轨的轧制方法

a—斜轧法；b—直轧法；c—多辊万能轧法

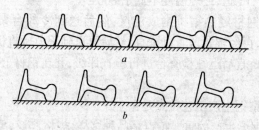

图 1-16　重轨在冷床上的放置方法

a—正确的方法；b—不正确的方法

14. 大型型钢产品有哪些规格？

大型型钢是指断面面积较大的工字钢、槽钢、大圆坯等，表示方法见表 1-2,主要规格为 100～350mm 的圆钢、边长大于 100mm 的方钢、20～63 号(No.20～63)工字钢和 18～45 号(No.18～45)槽钢。

工字钢按断面形状可分为:普通工字钢、轻型工字钢和宽缘工字钢(H 型钢)等。槽钢分为普通槽钢和轻型槽钢两种。

15.大型型钢生产工艺过程由哪些基本工序组成,其特点是什么?

由于大型型钢不要求热处理,所以生产工艺比较简单。图 1-17 为钢梁生产工艺流程图。

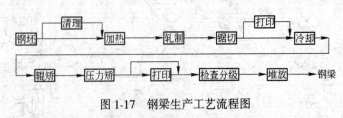

图 1-17　钢梁生产工艺流程图

连铸坯或初轧坯在加热炉中加热至 1200～1280℃,然后送往轧机轧制,开轧温度不低于 1150℃。在二列式轧机上开坯机轧制 5～7 道,第二列轧机轧制 5～9 道。若在一列式轧机上轧制,轧制道次为 9～11 道,终轧温度不低于 800℃。

轧后钢材经热锯机锯成定尺,然后送到冷却台架上冷却到 50℃以下,再经辊式矫直机矫直,然后再送到压力矫直机上进行侧弯补矫。矫直后运往检查台进行检查评级,并在钢材上打印,然后入库。

大型型钢生产工艺特点是:

(1)钢梁生产的重要特点是品种多样,规格广泛,要求坯料与产品之间有合理的形状和尺寸。因此在钢梁车间,一般要建立开坯机,以此来调整坯料的断面形状及尺寸。

(2)轧制温度范围较宽。钢梁多半是建筑用钢,大多采用低碳钢轧成,因此塑性较好。钢梁的开轧温度一般不大于 1150℃,终轧温度则在 800～850℃。

(3) 冷却和精整工序较为简单。工字钢是双轴向对称断面，轧后冷却均匀，一般不发生弯曲。槽钢和角钢轧后会弯曲，但弯曲方向单一，朝金属较多、温度较高的方向弯曲，可用辊式矫直机矫直。因钢梁碳含量低、塑性好，所以易于矫直，并允许二次矫直。

16. 常用热轧钢坯有哪些规格？

钢坯是钢锭(也有采用连铸坯)经初轧或开坯得到的半成品，是各类轧机的原料。钢坯断面有方、圆、扁、矩形和异形等数种，相应称为方坯、圆坯、扁坯、矩形坯和异形坯，表示方法参见前面的表1-2。

采用何种钢坯，主要与所要轧制的成品形状有关。轧制简单断面型钢时，选用与成品断面相近的方坯或矩形坯。轧制扁钢、角钢等扁形成品时，选用矩形坯或扁坯。生产工字钢、槽钢时最好用异形坯。圆坯是生产无缝管的原料，故称作管坯。

在初轧机上可轧出 150mm×150mm～450mm×450mm 的方坯、100mm×300mm～500mm×2000mm 的板坯和大规格的圆坯及异形坯。在钢坯连轧机上可得到 50mm×50mm～180mm×180mm 的方坯和各种中小规格的扁坯和圆坯。在三辊开坯机上可得到 50mm×50mm～125mm×125mm 的方坯和中小规格的扁坯和圆坯。

17. 轧制钢坯生产工艺过程由哪些基本工序组成，其特点是什么？

轧制钢坯所用轧机的主要形式有初轧机、钢坯连轧机和三辊开坯机 3 种。钢坯连轧机直接安装在方坯初轧机或方一板坯初轧机的后面，连轧钢坯生产仅是初轧生产的一个环节。三辊开坯生产是老式的开坯方式，有时三辊开坯机安装在小初轧机的后面，或独立布置。

初轧钢坯生产大多采用钢锭做原料。为了充分利用热能，初轧厂使用的钢锭大部分是刚脱模的高温热锭，只有在生产环节受到障碍时才采用冷锭。由于钢锭质量大、断面大、而高(长)度不大,因而通常采用坑式均热炉进行加热,只有少量小钢锭及合金钢锭在连续式加热炉中加热。

初轧机为二辊可逆式轧机,每轧一道,轧辊需要调速逆转,同时改变轧辊的间距、翻钢或改变孔型。在同一套孔型中可生产多种成品。一般进行单锭轧制,为了提高产量也可进行双锭轧制。轧后的钢坯需要优化切定尺,然后或堆垛自然冷却或采用控制冷却。冷却后的钢坯需要进行表面清理、质量检查等工序,然后再送到各成品轧机车间。

18. 中型型钢有哪些规格,怎样表示?

中型型钢产品的种类繁多,就品种规格而言,上限与大型轨梁车间的产品相近或者相同,下限则与小型型钢接近,其表示方法见表 1-2,主要品种形状如图 1-18 所示。

中型型钢的主要品种规格有:

(1) 方坯和方钢,边长在 50~150mm 之间;

(2) 扁钢和薄板坯,规格范围(厚×宽)为 8~20mm×200~280mm、15~50mm×100~180mm;

(3) 圆钢和管坯,直径范围为 ϕ50~150mm;

(4) 带肋钢筋,外径 32~60mm;

(5) 工字钢,一般在 12~18 号范围内;

(6) 槽钢,一般在 8~20 号范围内;

(7) 角钢,有等边角钢和不等边角钢两大类,通常为 8~14 号范围;

(8) 轻轨,单位长度的质量为 11~24kg/m;

(9) 矿用工字钢,仅有 9 号、11 号两种;

(10) 矿用 U 形钢,以每米多少千克表示,中型轧机生产的 U 形钢有 18U、25U 和 29U,即 18kg/m、25kg/m 和 29kg/m 的 U 形钢;

(11) H 型钢,其规格以腹板高度(腰高)和腿宽(翼缘宽度)表示,中型万能轧机可生产腹高 600mm、翼缘宽 300mm 以下的

H 型钢。

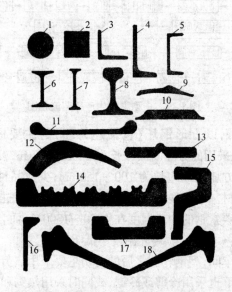

图 1-18 中型轧机所轧制的中型钢材的形状

1—圆钢；2—方钢；3—等边角钢；4—不等边角钢；5—槽钢；6—工字钢；7—
薄壁工字钢；8—钢轨；9—犁板钢；10—T 形板簧钢；11—汽车门折页断面
钢；12—透平叶片钢；13—弹簧扁钢；14—扎线用钢；15—电车轨连接板；
16—球扁钢；17—底盖用钢；18—车轮锁定件用钢

19. 中型型钢生产工艺过程由哪些工序组成,其特点是什么?

中型型钢是介于大型型钢和小型型钢之间的产品,因此中型
型钢中大规格产品的生产工艺流程与大型型钢生产相似,主要在
横列式轧机或跟踪式轧机上生产;而中型型钢中的小规格型钢的
生产工艺流程与小型型钢生产相似,一般在跟踪式、半连续式和连
续式轧机上生产。由于产品、材质、原料和设备条件的不同,以及
生产规模、劳动条件等实际情况不同,所以不同的中型型钢的生产
工艺流程也不尽相同,但也可用图 1-19 概要表示一般中型型钢的
生产工艺流程。

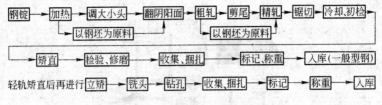

图 1-19　中型型钢生产工艺流程图

中型型钢以方形钢坯（包括连铸坯）为主要原料，$\phi650\sim$ 630mm 轧机采用的方坯断面边长为 $140\sim200$mm，$\phi550\sim500$mm 轧机采用的方坯断面边长为 $100\sim150$mm；少数品种用钢锭一火直接轧制成材。中型型钢车间最常见的加热炉是三段连续式端出料加热炉。碳素钢的加热温度在 $1050\sim1300℃$，而合金钢的加热温度在 $1250\sim1350℃$。终轧温度不低于 $850℃$。

在中型车间，型钢轧制之后的剪切主要采用热剪或热锯，在一些特殊情况下也采用冷剪或冷锯，或同时采用热锯和冷锯。

根据中型型钢品种要求，轧后冷却有空冷、水冷、堆冷和缓冷。中型车间的矫直机以平辊式矫直机为主，以压力矫直机为辅。矫直后进行检验，必要时进行修磨。之后包装入库。

20. 小型型钢产品有哪些规格,怎样表示?

小型型钢的品种包括非合金钢和低合金钢的简单断面钢材和异形断面钢材，以及合金钢的简单断面型材，是型钢产品中最小和类别较多的一类，其表示方法见前面的表 1-2，主要产品断面形状如图 1-20 所示。

小型型钢产品主要规格范围为：

(1) 圆钢，$\phi9\sim50$mm；

(2) 方钢，边长 $8\sim50$mm；

(3) 带肋钢筋，外径 $6\sim28$mm；

(4) 等边角钢，$2\sim8$ 号；

(5) 扁钢，$4\sim30$mm×$25\sim160$mm；

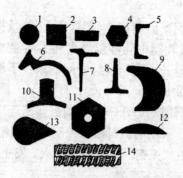

图 1-20　小型轧机所轧小型材的形状

1—圆钢；2—方钢；3—扁钢；4—六角钢；5—槽钢；6—电车车轮锁件用钢；

7—履带钢；8—T字钢；9—透平叶片钢；10—振荡器零件；11—中空六角钢；

12—锉刀用钢；13—犁形钢；14—带肋钢筋

(6) 六角钢,对边距离 5～16mm；

(7) 工字钢,5～8 号；

(8) 槽钢,5～8 号；

(9) 轻轨,5～8kg/m。

21. 小型型钢生产工艺过程由哪些工序组成,其特点是什么?

小型型钢生产工艺流程见图 1-21。与其他型钢相比,小型型钢在工艺与设备上有以下特点:

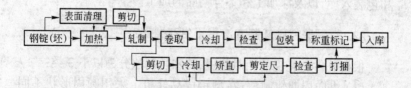

图 1-21　小型型钢生产工艺流程

(1) 小型型钢轧机及布置十分多样,用于型钢生产的各种机型和布置形式大多可在小型型钢生产中见到,有些机型和布置仅用于小型型钢生产。

(2) 小型型钢断面面积小,坯重增大,产量提高,但轧制总延续时间增加,导致轧制中轧件温降大和头尾温差大,影响产品质量。因此应在不延长总轧制延续时间的条件下增加坯重,从而既提高产量又确保质量。

(3) 小型型钢加热炉几乎都是端进侧出连续加热炉,原因是小型钢坯断面小,采用端出料极难控制出炉钢坯根数,炉前辊道上晾钢数过多,轧"黑钢"的可能性增大,发生事故的可能性也变大。

小型型钢的轧制方式也是多样的,主要有 3 种:

(1) 穿梭法,即轧件头尾交替往复进入各孔型进行轧制。此方法应用于不能使用围盘的横列式轧机上,用于轧制异形型钢和较大断面的小型型钢。

(2) 活套轧制法,在横列式轧机上,一根轧件在同一列的几架轧机中同时轧制,各架之间用围盘连接,因各架秒流量不等,在机架间形成活套,因此称为活套轧制,这种方法适用于轧制简单断面和规格小的小型型钢。

(3) 连轧法,轧件同时在连轧机的各机架轧机中轧制,机架数等于轧制道次,且保持每架轧机上的秒流量相等。连轧法特别适用于小型生产。

精整是小型型钢生产的主要工序,主要包括锯切、冷却、矫直和包装入库,以及深加工和不合格品的加工修整等。

22. 有哪些特殊轧制方法用于生产型钢?

根据轧件与轧辊的相对位置,特殊轧制法分为以下 3 类:

(1) 纵向周期轧制法:在型钢成品轧机上采用圆周形状不同的轧辊进行轧制。也就是说,同一轧槽内的轧辊半径是变化的。纵向周期轧制法又分为单面周期(即轧件一面有周期性变化)和双面周期(轧件两面都有周期性变化)两种轧制方法。图 1-22 为单面周期轧制示意图。

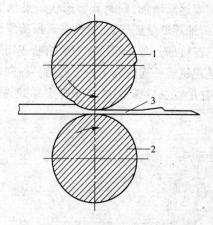

图 1-22　单面周期轧制示意图

1—圆周形状不同的上轧辊；2—下轧辊；3—轧件

（2）横向周期轧制法：在一种特殊设备——横向周期轧机（见图 1-23）上进行轧制。按轧辊形状可把横向周期轧机分为盘式和菌式两种。所生产钢材的形状是圆柱形、锥形和圆球形的组合，可以是实心的，也可以是空心的。

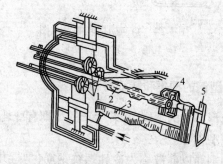

图 1-23　横向周期轧制示意图

1—轧辊；2—轧件；3—样板；4—夹钳；5—液压缸

（3）斜向周期轧制法：轧件在两个旋转方向相同、互相倾斜一定角度（通常不大于 7°）并刻有螺旋形轧槽的轧辊之间进行轧制。轧制过程中轧件一边前进，一边旋转，做螺旋运动。由于沿旋转前

31

进方向的凸缘高度逐渐增加,同时孔型形状越来越接近成品的形状,所以也就相应地逐渐受到压缩,直到获得所确定形状的轧制成品。成品之间的连接部分在轧制过程中被拉断或切断而成为彼此分开的成品。轧辊每转一周就轧出一个成品。斜向周期轧制法可以生产球形、圆柱形以及特殊形状(如子弹头)的产品。图 1-24 为斜向周期轧制的示意图。

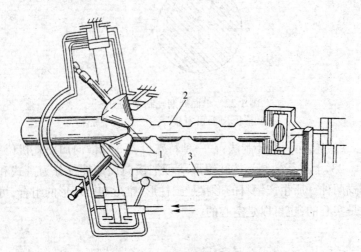

图 1-24 斜向周期轧制示意图
1—轧辊;2—轧件;3—仿形板

23. 冷轧型钢的种类和特征有哪些?

根据冷成形方式的不同,冷轧生产的型钢有冷轧带肋钢筋、冷拔钢筋和冷弯型钢等。

冷轧带肋钢筋以前被称为冷轧螺纹钢筋,是近几年来发展起来的钢材新品种。它是以普通低碳钢盘条(碳的质量分数为 0.09%～0.27%)经一道或几道冷拔(或辊拔、轧压)减径,最终一道轧制螺纹而获得的钢材,其抗拉强度高于 500MPa,伸长率仍不低于 8%。冷轧带肋钢筋尺寸范围为直径 4～12mm。推荐的钢筋公称直径为 5mm、6mm、7mm、8mm、9mm、10mm。钢筋按强度分为三级:LL550、LL650 和 LL800。LL 表示冷轧螺纹,数字表示最低抗拉强度。冷轧带肋钢筋其表面形状分为两面有肋或三面有肋两种,肋呈月牙形。三面肋沿钢筋横断面周向均匀分布,其中有一面必须与另两面反向。肋中心线和钢筋纵轴的夹角为 40°~60°。肋两侧和钢筋表面斜角不得小于 45°。肋间隙的总和应不大于公称周长的 20%。其屈强比应不小于 1.05。

冷轧带肋钢筋主要用于混凝土公路、机场跑道、隧道、混凝土管内钢筋及混凝土梁、墙和楼板内的配筋,也可用于大型载重车辆的腹条。

24. 弯曲型钢的种类和特征有哪些?

弯曲型钢分为热弯型钢和冷弯型钢。热弯型钢即为热轧—弯曲型钢。热弯轧制法不仅能生产局部加厚的和带有尖角的轻型薄壁型钢,而且可以生产半封闭和全封闭的经济断面型钢。

利用冷弯方法可以生产热轧方法无法生产的各种特薄、特宽和断面形状复杂的薄壁型钢。冷弯成形法又可分为冷拔弯曲、折弯弯曲、冲压弯曲和辊式弯曲等 4 种。

冷拔弯曲是将热轧带钢经一系列模孔拉拔、弯曲成型钢。

折弯弯曲是在特殊弯曲机上将带钢逐步弯曲成型钢。

冲压弯曲是将带钢在压模内经冲压机的模具压力弯曲成型钢。

辊式弯曲是将带钢连续通过许多旋转方向相反的轧辊,并在孔型中顺次改变其横断面的形状而形成型钢。

冷弯型钢品种繁多,形状复杂,国外的冷弯型钢的品种规格已达万种以上。根据断面形状,冷弯型钢可分为对称和不对称断面两类。大部分冷弯型钢为对称断面。

根据冷弯型钢的用途、生产设备和工艺的不同,它又可分为开口断面冷弯型钢、闭口断面冷弯型钢、半闭口断面冷弯型钢、宽幅波纹板和冷弯钢板桩等。图 1-25 为部分弯曲型钢示例。

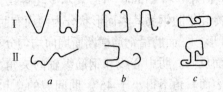

图 1-25　冷弯型钢示例

Ⅰ—对称；Ⅱ—不对称

a—开放型；b—半封闭型；c—封闭型

25. 挤压型钢的种类和特征有哪些?

挤压型钢是挤压型材的一小部分,指用挤压方法生产的型钢。挤压型材的品种和规格已超过 3 万余种,尤以铝型材为最多,达 2.4 万余种,其次是铜型材、镁型材和型钢。

采用挤压方式生产型钢,在生产中挤压件具有比较强烈的三向压应力状态,使金属可以发挥其最大的塑性,可以加工难变形的高合金钢等钢种。在同一设备上,只要改变挤压模的模孔形状,就可以生产出相应断面的型钢。挤压生产灵活性大,非常适合于小批量多品种的生产。挤压型钢产品尺寸精确,表面质量较高。挤压型钢大多是轧制方法无法生产的断面形状极其复杂和变断面的型钢。

26. 何为经济断面型钢,其特征有哪些?

经济断面型钢是指断面类似普通断面的型钢,但断面各部分金属分布更加合理,使用时的经济效益高于普通型钢的经济效益。根据形状和用途的不同,经济断面主要品种有 H 型钢、轻型薄壁型钢和专用经济断面型钢;根据生产方法型钢又可分为热轧经济断面型钢、热轧周期断面型钢和弯曲型钢,如图 1-26 所示。

H 型钢以其壁薄、腿宽、高度大、规格多、翼缘内外侧平行、腿端平直为特点,主要用于制作建筑结构的钢柱、钢梁和钢桩。轻型

34

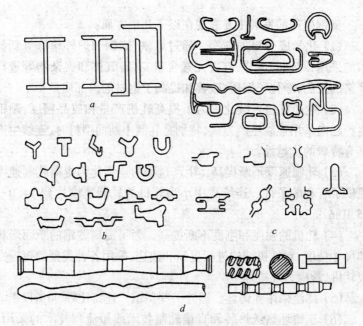

图 1-26　经济断面型钢

a—通用经济断面型钢；b—精密异形经济断面型钢；

c—弯曲型钢；d—周期断面型钢

薄壁型钢有轻型工字钢、轻型槽钢及角钢等，它们比普通工字钢、槽钢的腰薄、腿宽、腿内侧斜度小。

专用经济断面型钢分为异形型钢、精密异形型钢两类。异形经济断面型钢有重轨、轻轨、汽车轮箍、球扁钢、钢桩、履带板、U形钢、窗框钢等，分别用于铁路运输、汽车制造、机械制造、船舶制造、建筑工业、煤炭工业。精密异形经济断面型钢多是热轧后再经冷拔或冷轧加工的产品，广泛用于制造汽车零件、动力机械、农业机械、造船工业、机床、金属制品、纺织机械和家用电器等。

27. 型钢生产的发展趋势是什么?

型钢生产的发展主要表现在以下几个方面:

(1) 化学成分更加纯净。通过炼铁、炼钢和炉外精炼等新技术的采用,对钢的成分、有害元素含量、有害气体和夹杂物等进行严格的控制,净化了钢质,改善和提高了钢材的内部质量。

(2) 生产日趋连续化。为了提高轧机产量和成品精度,型钢生产趋向采用连续生产方式,特别是轧制小断面型材时,连续生产具有特殊的优越性。

(3) 轧制速度不断提高。生产过程的连续化为提高轧制速度提供了有利的条件。连续式中小型轧机的轧制速度达到 $14.0 \sim 25.0$ m/s。

(4) 轧机的强度和刚度不断提高。为了提高型钢的断面形状和尺寸精度,对轧机结构进行更新和改造,采用各种类型的短应力线轧机、预应力轧机等。

(5) 广泛采用连铸坯。国外一些型钢厂连铸比在 90% 以上。

(6) 连铸坯热送热装和直接轧制技术或短流程技术的采用。将连铸坯直接热送到轧钢车间,稍进行加热、均温后即可进行轧制,简化了工艺,节省了热能。

(7) 采用控制轧制、控制冷却和形变热处理技术。根据热变形物理冶金理论,通过控制轧制工艺参数和轧后冷却速度来控制钢材组织变化规律,改善和提高型钢的性能。

(8) 开发新品种和经济断面型钢。复杂断面型钢向着轻型薄壁型材和平行宽腿钢梁即 H 型钢的方向发展,以提高型钢的承载能力,减轻钢结构件的自重。用冷弯型钢和热弯型钢替代一些热轧型钢产品。

(9) 生产趋向专业化。采用专用设备,如型钢万能轧机、H 型钢轧机以及专用加工线进行生产,以提高轧机产量、产品质量和降低成本。

(10) 发展低合金钢和合金钢型钢。利用铌、钒、钛等合金化

36

元素,配合控制轧制、控制冷却和形变热处理工艺,生产低合金钢和合金钢型钢,能显著地提高型钢的性能,延长使用寿命,减轻自重和扩大使用范围。

(11)采用轧钢自动化和计算机控制技术。特别是中小型型钢生产,已广泛采用此项技术。

(12)采用自动检测技术。型钢自动检测技术得到飞速发展,既能离线检测,也能在线检测。

第二章

原 料 及 加 热

28. 热轧型钢生产用原料有哪几种?

目前,用于热轧型钢生产的原料有三种:钢锭、钢坯和连铸坯。

钢锭是炼钢的最终产品。在我国型钢生产中一部分地方企业的中小型轧机上直接用小钢锭经一次加热轧制成成品钢材。选用钢锭做原料,因成材率低,产品质量也不易保证,已逐渐被供坯方式所代替,尤其是连铸坯广泛使用的情况下有可能被淘汰。

钢坯是型钢生产常用的原料,由于型钢品种繁多,规格大小不一,形状差异也很大,生产工艺过程的繁简也不大相同,所以各种成品轧机对钢坯的要求也不一样。钢坯选得是否合理对型钢生产有很大影响。

连铸坯近些年来得到很快发展,许多国家的连铸比都在80%以上,有的达到100%。

29. 型钢生产对原料有哪些要求?

正确地选择型钢生产用坯料,对生产具有重要意义。坯料选择合理,不仅可以保证钢材质量,而且可以充分发挥轧机的生产能力,提高轧机产量,降低金属消耗。

选择原料的基本要求有:钢种、化学成分、外形尺寸、坯料质量大小和表面状况等。其中外形尺寸包括坯料断面形状和尺寸大小。

有些重要的型钢产品,如铁道用重轨等,对原料的内部组织状态提出相应的要求。

30. 如何确定原料的断面形状、尺寸大小和质量?

型钢生产常用的坯料断面形状有:方形、矩形、圆形、扁形和异形等数种。坯料断面形状的选择与轧成的型钢断面形状有密切的关系。当轧制断面形状比较简单的成品钢材(如圆钢、方钢等)时，选择与其形状相近的坯料，即采用方形、矩形坯料，这样有利于延伸系数分配均匀和减少轧制道次。轧制扁钢、角钢等扁形轧件时，一般采用矩形或扁形坯料，这样有利于金属在轧制过程中快速成形，减少轧制道次，提高轧机产量。而生产工字钢、槽钢及复杂断面型钢时，特别是生产大规格的型钢时，应尽量选用相应的异形坯，以减少不均匀变形，有利于轧制过程的进行。如无法选择异形坯时则选用矩形坯料为好。

钢坯断面形状的选择除了考虑与轧制的成品形状有关外，还要考虑供坯的具体条件，如坯料供应的种类不多，则要考虑坯料的公用。坯料断面尺寸的大小与许多因素有关，如供坯的条件；在轧制过程中有足够的变形量，满足成形要求，保证成品的质量要求；轧辊使用的安全和咬入时咬入条件的限制等。

坯料质量大小的决定也受诸多因素的影响。决定坯料质量时，要考虑轧机产量的大小，因为在一般情况下，坯料质量越大，轧机产量越高，生产效率愈高。另外，还要考虑型钢轧机最后一道次允许轧制时间的长短和成品长度的定尺倍数，这是决定型钢轧机选用坯料质量须考虑的两个重要问题。坯料质量越大，轧出的轧件长度越长，在一定条件下，轧机的最后一道次的轧制时间相应的越长，导致轧件头尾温差过大，并由此带来轧件在长度方向上尺寸和性能的不一致，从而影响成品质量和轧机的成材率。

31. 什么是连铸坯，它有哪些优点?

连铸坯是由钢水经连铸机直接铸成的钢坯。由于连续铸钢工艺大大简化了从钢水到钢坯的生产过程，省去了初轧生产工艺阶段，因而具有金属收得率高、产品成本低、基建投资和生产费用少、节约能源、劳动定员少和劳动条件好等一系列优点。近些年来，连铸技术得到了很快发展，连铸坯已成为轧钢生产的主要原料，各厂的连铸比不断提高，有的工厂连铸比已达到了 100%。

32．什么是热装热送,它有哪些优点?

通常情况下,钢坯入炉加热大都是在冷状态下进行的。钢坯在冷状态下装炉、加热,加热到出炉温度,需要一定时间。其时间的长短,对炉子的生产率有直接影响。

连铸技术的问世和发展,连铸坯的质量不断提高,为热送热装提供了有利条件,在热轧生产中形成了新的生产流程。热装热送即是连铸坯从连铸机出来后不经加热或经保温炉保温,或连铸坯在较高温度下入炉稍经加热后即送往轧机进行轧制的过程。

热装热送的主要优点是可以节省大量的能源,促进炼钢生产的发展,推动轧钢技术的进步,实现了炼钢与轧钢生产的合理匹配。

它的主要缺点是因为连铸坯在热状态下入炉,无法进行局部表面缺陷的检查和清理。因此,热送热装要求提高连铸坯的质量,达到无缺陷的要求。

33．常见的原料表面缺陷有哪些?

在钢材原料——钢锭、钢坯和连铸坯的表面经常有各种缺陷。这些缺陷经加热和轧制后,小部分可能得到改善或消除,但是,大部分缺陷不仅不能消除,反而扩展得更为严重,甚至使轧件成为次品或废品,使产品成材率降低。因此,为了保证成品质量,提高成材率,一般在加热前都要对表面缺陷进行清理。

原料表面常见的缺陷有:纵向或横向裂纹、结疤、重皮、表面夹杂、表面气孔、皮下气孔、皮下气泡、飞翅、飞溅、翻皮、波皱面、压痕、耳子和折叠等。

34．清理原料表面缺陷有哪些方法,各有什么优缺点?

轧钢用原料表面常会存在各种缺陷。这些缺陷如不在轧制之前加以清理,会在轧制中延伸、扩展,轻者造成钢材产生应力或腐蚀的起点,使钢材的强度和耐腐蚀能力降低,严重的则会影响金属在轧制时的塑性和成形,以致造成废品。所以,原料表面缺陷清理是提高钢材合格率,保证钢材质量的重要措施。

清理表面缺陷的方法很多,常用的有火焰清理、风铲清理、砂轮清理、机械清理、电弧清理等。采用何种清理方法,取决于原料的钢种、缺陷的性质、缺陷存在的状况以及对成品的质量要求。不同的清理方法具有不同的经济效果,如表2-1所示,选用时应根据车间的具体情况确定。

表2-1　各种清理方法的费用比较

坯料表面缺陷清理方法	所用的清理费用/%
风铲清理	100
砂轮清理	307
机械清理	60
火焰清理	53

一般碳素钢常用风铲清理和火焰清理的方法;对高碳钢和合金钢由于其导热性能差,对缺陷形成比较敏感,容易淬硬、开裂,故常选用砂轮清理或机床清理。如采用火焰清理则需根据钢种特性,在清理前对坯料进行不同温度的预热,或者在钢坯热状态下方能进行清理。表2-2为清理钢坯表面缺陷各种方法的比较。

表2-2　清理钢坯表面缺陷各种方法的比较

清理方法	人工火焰清理	机械火焰清理	风铲清理	砂轮清理	机床清理
适用条件及主要优缺点	碳钢及部分合金钢的局部缺陷清理。 清理速度快,劳动条件较好,金属损耗较大	碳钢及部分合金钢的大面积剥皮。 清理质量好,劳动条件好,金属损耗大,处理成本高	碳钢及部分不能用火焰清理的钢的局部清理。 劳动条件差,清理速度慢,但金属损耗小	合金钢及高硬度的钢,高级合金钢。 清理速度慢,金属损耗小	高级合金钢,全剥皮。 清理速度较砂轮快,金属损耗大,成本高

35. 为什么有的钢坯在清理前要进行酸洗?

热轧钢坯表面一般都有厚度不同的氧化铁皮。这些氧化铁皮把钢坯表面缺陷掩盖起来,不能全部暴露,影响清理钢坯的表面缺陷。为了减少钢材精整的工作量,必须提高钢坯的表面清理质量。因此,对表面质量要求较高的钢坯,在清理之前必须先除掉钢坯表面氧化铁皮。去除钢坯表面氧化铁皮的方法很多,除用机械方法(如高压水除鳞、喷丸、弯折法等)之外,应用最普遍的方法是酸洗。

酸洗是一种去除金属表面氧化铁皮的化学方法。酸洗时钢坯浸入具有一定浓度的酸液中,靠酸的溶解和剥离作用把钢坯表面的氧化铁皮清除掉。

硫酸酸洗或盐酸酸洗主要用于碳钢和低合金钢钢坯。对于高合金钢和不锈钢钢坯则常使用盐酸 + 硫酸的两酸酸洗、盐酸 + 硫酸 + 硝酸的三酸酸洗以及氢氟酸 + 硝酸的复合酸洗。

酸洗钢坯一般都采用硫酸酸洗,因为硫酸成本低,浓度高,便于运输、贮存和回收,但使用硫酸必须加热,以提高酸洗效率。

36. 什么叫按炉送钢制度,为什么要实行按炉送钢?

按炉送钢制度是科学管理轧钢生产的重要内容,是确保产品正常生产不可缺少的基本制度。在一般情况下,每一个炼钢炉号的钢水其化学成分基本相同,各种夹杂物和气体含量也大都相近,具有基本相同的加工特性。此外,大吨位炼钢炉冶炼的沸腾钢和半镇静钢,每一个罐号的化学成分相同。为了确保产品质量的均匀、稳定,企业内部及供需双方都要执行按炉送钢制度,从铸锭(坯)到开坯、成材,从成品检验到精整入库,都要求按同一炉罐号转移、堆放、生产、管理,不得混乱,这就是按炉送钢制度。

对于小吨位转炉生产的碳素结构钢,技术标准中规定,允许同钢种不同冶炼炉号的钢组成混合批。但每批最多不得多于 10 个炉号。而且各炉号钢的碳含量(质量分数)不得大于 0.15%,每批钢坯的总质量不得大于 60t。

对于某些优质钢和合金钢,按炉送钢不但要求按冶炼炉号供应,而且还要求以铸锭的锭盘为单位供应,甚至有的要求将钢锭分段供应。

37. 型钢车间原料如何堆放,要注意哪些问题?

一般情况下,型钢车间常使用多种原料,因此,原料堆放时要按不同钢种、不同断面形状和不同规格分别堆放,以便于原料的管理和使用。

原料堆放时要注意下列问题:

(1)原料的堆放方法取决于坯料的断面形状。如方形钢坯或矩形钢坯可一层一层地横竖交叉堆放。

(2)原料的堆放高度取决于安全条件及料场单位面积允许的负荷。如小钢锭和短钢坯堆放高度一般不超过 2 m,长的冷钢坯可达 4 m,长的热钢坯也可达到 2.5 m。

(3)堆放原料的垫基(也叫垛底)应坚固,以防堆垛下沉和歪斜。一般做垫基用的钢坯形状应规整,长度也应大于原料长度。

(4)在原料堆放时,有标志的一端应朝向一侧,便于查找。

(5)垛与垛之间的距离要大于 1 m,垛与铁路或公路之间的距离应大于 2 m,以保证安全。

(6)钢锭和钢坯堆放要整齐、牢靠,以保证吊运方便和安全生产。

38. 如何确定原料仓库面积?

确定型钢车间原料仓库的面积时应考虑轧机生产能力的高低,坯料钢种的多少及尺寸大小,坯料的供应情况与供料单位设备检修时间的长短,检验、清理、标号等工序必须在原料仓库中进行作业所需要的面积,允许的堆放高度及单位面积负荷能力,铁路运输占用的场地面积以及因吊车和建筑结构限制不能放料所占的面积等因素。因此,精确地计算原料仓库面积是很困难的。通常原料仓库面积可用下式计算:

$$S = \frac{24AXK}{0.7gh} \tag{2-1}$$

式中　S——原料仓库面积,m^2;

　　　A——轧机平均小时产量,t/h;

　　　24——一天的小时数,h/d;

　　　X——存放天数,d;

　　　K——金属消耗系数;

　　　g——单位空间能存放的坯料质量,t/m^3;

　　　h——每堆坯料的堆放高度,m;

　　　0.7——仓库利用系数,其中20%用作垛间的安全间距以及吊车吊钩位置和铁路占用的场地面积,10%用于坯料检查和清理所占用的场地面积。

39. 为什么有的型钢车间不设原料仓库?

一般情况下,型钢车间都设有自己的原料仓库,以解决各种原因不能及时供料的矛盾,保证轧机正常生产用料的需要,避免形成轧机停工待料的被动局面。

有些型钢车间不设原料仓库,必须是属于下列情况之一者:

(1) 坯料生产单位和坯料使用单位联系紧密,这种联系不仅反应在生产上,上下车间坯料的供应关系应互相适应,而且在地理位置上也必须紧密相连。实际上,这种状态就是上一生产车间的成品仓库同时也是坯料使用单位的原料仓库。

(2) 实行坯料的热装热送,也就是连铸机生产出来的连铸坯不经冷却在热状态下立即送入加热炉内加热,加热到出炉温度(有时在保温炉内保温,保温到轧制所需温度后)即送往轧机轧制。连铸机生产和轧机生产相匹配,实现连铸连轧工艺时,可以不单独设原料仓库。

（3）坯料实行总厂的集中管理、集中调配,下属各分厂可不必再设自己的原料仓库。

40. 热轧前为什么要对原料进行加热?

热轧前对原料进行加热的主要目的是提高金属塑性,降低变形抗力,以便于轧制。此外,钢在加热过程中,对于钢锭还可以消除铸锭带来的某些组织缺陷和应力。

不同的钢种有不同的塑性,同一钢种若温度不同,塑性也不同。碳钢和一般合金钢的塑性,随着温度的提高而提高。一些特殊钢的塑性与钢温的关系比较复杂,其塑性会因出现第二相或其他原因在某一温度区间内下降。但总的趋势还是随着钢温的提高,塑性得到改善。

在室温下,钢的变形抗力很高,随着钢的温度升高,钢的变形抗力下降,这时轧制能耗大大减小,并且有利于变形。这就是为什么钢要在热轧前加热的主要原因。

41. 对钢的加热有哪些要求?

加热是热轧生产工艺流程中的 4 大基本工序之一。坯料通过加热有利于完成金属变形,因此实现坯料的正确加热,对轧制工艺有非常重要的影响,否则,会带来许多不良后果。例如,坯料加热温度不够,容易造成设备事故,如断辊等;坯料加热温度不均,不仅使轧制时金属变形不均,造成轧制操作困难,而且还会使轧后钢材的形状、尺寸和内部组织与性能不一致;如加热温度过高,加热时间过长,轻者使钢坯发生氧化、脱碳,造成金属损耗和钢的性能下降,重的产生过热甚至过烧使坯料成为废品。因此正确加热是实现正常生产的重要条件。

对钢的加热应提出如下要求:

（1）钢温应满足轧制工艺要求;

（2）在坯料的断面上和长度方向上温度均匀;

(3) 减少金属的氧化和脱碳,防止产生过热和过烧;

(4) 加热炉具有良好的技术经济指标;

(5) 加热炉发生的事故少,寿命长。

42. 钢的加热工艺制度包括哪些内容?

加热工艺制度包括钢的入炉温度、加热温度、出炉温度、加热时间、加热速度和由此确定的加热制度（曲线）。由于钢种不同、化学成分和钢的技术特性不同, 不同钢的加热工艺制度是不同的。

加热制度(曲线)要保证坯料达到轧制要求的出炉温度,确保沿原料的断面及长度方向上温度均匀。

加热速度是指坯料在加热过程中钢在单位时间内的温度变化。

温度(加热)制度是指钢在加热时,炉子的各点温度随时间而变化的情况。从温度制度上可以反映出钢的加热温度、加热时间和加热速度。

制定加热工艺制度时应考虑如下问题:

(1) 根据钢种的特性、断面尺寸大小和形状特点,确定合理的工艺;

(2) 加热终了的钢温应力求均匀一致;

(3) 保证加热质量,防止产生各种加热缺陷;

(4) 加热炉便于操作,有较高的生产效率。

43. 什么叫钢的加热温度,如何确定?

钢的加热温度是指钢加热达到出炉要求的温度。实际上钢的加热温度是一个温度范围,即从钢的允许最高加热温度到允许的最低加热温度。由于各类钢的化学成分和组织的不同,其加热温度范围也是不相同的。

根据钢的化学成分和钢在加热过程中的组织变化,碳钢最合适的加热温度范围是单相奥氏体区 (见图 2-1),其中亚共析钢

（碳的质量分数小于 0.77%）的加热温度范围是在铁碳相图中 Ac_3 以上 $30\sim50℃$ 与固相线 HJE 以下 $100\sim150℃$ 之间，即在 $800\sim1350℃$ 之间；过共析钢的最高加热温度应比 JE 线低 $50\sim100℃$。

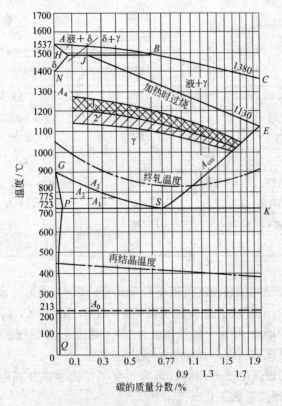

图 2-1　铁碳相图中钢的部分

1—轧前加热区；2—开轧温度区

最高温度的确定主要应考虑防止过热、过烧的产生。钢的碳含量越高，越容易过烧。所以随着钢中碳含量的增加，最高加热温度下降。表 2-3 为一些钢的加热温度。

表 2-3　钢的加热温度

钢　　种	允许的最高加热温度/℃	理论过烧温度/℃
碳钢 $w(C) = 1.5\%$	1050	1140
$w(C) = 1.1\%$	1080	1180
$w(C) = 0.9\%$	1120	1220
$w(C) = 0.7\%$	1180	1280
$w(C) = 0.5\%$	1250	1350
$w(C) = 0.2\%$	1320	1470
$w(C) = 0.1\%$	1350	1490
硅锰弹簧钢	1250	1350
镍钢 $w(Ni) = 3\%$	1250	1370
$w(Ni) = 8\%$	1250	1370
铬锰钢	1250	1350
高速工具钢	1280	1380
奥氏体铬镍钢	1300	1420
铬铝钢、铬钼铝钢	1160	1220
含铜钢	1050	1090

合金钢的加热温度范围受合金元素的影响,因为合金元素加入钢中,有的形成了合金碳化物(如 VC、WC、MoC、Cr_7C_3 等),提高了钢的熔点,扩大了奥氏体区,提高了固相线;有的则相反,合金元素使奥氏体区缩小,使固溶体的熔点降低。

钢的加热温度范围的确定除了要考虑化学成分和组织状态外,还必须注意如下几点:

(1) 钢锭的组织缺陷对加热温度的影响;

(2) 终轧温度对加热温度的影响;

(3) 加热温度对钢的氧化和脱碳的影响;

(4) 坯料断面尺寸大小和轧制道次多少对加热温度的影响;

(5) 轧制速度高低对加热温度的影响;

(6) 轧制工艺特点(如连轧或横列式轧制等)对加热温度的影

响；

(7) 节省能源对加热温度的影响。

总之，影响因素很多，有的相互矛盾，因此必须根据具体情况，抓住主要矛盾，合理确定加热温度。

44. 为什么要在可能条件下提高钢坯的入炉温度？

在通常情况下，钢坯是在冷状态下送入加热炉内进行加热的。在冷状态下钢坯入炉加热，到达出钢温度所需时间要长，加热炉消耗的燃料就多，生产效率也低。

由于连铸技术的发展，连铸坯成为轧钢供坯的主要途径，连铸连轧技术和坯料的热装热送技术也得到了广泛的应用。连铸坯浇铸完时，钢坯的温度高达 1000℃，有的还在 1000℃ 以上，低的也在 700~800℃。此时，将热状态下的坯料送入炉内加热，可大大缩短加热时间，节省燃料消耗，提高炉子的生产能力。如在生产过程中实行热装热送工艺，可以有如下好处：

(1) 降低加热炉燃料消耗，燃料降低率可达 40%~67%；

(2) 缩短加热时间，提高加热炉产量，一般可提高 20%~30%，并能减少加热过程中的金属损耗；

(3) 减少库存钢坯数量，减少厂房面积和操作人员等。

这就是为什么要尽量提高钢坯入炉温度，实行热送热装的目的。

尽管提高钢坯入炉温度能带来许多好处，但这对坯料供应和使用单位之间的协调和匹配，对坯料的表面质量也提出了新的要求。

45. 什么叫钢的加热速度，如何考虑？

把钢的加热速度可以理解为加热的快慢。加热速度以钢温在单位时间内变化的度数表示。从提高加热炉产量出发，希望加热速度愈快愈好。加热速度愈快，加热时间愈短，炉子生产率愈高，燃料消耗愈少。从保证钢的加热温度考虑，加热速度不宜过快，较慢的加热速度能使钢加热均匀。

在实际生产中,加热速度不能任意提高,它要受钢的允许断面温差的限制。一般情况下把 700～800℃ 以下的加热阶段叫低温阶段或叫预热阶段。钢在低温阶段加热的特点是钢温低、塑性差、钢的内外温差大,在此段末期钢的内部发生组织转变。这时钢的温度应力和组织应力大,当应力超过抗拉强度时,钢就会产生裂纹。因此低温阶段钢的加热速度不宜太快。特别是大断面的钢坯和塑性差、导热性能不好的钢坯,其加热速度更不能快,以免产生各种加热缺陷。

当钢的温度超过 700～800℃ 时,一方面钢的塑性显著增加,某些导热性能差的钢种,其导热性能也大有改善,另一方面随着钢温的升高,钢的氧化、脱碳速度加快,这个阶段的加热时间愈短愈好。因此,这个阶段应采用快速加热,因而把这个阶段称为加热阶段。

当钢的表面温度刚刚达到加热所要求的温度时,其中心温度一般还达不到出钢温度要求,特别是加热大断面钢坯时,内外温差更大。因此,为了使钢温均匀,当钢坯表面温度加热到要求温度时,需要保温一段时间,这个阶段称为均热阶段。均热阶段不受加热速度的限制。

除考虑上述因素外,允许的加热速度还与钢种的化学成分、坯料的厚薄与几何形状的复杂程度、钢坯装炉时的钢温等因素有关。显而易见,钢的传热性能好、钢坯愈薄、钢坯加热时受热面积越大、钢坯入炉温度越高,可以允许的加热速度越快。

实际上,在许多情况下,钢的加热速度并非只受钢的性能和断面尺寸的限制,而常常受炉子构造、供热能力和加热条件的限制。因此,在考虑钢的加热速度时除考虑钢的特性外,还应考虑改进炉子结构、提高炉子供热能力,为快速加热创造良好条件。

46. 什么叫钢的加热时间,如何确定?

钢的加热时间是指钢坯由炉尾入炉后加热到工艺要求的温度

所需要的总时间。它受钢种、钢料形状和尺寸、炉内布料方式、炉型结构、供热能力和采取的加热速度等许多因素的影响。确定加热时间要考虑加热温度的均匀性,并使钢在加热过程中消除或减轻某些缺陷,尽可能地减少钢的氧化和脱碳,防止产生过热、过烧等缺陷。为此,确定加热时间对实现正确加热,设计和核算炉子的生产能力都是非常重要的。

目前,确定加热时间的方法有理论计算和根据实际资料用经验公式确定两种。在生产现场大都采用后一种方法来确定加热时间。

下面介绍两种经验公式。

钢在连续式加热炉中的加热时间可用下式计算:

$$\tau = (7 + 0.05H) \tag{2-2}$$

式中　τ——加热时间,min;

H——方钢坯的高度或圆钢坯的直径,mm。

钢的加热时间也可按照加热单位高度金属所需的时间进行估算,如下式:

$$\tau = CH \tag{2-3}$$

式中　τ——加热时间,h;

C——加热单位金属高度所需的时间系数,当加热低碳钢和低合金钢时 $C = 0.1 \sim 0.15$,当加热中碳钢和一般高碳合金结构钢时 $C = 0.3 \sim 0.4$;

H——方钢坯的高度或圆钢坯的直径,cm。

47. 型钢生产用加热炉有哪几种温度制度,各有什么优缺点?

加热炉的温度制度是钢在加热炉内加热时炉温随时间变化的情况。对于型钢生产用的连续式和步进式加热炉而言,温度制度可以看成为炉温沿加热炉长度变化的情况。由于坯料的钢种、断面尺寸、装炉温度以及轧制工艺不同,采用的温度制度也不同。目前型钢厂加热炉应用的温度制度主要有一段式、二段式、三段式等几种。

一段式温度制度就是把钢坯放在温度基本不变的炉内加热，钢坯的表面和中心温度逐渐升到所要求的温度后出钢。其优点是加热速度快，加热时间短，炉子有较高的生产率。缺点是不适于导热性差、塑性低的钢种和断面尺寸大的坯料。

二段式温度制度是先后用两个不同的加热速度加热钢坯。二段式温度制度可以由预热段和加热段组成，也可以由加热段和均热段组成，前者适用于导热性能差的钢种，后者适用于导热性能好、断面尺寸较大的钢坯。

三段式温度制度是钢坯在三个不同的温度区域内用三个不同的加热速度加热。这种温度制度由预热段、加热段和均热段组成。其优点是预热段加热速度慢，钢坯的温度应力小，炉尾温度低，燃料消耗少。加热段的加热速度快，可以减少钢的氧化和脱碳，并能缩短加热时间，提高炉子产量。在均热段钢坯表面温度几乎不再上升，主要是通过一定时间的保温使钢坯的中心温度也达到出钢要求，使钢坯的温度均匀，同时消除或减轻钢坯的内部组织缺陷。这种温度制度兼顾了加热炉生产效率的提高和加热质量的保证，并适用于加热各种钢种，尤其是适合加热大断面和低塑性的合金钢，被认为是一种较理想的温度制度。

为提高加热炉产量，有的型钢厂的大型加热炉采用多段式温度制度。

48. 如何计算加热炉的产量？

加热炉的生产率是单位时间内炉子的出钢量。加热炉的生产率有很多表示方法，如小时产量(t/h)、班产量($t/班$)、日产量(t/d)等。其中用得最多的是小时产量，它的计算公式为：

$$A = \frac{V}{T} \tag{2-4}$$

式中　A——加热炉的小时产量，t/h；

　　　V——炉子内钢的容量，即加热炉中炉膛内容纳的钢质量，t；

　　　T——加热时间，h。

为了便于比较不同加热炉的生产能力大小，生产上和工程设计中常采用的炉子生产率指标是单位有效炉底面积每小时的产钢量，称为炉底强度，它的含义是钢料覆盖的每平方米炉底面积上每小时的产钢量，计算公式为：

$$\tau = \frac{A_{班} \times 1000}{8S} \tag{2-5}$$

式中　τ——炉底强度，$kg/(m^2 \cdot h)$；

　　　$A_{班}$——8h 的总产量，t；

　　　8——小时数，h；

　　　S——有效炉底面积，m^2。

由上式可知，如加热炉的有效炉底面积相同，哪个炉子的炉底强度大，则表明哪个炉子的产量高。若加热炉的小时产量相同，有效炉底强度大的炉子，其所需的炉底面积就小。

49. 热轧型钢车间常用的加热设备有哪几种？

加热是热轧型钢生产过程中的基本工序，钢料经过加热在轧机上完成塑性变形，使轧件的形状、尺寸和性能基本达到要求。

热轧型钢车间常用的加热设备主要有不同形式的连续式加热炉。用于热轧型钢生产的连续式加热炉的种类很多，这与加热钢料的多样有关。连续式加热炉的主要类型有推钢式连续加热炉及步进式加热炉，其中推钢式加热炉是型钢车间最常见的加热设备。但是，由于步进式加热炉有加热灵活、加热温度均匀、加热品种广泛等优点，它已日益得到广泛应用，尤其在合金钢生产车间和新建的连轧棒、线材车间，它已发展成为替代推钢式连续加热炉的主要炉型。

50. 连续式加热炉有哪几种形式，它们各有什么特点，如何选择？

连续式加热炉是型钢厂应用最为广泛的加热设备，因为型钢产品多种多样，它们的要求各不相同，所以连续式加热炉形式繁多，一般可按以下方法分类：

(1) 按炉温制度和相应的炉膛形式分,有一段式、二段式、三段式及多段式连续加热炉;

(2) 按炉子使用的燃料种类分,有燃煤加热炉、燃油加热炉、燃气加热炉和使用混合燃料的加热炉;

(3) 按钢坯出炉方式分,有端进端出连续式加热炉、端进侧出连续式加热炉以及侧进侧出连续式加热炉;

(4) 按炉底结构及炉料运动方式分,有推钢式连续加热炉和步进式连续加热炉。

此外,还可按照炉子的预热方式(空气预热还是煤气预热)、供热位置(上加热、下加热还是上下两面加热)以及坯料加热的排数(单排料还是双排料)等因素分类。但是,反映加热炉最本质特点的还是按炉温制度和炉子结构特点分类。

选择连续式加热炉类型要考虑的因素很多,主要考虑的有加热的钢种、坯料的尺寸大小和形状、装料温度、对炉料加热的质量要求和产量要求等。其中根据生产需要确定的加热质量和产量要求以及加热钢种的特征是确定加热炉类型的主要依据。

51. 什么叫推钢比,它对加热炉生产有什么影响?

推钢式连续加热炉是型钢车间常用的加热设备。加热时钢料由炉尾推钢机推入加热炉内,加热到出钢温度后,由炉尾推钢机(端进端出)或炉头出钢机(端进侧出)依次将钢坯推出炉外,送往轧机进行轧制。

在推钢式加热炉中,所推钢的总长度除以加热钢料中坯料的最小宽度称之为推钢比,其公式如下:

$$i = \frac{L}{B} \tag{2-6}$$

式中　i——推钢比;

　　　L——推钢长度,mm;

　　　B——钢坯的最小宽度,mm。

实际上,简单看来,推钢比可以看作推钢的根数,推钢比越大,推钢的根数越多,反之则越少。

由上式也可以看出:推钢式连续加热炉的长度与允许的推钢比有关。推钢比越大,要求加热炉的长度越大。反之,推钢比小,加热炉则较短。当然炉长增加时对提高加热炉产量有利,但同时也带来钢料在炉内运动不稳定的问题,甚至因推钢比过大而发生拱炉事故。因此,推钢式连续加热炉的推钢比一般都有一个限定的范围,通常都控制在 250 左右,有的可达到 300。

我国一些地区的推钢式连续加热炉,由于采取许多措施(如适当降低推钢速度,注意料形规整,保持炉内滑道平整,炉底适当向出钢方向倾斜等),推钢比竟达到 400 左右,为提高加热炉产量、满足轧机需要创造了较好的供坯条件。

52. 步进式加热炉结构有哪几种,有什么优缺点?

步进式加热炉是机械化炉底加热炉中使用最广的一种,是取代推钢式加热炉的主要炉型,国内外新建的加热炉大都采用此种炉型。步进式加热炉的炉底由活动部分和固定部分构成,按其结构不同,有步进梁式、步进底式和步进梁、步进底组合式加热炉之分。一般坯料断面尺寸大于 120mm×120mm 的多采用步进梁式加热炉,钢坯断面小的多采用步进底式加热炉。步进式加热炉最基本的特征是钢料在炉内的移动靠一套步进机构做矩形轨迹的往复运动来实现。

与推钢式加热炉相比,步进式加热炉有下列优点:

(1) 加热的坯料一般不受断面形状和尺寸的限制,可以加热推钢式加热炉难以加热的异形坯、较小和较薄的钢坯。

(2) 加热制度灵活,适应性较广泛。它可以通过调整步进周期或改变炉内钢料之间的距离来变化钢料在炉内的加热时间,以适应不同钢种、不同加热速度的需要。

(3) 加热质量较好,钢温比较均匀,而且钢坯的下表面不像推钢式加热炉那样易被划伤。

(4) 炉子长度不受推钢比的限制。不仅不会发生拱钢、黏钢

55

事故,而且可以增加炉长,提高炉子的生产能力。

(5)与轧机配合灵活方便。可以根据需要将钢料退出炉外,以避免钢料在炉内长时间停留造成钢的氧化和脱碳;也可以使钢料在炉内踏步停止前进,以适应轧机发生事故和在产量上变化的需要。

(6)可以比较精确地计算和控制钢料在炉内的加热速度和加热时间,有利于进行计算机控制,实现加热过程的自动化。

步进式加热炉的缺点是结构比较复杂,造价较高(一般比推钢式加热炉价高20%~25%)。另外由于炉底水冷管较多,冷却水和热能消耗比推钢式加热炉的高。这种炉子在设备施工和要求上都比较严格,如安装不当会发生炉料跑偏现象。

53. 加热炉的烟道和烟囱各起什么作用?

钢坯在炉内加热是通过燃料燃烧放出的热量经过热交换(有炉气和钢坯之间的辐射、对流热交换,炉墙对钢坯的辐射热交换,钢坯本身的热交换)得到热量才使钢温不断升高,最后达到出钢温度。但是燃料燃烧不仅放出大量热量,燃烧后同时也产生大量的燃烧产物即废气。因此钢坯的加热过程可以看成为燃料不断燃烧生成热量,钢坯不断吸收热量,同时不断产生废气的过程。要造成加热炉炉膛内的炉气有序地流动,使钢坯顺利地完成热交换的过程靠什么? 靠的就是烟道和烟囱。因此,烟道和烟囱的作用是形成炉气有序流动的排烟系统。它是加热炉的重要组成部分。

此外,烟道除了具有排烟功能外,还具有通过调节烟道闸门控制炉膛内"压力"的作用。

54. 加热炉炉膛的炉温、炉压如何控制?

加热炉的炉膛是钢坯在加热过程中与炉气进行热交换的场所,炉膛温度的高低直接影响热交换的进行和效果。因此,保证炉膛的温度是确保钢坯顺利加热最关键的因素。为此,生产过程中现场人员很注意对炉膛温度进行监测和控制。

对炉膛温度进行监测和控制的办法主要有两方面,一方面(也是最主要的方面)是在炉子的测温点进行温度测定与监控,如果发现炉膛温度发生变化,可以适时手动或自动调整风油比、调整烧嘴个数等;另一方面操作人员要经常通过炉门或窥视孔观察燃料燃烧情况和钢温表面状况与颜色,如发现异常也能随时采取相应措施进行炉温调整。

所谓炉膛压力实际上反映了炉气有序流动的状况。炉膛压力大,即"正压",则炉气外溢;炉膛压力小,即"负压",则炉子吸冷风,炉膛内炉气被烟囱吸走。炉膛内压力主要通过烟道闸门位置的变化来进行调整。如压力过大,则闸门抽出(提升),使烟囱拔风力加大,抽走炉气;反之,闸门推进(放下),使拔风力减小,即可使炉压增加。

55. 型钢加热炉如何进行计算机控制?

加热炉的计算机控制是指用计算机系统对坯料在炉内加热的整个过程进行控制,是轧机生产计算机控制的一个重要组成部分。

加热炉计算机控制系统一般具有对坯料温度进行控制、对空气和燃料比进行控制、对炉气温度进行控制等多种功能,同时具有对坯料进行跟踪、操作指导、反映各种技术数据等信息处理功能,并且可以根据轧机工作情况自动装料、自动出炉和控制出炉节奏等。

计算机技术在钢坯加热过程中的应用,不仅使加热炉生产效率得到提高,能耗和加热质量等方面都取得满意效果,而且在改善劳动条件、减轻工人劳动强度等方面也取得了明显成效。因此计算机技术在加热过程中得到了更多的应用。

要实现加热过程的计算机控制,除有计算机和相应的控制软件外还需要有一系列的自动化检测和控制仪表,如测温计、煤气指示调节计、二次空气流量计和调节阀、炉压计等。

56. 加热炉常用的燃料有哪几种,如何选用?

凡是能够燃烧并能用于工业生产或满足人民生活需要的在技术上合理、经济上合算的可燃物质都称为燃料。在轧钢生产加热炉上作为燃料使用的有以下3类:

(1) 固体燃料,如烟煤、无烟煤、煤粉等;

(2) 液体燃料,如重油、轻柴油等;

(3) 气体燃料,如天然气、高炉煤气、焦炉煤气、发生炉煤气等。

一般地说,用固体燃料劳动条件差,容易造成污染,经济上不尽合理,钢温控制也比较困难,只是价格上比较便宜。而用液体燃料和气体燃料正好相反,劳动条件好,钢坯加热过程容易得到控制,加热温度比较均匀,加热质量也好。但是,我国有各种燃料资源,因此燃料选择要从我国及本地区的资源情况出发,要从本企业的具体情况出发,因地制宜地选择。此外在确定燃料时还要考虑到国家的能源政策和燃料的综合利用,不能单从技术上的需要来确定所需燃料。

57. 什么是燃料的发热量,什么是标准燃料及其发热量?

燃料燃烧放出热量的多少,一方面与燃料燃烧的量的多少有关,另一方面与燃料本身的性质有关。单位燃料(如每公斤或每立方米)完全燃烧时所放出的热量,称为燃料的发热量。

燃料燃烧后放出热量的多少还与燃烧后物质存在的状态有关。例如煤气中的氢燃烧后生成水,如果生成的水不是液体,而是水气,因为由液体变成气体水还要消耗热量,所以在同样条件下该反应放出来的热量就要少些。正是这个原因,燃料的发热量有高发热量和低发热量之分。燃料的高发热量和低发热量之差等于水的气化热。实际生产中常用低发热量来表示燃料的发热量。

燃料发热量的大小是衡量和评价燃料优劣的主要依据。天然气和重油具有比发生炉煤气和煤高得多的发热量,因此它们是轧钢生产加热炉采用的更为理想的燃料。加热炉的燃料消耗是评价炉子工作的重要指标。在轧钢生产中,加热炉的燃料消耗通常用单位燃料消耗量来表示,即用生产单位质量(如1t)产品所消耗的燃料表示。但不同成分的燃料,其发热量不同,不同燃料之间难以进行比较。所以,为了核算和比较不同炉子的燃料消耗,一般都将燃料消耗折合成"标准燃料"的消耗量来表示炉子的燃料消耗,其计算单位为 kg/t,并且规定 1kg 标准燃料的发热量为 29.3MJ。因此各种燃料的发热量除以 29.3MJ 即得标准燃料的发热量。

各种燃料的发热量(即单位燃料的发热量)及折算成标准燃料发热量的折算系数如表 2-4 所示。

表 2-4 各种燃料发热量换算表

燃 料 名 称	发热量/MJ·kg^{-1}	折算成标准燃料的系数
干洗精煤(灰分10%~11%)	29.7	1.014
干焦炭(灰分13.5%)	28.5	0.97
无烟煤	25.1~26.4	0.86~0.9
动力煤	20.9	0.71
重 油	39.8~41.0	1.36~1.40
轻 油	41.8	1.43
焦 油	37.7	1.29
粗 苯	41.8	1.43
天然气	35.6~39.8(MJ/m^3)	1.21~1.36(kg/m^3)
焦炉煤气	17.2~18.4(MJ/m^3)	0.58~0.63(kg/m^3)
高炉煤气	3.5~4.186(MJ/m^3)	0.12~0.14(kg/m^3)

58. 如何评价燃料的优劣?

燃料有许多种类,不同燃料在性能上有很大差异,就是同一种燃料,由于产地不同,其发热量也有很大不同。在众多的燃料中如何评价其优劣呢? 主要从以下两方面进行评价。

一是看其发热量的高低。一般地说,发热量高的燃料好,发热量低的燃料差,因为生成同样数量的热量,发热量高的燃料用量就少,发热量低的燃料需要量就多。二是要看燃料的化学成分,比如固、液体燃料,组成的主要成分为碳(C)、氢(H)、硫(S)、氧(O)、氮(N)、水分(W)、灰分(A)等7种,其中碳是固、液燃料中最主要的可燃元素,燃烧时能放出大量的热,是其热能的基本来源;氢也是燃料的可燃元素,1kg 氢燃烧生成的热大致为同样质量的碳燃烧生成热量的 3.5 倍;硫在燃烧时也能放出热量,但它是有害成分,因为它燃烧时生成 SO_2、H_2S 等产物,对加热工件和设备有腐蚀作用,并且污染空气,损害人体健康;氧、氮、水分和灰分都是固、液体燃烧中的不可燃成分,燃料燃烧时它们不但不能生成热量,而且要吸收热量,使炉温降低。所以对固、液体燃料而言,可燃成分越多,不可燃成分和有害成分越少,燃料就好;反之,燃料就差。

对于气体燃料其可燃成分有一氧化碳(CO)、氢气(H_2)、甲烷(CH_4)、乙烯(C_2H_4)、重碳氢化合物(C_mH_n)和硫化氢(H_2S)等。在可燃成分中,CH_4、C_2H_4、C_mH_n 等化合物发热能力较大,H_2、CO 的发热能力较小。气体燃料中的不可燃成分有二氧化碳(CO_2)、氮气(N_2)、二氧化硫(SO_2)、水气(H_2O)、氧气(O_2)等。不可燃成分不会燃烧,反而会带走炉内热量使炉温降低。因此,评价气体燃料的优劣同固、液体燃料一样,燃料中的可燃成分越多,不可燃成分和有害杂质越少,则燃料为好;反之,则燃料的性能就差。

59. 什么叫热效率,如何提高加热炉的热效率?

加热炉的热效率是衡量加热炉工作好坏的重要指标。提高加热炉的热效率是降低炉子燃料消耗的重要途径。加热炉的热效率是金属加热需要的热量占加热炉燃料燃烧放出热量的百分数。换句话说,加热炉的热效率就是表示燃料燃烧生成的热量有多少是用在加热金属上的。热效率计算公式如下:

$$\eta = \frac{Q_m}{Q} \times 100\% \qquad (2\text{-}7)$$

式中　η——加热炉热效率,%;

　　Q_m——加热金属需要的热量,J;

　　Q——燃料燃烧产生的热量,J。

由上式可以看出,热效率高,用于加热金属的热量比例就大,表示加热炉的热能利用情况良好。反之,表明炉子热能利用情况不好。

加热炉的热效率计算方法比较复杂,要对加热炉进行热平衡分析计算,才能求得炉子的热效率。经实际测定,轧钢厂常用的工业炉的热效率 η 数值范围大致如下:

炉子类型	热效率值/%
均热炉	20~30
连续式加热炉	30~40
室状炉	10~15
室状热处理炉	15~20

影响加热炉热效率的因素很多,如炉子产量、燃料种类、燃料燃烧情况、燃料和空气的预热情况、废气的排出温度及数量、炉子的冷却条件以及散热状况等。因此,要提高炉子热效率必须根据炉子的具体情况进行分析研究,抓住影响热效率的主要因素采取有效措施才能取得效果。

因为:

$$Q_m = Q - Q_{损} \tag{2-8}$$

式中　Q_m——加热金属所需热量,J;

　　Q——燃料燃烧产生的热量,J;

　　$Q_{损}$——加热过程中的各种热损失,J。

所以:

$$\eta = \frac{Q - Q_{损}}{Q} \times 100\% = \frac{Q_m}{Q} \times 100\% \tag{2-9}$$

由上式可知,提高炉子热效率最重要的是要减少炉子的一切热损失,可以采用的措施有:

(1) 减少烟气从炉膛内带走的热量,如用烟气预热空气、煤

气,降低烟气温度等;

(2) 减少炉子冷却所带走的热量,如用可塑料包扎炉筋管,采用无水冷滑轨等;

(3) 保证足够的空气,使燃料得以充分的燃烧,以减少化学的和机械的不完全燃烧所造成的热量损失;

(4) 减少炉墙的传导热和炉门开关的辐射散热,并防止冷空气吸入炉内,使炉内温度降低;

(5) 提高加热炉产量,减少保温时间;

(6) 加强生产组织管理,协调前后工序,使生产有节奏地均衡地进行,尽量减少待热、待轧时间等。

60. 什么叫热平衡,热平衡表有什么用途?

除燃料在炉内燃烧生成热量外,加热炉内还有其他因素产生热量。加热炉内热量总收入有下列各项:

(1) 燃料燃烧生成的化学热;

(2) 燃料带入炉内的物理热;

(3) 空气预热带入的物理热;

(4) 金属氧化放出的热量。

燃料在炉内产生的热量除用于加热金属外,还有其他多项支出。加热炉内热量支出有下列各项:

(1) 金属加热所需热量;

(2) 废气带走的热量;

(3) 燃料化学不完全燃烧带走的热量;

(4) 燃料机械不完全燃烧损失的热量;

(5) 炉墙散去的热量;

(6) 炉门及开口处辐射损失热量;

(7) 炉门及开口处逸气带走的热量;

(8) 炉子水冷件带走的热量。

根据能量守恒原理,加热炉内热量收入之和应等于热量支出之和,即:

$$\Sigma Q_{收入} = \Sigma Q_{支出} \qquad (2\text{-}10)$$

式中　$\Sigma Q_{收入}$——加热炉内各项热量收入,J;

　　　$\Sigma Q_{支出}$——加热炉内各项热量支出,J。

如果将热量的收入和支出的数量分别列举出来并将收入和支出的项目用百分数表示,即可制成所谓的热平衡表,如表 2-5 所示。热平衡表可以用来作为与同类炉子进行比较和评价的重要依据,研究与分析各项收支是否合理,可以对炉子热工工作和降低燃料消耗提出改进措施。

表 2-5　加热炉的热平衡表

收　入　项	热量/J	百分比/%	支　出　项	热量/J	百分比/%
(1) 燃料燃烧的 化学热	Q_1	70~100	(1) 金属加热所用的热	Q'_1	10~50
			(2) 废气带走的热	Q'_2	30~40
(2) 燃料带入的 物理热	Q_2	0~15	(3) 燃料化学不完全燃烧 损失的热	Q'_3	0.5~3
			(4) 燃料机械不完全燃烧 损失的热	Q'_4	0.2~5
(3) 空气预热带 入的热	Q_3	0~25	(5) 炉墙散热	Q'_5	2~10
			(6) 炉子辐射损失的热	Q'_6	0~4
(4) 金属氧化反 应生成的热	Q_4	1~5	(7) 炉门逸气损失的热	Q'_7	0~5
			(8) 冷却件带走的热	Q'_8	0~15
			(9) 其他热损失	Q'_9	0~10
热量总收入	$\Sigma Q_{收入}$	100	热量总支出	$\Sigma Q_{支出}$	100

61. 燃料消耗如何计算,有哪些措施可以减少燃料消耗?

燃料消耗是加热炉的重要技术经济指标,是评价加热炉工作水平高低的重要依据,也是评定炉子等级的基本内容,因此人们对加热炉的燃料消耗状况非常重视是必然的。

计算加热炉燃料消耗的步骤如下:

(1) 根据加热炉的小时产量计算出加热金属所需的热量：

$$Q_金 = A(T_2 - T_1)C \qquad (2-11)$$

式中　$Q_金$——1h 内加热金属所需热量，J/h；

　　　A——加热炉的小时产量，kg/h；

　　　T_2——钢料出炉温度，℃；

　　　T_1——钢料入炉温度，℃；

　　　C——钢料的比热容，J/(kg·℃)。

(2) 计算出燃料发热的总量：

因为：

$$\eta = \frac{Q_金}{Q_燃} \times 100\% \qquad (2-12)$$

所以：

$$Q_燃 = \frac{Q_金}{\eta} \qquad (2-13)$$

式中　$Q_燃$——1h 内燃料燃烧生成的热量，J；

　　　$Q_金$——1h 内金属加热所需热量，J；

　　　η——加热炉热效率，%。

(3) 由燃料的发热量求出需要的燃料量，即可求出 1h 内的燃料消耗量：

$$W = \frac{Q_燃}{Q_低} \qquad (2-14)$$

式中　W——1h 内需要的燃料量，kg；

　　　$Q_燃$——需要的燃料量生成的热量，J；

　　　$Q_低$——燃料的发热量，J/kg。

减少燃料消耗可采取如下措施：

(1) 降低废气出炉温度，减少废气带走热量。因为从热平衡表中可以看出，出炉废气带走热量要占总热量的 30%～80%，是热损失中主要的一项，因此减少这一项热损失对降低燃料消耗有重要意义。

降低废气出炉温度，减少废气带走热量的具体方法有：1) 在保证燃料完全燃烧的前提下,应尽可能地降低空气过剩系数,减少废气生成量;2)控制合理的废气温度,不能太高,让炉子有一个合理的热负荷;3)开展废气热量回收,用于预热空气,预热煤气;4)改进炉型结构,增加炉子长度,充分发挥炉气的作用。

(2)提高炉子生产效率,降低燃料消耗可以采取的方法有:1)提高炉气温度,强化炉内热交换过程;2)提高坯料入炉温度,减少加热时间;3)延长炉子寿命,加强维护与保养,减少炉子检修时间;4)加强炉子与前后工序的配合,增加热装比例,减少炉子保温待轧时间,使炉子均匀地有节奏地生产。

(3)减少冷却水带走的热量是降低燃料消耗又一项有意义的措施,主要方法有:1)减少冷却水的数量;2)对水管进行绝热包扎;3)采用汽化冷却;4)采用无水冷滑轨等。

(4)减少炉门和炉体散热。

(5)提高炉子管理和操作水平,使燃料燃烧过程合理化、最优化,使各热工参数控制在优化状态。

62. 什么叫钢的加热不均,如何防止?

钢加热温度不一致叫钢的加热不均。这种钢温不均可以表现在如下三个方面:

一是钢料上下温度不均,一般称为"阴阳面",通常把温度低的面称为阴面,温度高的面称为阳面。有阴阳面的钢料轧制时,容易产生弯曲或扭转现象,严重时会发生顶坏导卫板和缠辊事故。

二是钢料内外温度不均。通常由于加热速度过快、加热时间过短,形成钢的表面温度高,钢的中心部分温度低的状态,一般称为"黑心钢"。轧制黑心钢时会造成钢延伸不均,使轧件产生应力,并容易产生裂纹,有时因钢的内部温度过低,常导致发生断辊事故。

三是沿钢料长度方向上温度不均。轧制这种钢料时使轧机辊跳值发生波动,造成轧件在长度方向上尺寸不一致,给成品尺寸公差的控制带来困难。

防止钢的加热不均可采取如下措施：

（1）在高温区加热时，由于下加热供热条件比上加热差，因此在热负荷分配上要注意下加热的供热能力，确保下加热温度要高于上加热温度 20～30℃，以减少上下面的温度差；

（2）控制加热速度，确保加热时间，防止因速度过快、时间过短造成钢料内外温差过大，要在低温阶段使钢温达到一定温度后再考虑提高加热速度；

（3）经常观察炉内温度分布情况，正确调整炉内温度，使沿炉宽各点的温度尽量保持均匀，以减少沿坯料长度方向上的温度差；

（4）均热段要有足够的保温时间，使钢料的内外温差减小，以保证在钢料断面上的温度均匀，有时也用翻钢的方法使钢温均匀；

（5）采用无水冷滑轨，消除水管处钢料上的"黑印"；

（6）在炉体结构上或供热条件上（烧嘴的布置上）保证钢料均匀受热。如以步进式加热炉代替推钢式加热炉，以上下两面供热的加热炉取代单面供热的加热炉等，因为前者钢料受热条件均匀，钢的温度也就比较一致。

63. 什么叫氧化，如何减少钢的氧化？

钢在炉内加热时，其表面将会和炉气中的氧化性气体发生化学反应，这个反应就称为氧化。其化学反应方程如下：

$$Fe + \frac{1}{2}O_2 \longrightarrow FeO$$

$$3Fe + 2O_2 \longrightarrow Fe_3O_4$$

$$2Fe_3O_4 + \frac{1}{2}O_2 \longrightarrow 3Fe_2O_3 \qquad (2\text{-}15)$$

$$Fe + CO_2 \longrightarrow FeO + CO$$

$$3Fe + 4CO_2 \longrightarrow Fe_3O_4 + 4CO$$

$$3FeO + CO_2 \longrightarrow Fe_3O_4 + CO \qquad (2\text{-}16)$$

$$Fe + H_2O \longrightarrow FeO + H_2$$

$$3Fe + 4H_2O \longrightarrow Fe_3O_4 + 4H_2 \qquad (2\text{-}17)$$

$$3Fe + SO_2 \longrightarrow 2FeO + FeS \qquad (2\text{-}18)$$

钢氧化后,其表面生成多种铁的氧化物,叫做氧化铁皮。氧化铁皮占加热钢总量的百分数叫烧损量。通常钢加热一次,其烧损量大致在1%～1.5%左右,严重的可达2%以上,较好的可控制在1%以下。钢表面生成氧化铁皮不仅造成金属损失,还会使轧制不顺并且影响轧件质量。

影响钢氧化的因素很多,主要有:

(1)加热温度。加热温度愈高,钢的氧化愈剧烈。钢的氧化过程大致是:钢温在小于200℃时,表面氧化非常缓慢,当温度在200～500℃时,表面生有一层很薄的氧化层,当温度升至600～700℃时,氧化速度开始加快,并生成氧化铁皮,当达到900～1000℃时,氧化速度迅速加快,氧化铁皮生成量增多,当温度大于1300℃以上时,氧化进行得更加剧烈(图2-2),其速度几乎是900℃时的7倍,氧化铁皮生成量大增。因此,防止钢在过高温度下加热,是减少钢氧化的重要措施。

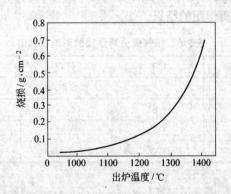

图2-2　加热温度与烧损(即氧化铁皮量)的关系

(2)加热时间。加热时间越长,钢的氧化愈严重,生成的氧化铁皮量也越多,尤其是钢在高温下停留的时间愈长,则生成的氧化铁皮愈多。因此减少钢在高温下的停留时间是减少钢氧气损失的一个重要措施。图2-3为加热时间对烧损的影响。

(3)炉气成分。炉气成分对钢的氧化也有很大影响。氧化性

67

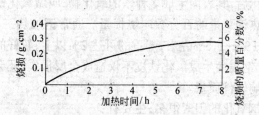

图 2-3　加热时间与烧损(即氧化铁皮量)的关系

气氛愈浓,钢的氧化愈是剧烈,生成的氧化铁皮也愈多。氧化性最强的炉气是 SO_2,炉气中即使有 0.1% 的 SO_2,也会大大提高氧化速度。表 2-6 为炉气对钢烧损的影响。

(4)钢的化学成分。钢中含有铬、镍、硅、锰等元素时,这些元素氧化后生成很致密的氧化膜,阻止金属原子向外扩散以及氧向内扩散,从而使氧化速度降低。耐热钢之所以在高温下具有一定的抗氧化能力,就是因为表层生成有一层致密而又不易脱落的氧化膜起到隔离作用的结果。

表 2-6　炉气成分对烧损的影响(0.4h)

炉气成分	CO_2	H_2O	O_2
温度/℃	烧损率/%		
1090	1.62	4.78	4.85
1200	3.23	9.22	9.14
1260	4.96	12.39	11.17

由以上分析可以看出,减少钢的氧化的主要措施有:控制钢的加热温度和炉内气氛;采用快速加热减少钢在高温下的停留时间;保证燃料充分燃烧的前提下,控制适量的空气过剩系数,减少冷空气吸入等。

64. 为什么会产生黏钢,如何防止?

一般情况下,加热炉发生黏钢的原因有:

（1）开始时钢的加热温度过高,使钢的表面发生熔化,然后钢温又降低而造成黏钢;

（2）钢表面氧化铁皮被熔化后又降温产生黏钢;

（3）长时间的高温加热,在一定的推钢压力下发生黏钢。

此外,黏钢还与钢种及钢坯表面状态有关。一般经酸洗后的钢坯易发生黏钢。钢坯的剪口处也容易产生黏钢。

发生黏钢后,如果黏得不多,应当采取快拉的方法,把黏住的钢尽快拉开,但切不可采用关闭烧嘴或减少风量的方法降温,因为降低温度会使氧化铁皮凝固,反而使黏钢更为严重。通常都是在处理好黏钢事故后再调整炉温。如果黏钢严重,发生多根钢料之间的黏钢,需要用具有一定质量的撬杠,对黏钢进行多次冲击,方能使之撬开。防止黏钢的办法最主要的是要控制好炉内温度,使炉子均衡地有节奏地生产,并注意防止吸入冷风,避免钢的表面温度骤然下降而发生黏钢。

65. 什么叫烘炉,操作时要注意哪些问题?

各种加热炉的炉体都是用不同的耐火材料砌筑而成的。因此,新建筑的加热炉,或者炉体刚经过大修后的加热炉,在正式使用前要对炉子先行烘烤,将炉体耐火材料及砌筑材料所含的水分烤干,这种操作过程就叫烘炉。加热炉烘炉都有烘炉曲线。烘炉曲线规定了炉子升温和烘烤时间之间的关系,因此烘炉时要严格按照烘炉曲线的规定进行。在烘炉操作过程中,如若烘炉时间过短,炉子升温速度过快,炉体各部分材料所含水分没有烤干或没有全部烤干,不仅会影响加热炉正常使用,使炉温上升困难,而且还会使炉体产生裂纹,影响炉子使用寿命。因此,在烘炉时主要要防止加热时间过短、升温过快的问题。

66. 型钢加热炉有哪些新技术?

加热是轧钢生产工艺中的重要工序,因而加热炉也是轧钢车间中的重要辅助设备。随着轧机生产技术的进步,随着轧钢产品质量要求的不断提高以及企业经济效益迫切要求改变的形势,加热工艺、加热设备也在随之不断地发生变化,以适应轧钢生产技术日益发展的需要。型钢加热炉新技术主要是围绕改善钢坯加热质量、进一步节约能源消耗和提高加热炉使用寿命为内容进行的,主要的新技术有:

(1) 节能新技术,如无水冷滑轨、炉筋管包扎、油加水、红外涂料等技术的应用;

(2) 新型燃烧器的应用,如高压无焰烧嘴、自预热烧嘴、单独控制的单体烧嘴等;

(3) 加热过程中的计算机控制,如加热温度、加热时间的自动控制以及风、油配比的自动调节等;

(4) 新型耐火材料和新炉型的应用,如采用新的浇注炉、新的补炉料,以及将固定炉底的加热炉改成机械化炉底的加热炉。

第三章

轧机及其布置

67. 什么叫轧钢机的主机列,它由哪些设备组成?

轧钢车间的机械设备,按其在生产过程中起的不同作用,可以分为主要机械设备和辅助机械设备。凡用来使金属在旋转的轧辊中变形的那部分设备,通常称为主要机械设备。主要设备排列成的作业线称为轧钢机的主机列。

轧钢机主机列由主电机、传动机械和轧钢机三部分组成。根据轧机排列、驱动方式和传动装置方式的不同,主机列的形式也各有不同。图 3-1 即为交流电动机驱动的轧机主机列示意图。

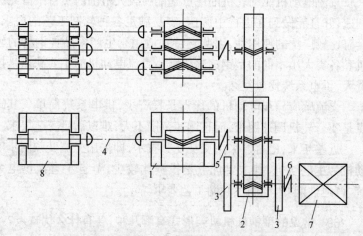

图 3-1　交流电机驱动的轧机主机列

1—齿轮座;2—减速机;3—飞轮;4—连接轴;

5—联轴节;6—电动机联轴节;7—主电机;8—轧机

主机列的各部分设备又由许多部件组成。例如轧机一般都由机架、轧辊、轧辊调整装置、轧辊平衡装置、轧辊轴承等组成。传动装置的作用是将电动机的动力传给轧辊,其组成形式与轧机的布置形式有关。在很多轧机上传动装置是由减速机、齿轮座、连接轴和联轴节等部件组成,有的轧机有时配有飞轮。主电机是为轧辊旋转提供动力的设备。在轧制过程中,不需要经常调节速度的轧机通常采用交流电动机驱动;需要经常改变速度的轧机,则采用直流电动机驱动。直流电动机工作灵活,调速范围宽广,但造价比交流电动机高。使用直流电动机驱动时,有时可不用减速装置。近十多年来,又采用交交变频电动机作为主电机,变速范围也很大,完全可以满足调速的要求,同时投资又少。

68. 型钢车间常用的主电动机形式有哪几种,各有什么优缺点?

型钢车间常见的主电动机形式有直流电动机和交流感应异步电动机。

直流电动机驱动轧机的优点是能在较大范围内实行平滑无级调速,并且能做到在运行中调速,容易满足各种轧制工艺的要求,具有比较广泛的使用性,因此它特别适用于生产多品种钢材的轧机和各类大小不同的型钢连轧机组。直流电动机的主要缺点是投资大,供电系统比较复杂。

交流感应异步电动机的优点是投资少,供电系统简单。其缺点是实行轧机调速困难,而且调速范围不大,难以满足工艺要求。

近些年来,已普遍采用交交变频技术,即采用交流变频同步电动机为主电动机,其主要优点是投资比较少,节省了直流供电系统,调速性能好,能满足轧制工艺要求。

69. 常见的型钢轧机机架形式有哪几种,各有什么优缺点?

机架是轧钢机的主要部件,它在轧钢过程中承担金属变形给予的负荷。因此要求机架有足够的强度和刚度,以保证设备安全和产品质量。

型钢轧机的机架形式较多,常见的机架形式有开口式机架、闭口式机架和半闭口式机架3种。

开口式机架由机架底座和上横梁组成,如图3-2所示。

开口式机架是型钢车间最常见的一种机架形式。这种机架的优点是制造简单,装卸、换辊方便。其缺点是强度和刚度较低,轧辊辊跳值较大,影响产品精度,故只适用于大中型轧机。

闭口式机架为一整体铸件制成,如图3-3所示。这种机架形式在型钢车间中小型轧机上应用较多。其优点是强度和刚度较高,辊跳值较小,产品精度较高。其主要缺点是制造比较困难,装卸、换辊不方便。轧制压力较大、对轧件尺寸要求比较严格时常采用闭口式机架。如初轧机、型钢连轧机和型钢成品轧机等。

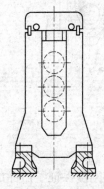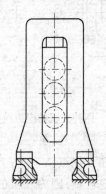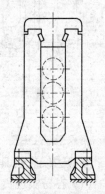

图3-2　开口式机架　　图3-3　闭口式机架　　图3-4　半闭口式机架

半闭口式机架是机架与机架盖之间采用斜楔连接的一种机架,如图3-4所示。这种机架兼有开口式机架和闭口式机架的优点,装卸、换辊方便,制造容易,并有较高的刚度,故一般大中型的型钢轧机都采用这种形式的机架。

轧机除上述几种形式外,还有无牌坊轧机,它具有质量轻、刚性好、轧制精度高、调整方便、操作容易等优点,是一种较新式的轧机,多用于中小型轧机。

70. 什么叫短应力线轧机,它有什么优点?

轧机在轧制过程中由轧制力所引起的内力沿机座各承载零件

分布的应力曲线,称作应力线。为了提高轧机刚度,减少机架及各承载零件的变形,采取各种技术措施后,将这种应力线缩短了的轧机,称为短应力线轧机。它是高刚度轧机中的一种,如图 3-5 所示。

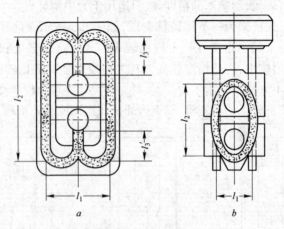

图 3-5　两种轧机的应力线比较

a—普通轧机;b—短应力线轧机

短应力线轧机具有如下优点:

(1) 容易实现负公差轧制,因为轧机的高刚度保证了产品的高精度。

(2) 可实现轧机左右两个轴承的对称调整,这对于稳定轧制条件,提高作业率,节省检修和更换导卫、横梁时间等具有重要意义。

(3) 改变了力的传递途径,将压下螺丝的集中载荷改变为分散在轴承座两侧的分散载荷,使轴承和轴承座受力情况得到改善,提高了轴承的使用寿命。

(4) 轧机的辊系在换辊前可以预安装并调整好,轧机停车后只需较短时间即可换上新辊系。而新辊系经少量试轧后即能轧出合格产品。因此这种轧机可调性能好,成材率高。

短应力线轧机可制成二辊式、三辊式或四辊式多种形式的轧

74

机。在型钢、线材和板带钢生产中都有应用。

71. 什么叫预应力轧机,它有什么特点?

在轧制前对轧机施加预应力,在轧制时就可抵消一部分机架的变形量,而使轧机的刚度提高,使轧制产品的精确度也随之提高,这种类型的轧机就称为预应力轧机。预应力轧机是 20 世纪 50 年代初出现的,目前主要用于生产小型、线材等要求精度较高的钢材。在薄板和中厚板的轧机上也有采用预应力轧机的。

72. 型钢轧机的轧辊用哪些材料,如何选择?

轧辊是轧机的重要组成部分,它是直接加工金属使之变形的重要工具。轧辊质量的好坏直接关系到轧材质量的好坏,而轧辊使用寿命的长短,则关系到轧机生产率的高低。

影响轧辊质量的因素是多方面的,最重要的是轧辊材质的影响。型钢轧机轧辊使用的材料有钢轧辊(包括锻钢轧辊和铸钢轧辊)、铸铁轧辊(包括球墨铸铁、冷硬球墨铸铁等)。

一般来说,钢轧辊强度大,能承受较大的轧制压力,但耐磨性较差,孔型使用寿命不长;铸铁轧辊强度小,经受的轧制压力小,但耐磨性好,孔型使用寿命长。因此,大中型型钢轧机或作开坯用的轧机,其轧辊一般都选用钢质轧辊,如轨梁轧机、650mm 型钢轧机等。而小型轧机、线材轧机以及中小型型钢轧机的成品轧机一般都选用铸铁轧辊,以保证这些轧机的轧辊具有良好的耐磨性,增加孔型使用时间,并有助于提高轧件尺寸的精确性。

73. 如何确定轧辊各部分尺寸?

轧辊由辊身(与轧件相接触对其进行加工的部分)、辊颈(在轴承中被支撑的部分)和用来传送扭矩的轴头三部分所组成。确定轧辊各部分的尺寸就是确定这些组成部分的尺寸,包括辊身直径和长度、辊颈直径和长度以及轴头的长度和内外径等。但其中最关键的参数主要是轧辊辊身直径和长度,因为一旦轧辊的辊身直径和长度决定之后,即可根据经验公式确定相应的辊颈尺寸和轴头尺寸。型钢轧机轧辊辊身直径的确定在保证完成产品方案的条件下,主要考虑允许的咬入角和轧辊应具有的强度这两个因素。根据咬入条件确定辊身直径的公式为:

$$D \geqslant \Delta h (1 - \cos\alpha) \tag{3-1}$$

式中　D——辊身直径,mm;

　　　Δh——该道次压下量,mm;

　　　α——咬入角,(°)。

一般热轧型钢时,α 的控制范围为 $22° \sim 24°$;压下量与轧辊直径之比控制在 $1/15 \sim 1/12$ 的范围内。如果轧辊刻痕或堆焊,由于咬入条件改善,α 可达到 $27° \sim 34°$,压下量与辊径之比也可控制在 $1/9 \sim 1/6$ 的范围内。辊身长度的确定除了考虑轧辊的强度、挠度外,型钢轧机还要考虑可能配置的孔型数目,以节省轧辊的储备数量。但在工程设计上,辊身直径决定后一般根据经验公式决定辊身长度。如 650mm 轧机辊身长度可按下列经验数据选取:

开坯和粗轧机　　　$L = (2.2 \sim 3.0)D$ $\tag{3-2}$

精轧机　　　　　　$L = (1.5 \sim 2.0)D$ $\tag{3-3}$

深槽轧辊　　　　　$L = (2.4 \sim 2.8)D$ $\tag{3-4}$

浅槽轧辊　　　　　$L = (2.6 \sim 3.2)D$ $\tag{3-5}$

式中　L——轧辊辊身长度,mm;

　　　D——轧辊辊身直径,mm。

型钢轧机轧辊直径确定之后,辊颈尺寸一般可按下式选取:

三辊式轧机

$$d = (0.55 \sim 0.63)D \tag{3-6}$$

$$l = (0.92 \sim 1.2)d \tag{3-7}$$

式中　d——辊颈直径,mm;

　　　l——辊颈长度,mm。

二辊式轧机

$$d = (0.6 \sim 0.7)D \tag{3-8}$$

$$l = 1.2d \tag{3-9}$$

小型及线材轧机

$$d = (0.53 \sim 0.55)D \qquad (3\text{-}10)$$
$$l = d + (20 \sim 50\text{mm}) \qquad (3\text{-}11)$$

型钢轧机梅花轴头尺寸可参考表 3-1 所列数据选取。

表 3-1　轧辊梅花头尺寸(mm)

D_3	D_1	r_1	l_2	l_3	附　图
148	140	29	90	100	
162	150	31	95	110	
176	160	33	105	120	
196	180	38	115	130	
216	200	41	130	150	
238	220	44	140	160	
258	240	49	155	175	
278	260	54	170	200	
300	280	58	185	215	
320	300	62	195	225	
340	320	66	210	240	
362	340	70	225	255	
392	370	77	245	275	
412	390	80	260	290	
448	420	88	275	305	
480	450	94	295	325	

74．如何选定型钢轧机辊径大小?

轧辊直径是表征轧钢技术特性的重要参数。对型钢轧机而言:轧辊直径大,轧机也大,可以轧制尺寸规格较大的产品;轧辊直径小,轧机就小,只能轧制尺寸规格较小的产品。因此轧机辊径的大小与轧制的规格大小,也即与原料尺寸的大小有一定的内在联系。在决定轧辊直径时,必须注意不同轧制情况下允许的咬入角大小和压下量与辊径之间的比值,以保证轧件的顺利咬入和轧辊的安全。

通常有两种方法选取轧辊直径,一是按经验公式选取;一是参考现有同类轧机的情况选取。

根据经验,轧机轧辊直径与所轧坯料高度有如下关系:

$$D = HK \tag{3-12}$$

式中　D——轧辊直径,mm;

　　　H——坯料高度,mm;

　　　K——系数,可按表 3-2 选用。

表 3-2　不同轧机的 K 值范围

轧机名称	大型及轨梁轧机	中型轧机	小型轧机	线材轧机
$K = D/H$	2.5~4.5	2.9~5.0	4.5~6.0	5.0~8.0

按上述办法选定的轧辊直径只是预选,最终轧辊直径的选定必须经过咬入角的校验和轧辊强度的检验才能确定。

轧辊辊身长度与辊径之间也有一定的关系:

$$K_1 = L/D \tag{3-13}$$

式中　L——轧辊辊身长度,mm;

　　　D——轧辊直径,mm;

　　　K_1——系数,各类轧机的 K_1 可见表 3-3。

表 3-3　各类轧机的 K_1 值

轧机名称	深槽连轧机	浅槽连轧机	深槽型钢轧机	浅槽型钢轧机
$K_1 = L/D$	1.7~2.2	2.2~2.7	1.65~2.33	2.4~2.8

L/D 值是反映型钢轧机结构特点的参数。其对轧机生产有影响的原因在于:当辊径相同、L/D 值不同时,在相同的轧制压力下,轧辊所承受的弯曲不同。L/D 值大,则轧辊承受较大的弯曲应力,而轧辊强度起着限制作用,因此只能轧制断面较小的钢材;反之,L/D 值小,就能轧制断面尺寸大的钢材。

另外,L/D 值大小还影响轧机的刚性。L/D 值小,轧机刚性好,为提高轧制产品精确度和生产轻型薄壁钢材提供了可能;反之,L/D 值大,轧机刚性下降,则轧制产品的精确度不高。因此,现代化的型钢轧机其 L/D 值有逐渐减小的趋势。

75. 型钢轧机的轧辊如何调整?

为了对正孔型的需要,保证轧出的轧件尺寸符合要求,型钢轧机一般设有轧辊上下调整和轴向调整机构。上辊调整主要用来使上辊压下或者抬起。常用的型钢轧机上辊调整机构有两种形式:

(1) 手动压下。有通过齿轮螺杆结构调整上辊的(见图 3-6),也有通过螺杆螺母结构调整的(见图 3-7)。

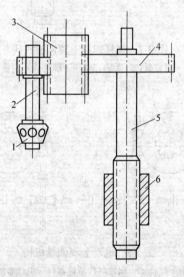

图 3-6　齿轮螺杆上辊调整机构

1—调整盘;2—小齿轮轴;3—中间齿轮;4—大齿轮;5—压下螺杆;6—铜螺母

(2) 电动压下。压下由电机完成,如图 3-8 所示。根据调整需要,有通过一级蜗轮蜗杆传动机构调整的,也有通过两级圆柱齿轮机构进行调整的。

型钢轧机的下辊调整主要是使下辊抬起或落下。常用的调整

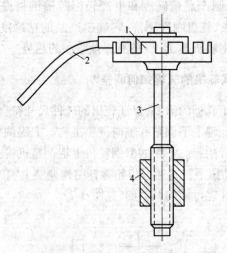

图 3-7　螺杆螺母上辊调整机构

1—调整盘；2—手柄；3—压下螺杆；4—铜螺母

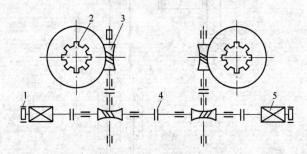

图 3-8　电动上辊调整机构

1—制动器；2—压下螺杆；3—蜗轮蜗杆减速器；4—电动摩擦离合器；5—电机

机构有以下两种形式：

（1）齿轮螺杆下辊调整机构，如图 3-9 所示。

（2）斜块螺杆下调整机构，如图 3-10 所示。

三辊式型钢轧机的中辊一般是固定不变的。但由于辊颈和轴承瓦座的磨损，中辊也会有较大的松动，孔型尺寸发生变化，因此有的轧机也要有中辊调整机构来保证中辊位置的固定，以使孔型

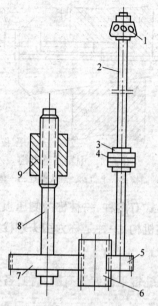

图 3-9　齿轮螺杆下辊调整机构

1—调整盘;2—调整杆;3—半接手;4—滑块;5—齿轮轴;
6—中间齿轮;7—大齿轮;8—压上螺杆;9—铜螺母

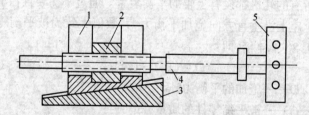

图 3-10　斜块螺杆下辊调整机构

1—上楔块;2—方螺母;3—下楔块;4—螺杆;5—调整盘

尺寸不发生变化。常用的中辊调整机构如图 3-11 所示。

　　型钢轧机除了通过上下辊调整机构来保证孔型尺寸外,还需有轴向调整装置,以实现轧辊沿轴线方向移动,使孔型对正,保证孔型轧出的轧件形状和尺寸符合轧制要求。常用的型钢轧机轧辊

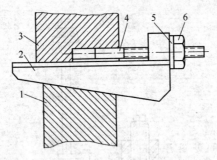

图 3-11 中辊调整机构

1—垫板；2—斜楔；3—上盖；4—圆头螺栓；5—垫圈；6—螺母

轴向调整机构的形式有两种，一种称为侧压板，是许多中小型型钢轧机用的轴向调整机构；一种是称为钩头螺栓的调整装置，常用于较大的型钢轧机。

76. 型钢轧机轧辊平衡装置有哪几种，各有什么优缺点？

在轧辊未咬入轧件之前，轧辊、轴承座与压下螺丝之间以及压下螺丝与压下螺母之间存在间隙，这些间隙使轧辊咬入轧件时产生很大冲击，恶化了轧机的工作条件。为了防止这种冲击的产生，几乎所有的轧机都设有上辊的平衡装置。通过平衡装置在上辊或其轴承座上沿垂直方向施加平衡力，其数值大致为被平衡零件质量的 1.2~1.4 倍，即：

$$Q = (1.2 \sim 1.4)G \tag{3-14}$$

式中　Q——施加的平衡力，kg；

　　　G——被平衡零件的质量，kg。

通过施加平衡力，即能消除上述间隙。

上轧辊平衡装置的形式主要有 3 种：弹簧平衡、重锤平衡和液压平衡。弹簧平衡的平衡力较小，使用时间长时弹簧会发生疲劳，因此，弹簧平衡装置主要用于上辊很少移动或移动量很小的型钢轧机上。

重锤平衡的平衡力大，广泛用于上辊移动量很大的轧机上，如初轧机、板坯轧机等。

液压平衡装置使用灵活,多用于二辊及四辊板带轧机和初轧机上。

77. 型钢轧机为什么一般可按轧辊名义直径表示其大小?

不同类型的轧机是用不同的技术参数来表示其特性的。例如,钢管轧机用被轧钢管的最大外径表示轧机大小,如 $\phi 140mm$ 无缝钢管机组、$\phi 76mm$ 无缝钢管机组等。钢板轧机则用轧辊辊身长度表示,如 1700mm 冷连轧钢板轧机、2800mm 中板轧机等。而型钢轧机则用轧辊辊径大小表示。因为辊径越大,轧机能承受的轧制压力也越大,能咬入的坯料高度也越高,因此能轧制大规格产品;而辊径小,则承受的轧制压力也就小,咬入能力也有限,因此只能生产小规格产品。所以对型钢轧机而言,辊径大小是表示轧机大小的重要参数,反映了辊径与产品规格之间的联系。

但是,型钢轧机的轧辊从新辊到报废时的旧辊,其辊径是不一样的。新辊直径大,中间经过使用、重车几次后到不能使用时直径变小。为此,型钢轧机常用成品轧机轧辊的名义直径表示,其大小与传动轧机的齿轮箱节圆直径相同,因为齿轮箱人字齿轮的节圆直径是固定不变的,这样才能准确地反映出轧机的技术特性。

78. 型钢轧机常用的轴承有哪几种,各有什么优缺点?

轴承是支撑轧辊的重要部件,其质量的好坏、使用时间的长短不仅对轧制产品的精度有很大影响,甚至对整个轧机的工作状况也有影响。

按照轴承类型的不同,型钢轧机常用的轴承主要有两大类,一类是开式轴承中的带层压胶布轴衬的滑动轴承;一类是闭式轴承,包括滚动轴承和液体摩擦轴承。

滑动轴承(胶木瓦轴承)结构简单,价格低廉,用水冷却和润滑,维护容易,使用方便,但摩擦系数较大,刚性较差,使用寿命不太长,因此主要用于轧制速度较低、对轧件尺寸精度要求相对较低的开坯轧机和大中型轧机。

滚动轴承的突出优点是摩擦系数小(0.002～0.005),刚性较高,有较长的使用寿命,轧制产品有较好的精确度,因此滚动轴承主要用于轧制速度较快、产品精度要求较高的中小型钢连轧机组,线材轧机也常采用滚动轴承。但滚动轴承因受其制造条件的限制外形尺寸较大,使配置滚动轴承的轧辊辊颈尺寸受到限制,从而对轧辊强度也带来不利影响。液体摩擦轴承的摩擦系数更低(0.001～0.003),刚性也好,使用寿命也长,轧机速度不受限制,只是制造维护比较复杂,在一般型钢厂使用较少。

79. 型钢轧机使用什么样的连接装置?

连接装置是将动力由齿轮座传给轧辊的部件。对于横列式轧机,连接轴则是将动力由一架轧机的轧辊传送给另一机架的轧辊的装置。常用的连接装置有梅花接轴和万向接轴两类。

在型钢车间所有的轧辊直径都有一定的变化范围。从装上新辊到轧辊报废,轧辊的轴线位置要上下变化,而齿轮座中的人字齿轮的轴线位置是不变的。万向接轴允许轧辊轴线对人字齿轮轴线有较大的倾斜角(8°～10°),仍可以平稳地传递扭转力矩。而梅花接轴允许的倾斜角度只有1°～2°,因此只适用于轧辊中心线变化不大的轧机。但它拆卸方便,便于换辊。

梅花接轴和梅花轴套要与轧辊辊颈尺寸相适应,这样既便于装卸,又能承受较大的冲击负荷,延长使用寿命。轧辊直径大于500mm的大中型轧机,其接轴和轴套的质量较大。为了使梅花接轴和万向接轴的质量不作用在梅花轴套或万向接轴的铰链上,通常在接轴中间装有接轴托架,以平衡接轴的质量,使接轴平稳地转动。由于梅花接轴与万向接轴各有优缺点,所以近来出现一种联合式接轴,即在接轴与齿轮座连接的一端采用万向接轴连接,而接轴与轧辊连接的一端采用梅花接轴连接,以充分发挥两种接轴的优点。

80. 型钢轧机前后有哪些附属设备,各起什么作用?

型钢轧机的附属设备很多,它们各自起着不同的作用。

（1）辊道。轧机前后的辊道根据其作用不同又可分为工作辊道和运输辊道两类。前者布置在轧机前后，用来将轧件送入轧机和将轧件引出轧机；后者布置在轧机之间或轧机和辅助设备之间，它主要承担运输轧件的任务。

（2）横向移送设备。当轧件在横列式轧机上或在不同孔型中轧制时，即用横向移送设备将轧件进行横向移动，使之对正孔型，便于咬入和轧制。常见的横向移送设备有拨爪式移钢机、链条式移钢机等。

（3）升降设备。许多型钢轧机都采用三辊式轧机，在轧制过程中采用升降设备将轧件由下轧制线送到上轧制线进行轧制。常见的升降设备有升降台、双层辊道等。

（4）翻钢设备。在型钢的轧制过程中，由于轧制变形和成形的要求，常对轧件进行不同方向的加工。用来使轧件翻转一定角度（通常为 90°）的设备即为翻钢设备。如翻钢门（又叫 S 形滑板）、翻钢辊（也称扭转辊）、翻钢机以及扭转导管等都是型钢轧机常用的翻钢装置。有的落后的小型轧机还用人力进行翻钢。

81. 型钢轧机如何按用途进行分类？

轧钢机分类的方法很多。型钢轧机按用途分类，其实质就是按轧制产品的品种特点和规格大小进行分类。按用途型钢轧机可以分为轨梁轧机、大型轧机、中型轧机、小型轧机和线材轧机。其分类情况如表 3-4 所示。

表 3-4　型钢轧机按用途分类

轧机名称	轧辊直径/mm	产品品种及其规格范围
轨梁轧机	750～950	38kg/m 以上重轨，20 号以上工字钢，槽钢以及大型角钢、方圆钢
大型轧机	550～650	边长或直径为 80～150mm 的方、圆钢，12～20 号工字钢，槽钢，18～24kg/m 轻轨以及相应的角钢

轧机名称	轧辊直径/mm	产品品种及其规格范围
中型轧机	350~500	边长或直径为 40~80mm 的方、圆钢,18~24kg/m 的钢轨,12 号以下工字钢,槽钢及中号角钢等
小型轧机	250~350	边长或直径为 8~40mm 的方、圆钢,小角钢,小扁钢,小异形断面钢材(如钢窗钢等)
线材轧机	250 以下	直径为 5.0~22mm 的线材(盘圆),也可生产直径大于 22mm 的盘圆

82. 型钢轧机如何按机架排列方式进行分类?

型钢轧机按机架排列方式进行分类实质上就是按轧机布置方式进行分类。由于型钢产品在尺寸规格上和断面形状上差异很大,反映在轧机布置形式上也是多种多样的。

型钢轧机按机架排列方式可分为以下几类:

(1) 横列式轧机,由两架或两架以上轧机横向排列所组成。横列式轧机可以是一列的,也可以由两列或两列以上轧机所组成。

(2) 纵列式轧机,也叫顺列式轧机,由两架以上的轧机按纵向排列而组成。轧件依次在每架轧机上轧制一道,前后道次间不发生连轧关系(即相邻机架间不构成连轧)。

(3) 连续式轧机,由几架轧机按轧制方向顺序排成一行,轧件同时在几架轧机上轧制,并保持各架轧机在单位时间内金属流量相等,即构成所谓的连轧关系。

(4) 半连续式轧机,由两组置形式不同的轧机组成。其中一组必须是连续式轧机,另外一组可能是横列式轧机,也可能是纵列式轧机。半连续式轧机是连续式轧机和其他布置形式的轧机的组合。

(5) 越野式轧机,由两列或两列以上的纵列式轧机所组成。轧件依次在各架轧机上只轧一道,不能构成连轧。之所以将轧机布置成往复前进,目的是为了大大缩短车间长度,以节省基建投资。

(6)布棋式轧机,由几列纵列式轧机与单机架轧机所组成。它形似棋子在棋盘上布置,故取名为布棋式轧机。

轧机的各种布置形式如图 3-12 所示。

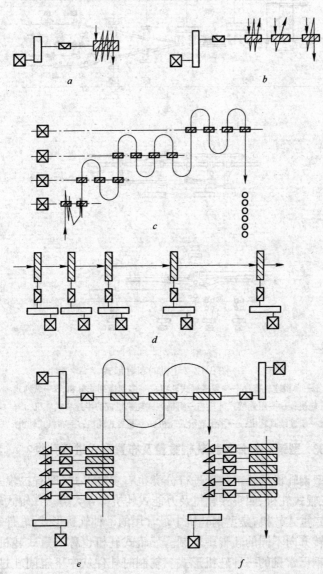

87

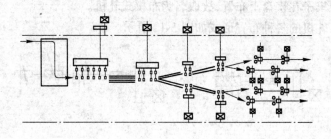

g

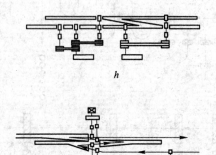

h

i

图 3-12　轧机的布置形式

a—单机座轧机;b——列横列式轧机;c—多列横列式轧机;d—纵列式
轧机;e—组连续式轧机与一组横列式轧机组成的半连续式轧机;f—
一组连续式轧机;g—多组连续式轧机;h—越野式轧机;i—布棋式轧机

83. 型钢轧机如何按轧辊数量及布置形式进行分类?

　　型钢轧机按轧辊数量进行分类也有多种形式,即有二辊式轧
机、三辊式轧机、四辊式轧机及万能式轧机等 4 大类。二辊式轧机
也称二重式轧机,是型钢轧机中最常用的一种轧机形式,轧件在两
个旋转方向不同的轧辊中轧制。三辊式轧机也称三重式轧机,也
是型钢厂常见的一种轧机形式。轧制时轧件从中下辊间轧过去,
又从中上辊间轧过来,实行所谓的往复轧制(也叫穿梭轧制)。轧

件在中下辊间通过时叫下轧制线轧制,在中上辊间通过时叫上轧制线轧制。

万能式轧机的特点是在两个水平轧辊的前方或后方设有两个立轧辊,轧制时轧件同时或先后受到上下或两侧方向的加工。万能式轧机在型钢车间主要用于生产复杂断面型钢,如轧制 H 型钢即采用万能轧机,轧制时可以加工工字钢的腰部同时又加工腿部。

如按轧辊在机架内的布置形式进行分类,型钢轧机有如下几种:

(1) 轧辊水平布置的轧机。这种轧机对轧件进行上下两面加工,许多型钢轧机都采用这种布置形式。

(2) 轧辊直立布置的轧机。这种轧机专门用于对轧件进行两个侧面的加工。

(3) 水平轧辊和直立轧辊混合布置的轧机。如万能式钢梁轧机,轧制时利用水平辊加工轧件的上下面,利用立辊加工轧件的侧面。

(4) 轧辊以特殊形式布置的轧机。如前后相邻两架轧机的轧辊互成 90°,并分别与地面成 45°或成 15°/75°的线材轧机,轧辊按 120°布置的 Y 形轧机等。

84. 横列式布置的轧机有哪些特点?

横列式布置的轧机属于老式布置的轧机。目前,我国许多轧钢企业常采用这种布置的轧机,用来生产各种型钢、线材、窄带等钢材,不少开坯机也采用横列式布置。随着轧钢企业技术改造的开展,其中一部分轧机将会被其他布置形式的轧机所代替。

横列式布置的轧机其主要特点有:

(1) 同一列轧机一般由一台电动机驱动。这样,各架轧机的轧辊转数相同,速度基本一样,因而不能随着轧件长度的增加而相应提高轧制速度,所以横列式轧机产量低,劳动生产率不高。

(2) 轧机结构一般为三辊式或二辊交替式轧机。

(3) 轧机操作方式多为穿梭轧制,小规格产品则采用活套轧制。每架轧机可以轧制若干道次，变形灵活，适应性强，产品品种范围较广，操作相对比较容易。

(4) 轧机设备(包括电器)比较简单，投资少，建厂快。

为了克服横列式轧机速度不能随轧件长度调节的缺点，出现了多列横列式轧机，常见的有二列横列式轧机、三列横列式轧机等。

85. 顺列(纵列)式布置的轧机有哪些特点?

纵列式轧机按轧件轧制方向，顺序排成一行，轧件在每架轧机上只轧一道，每架轧机一般都单独传动，因而各架轧机具有不同的轧制速度，即轧辊转速可以随轧件断面的减小或轧件长度的增加而增加。因此与横列式布置的轧机相比，这种布置的轧机具有间隙时间短、速度快、生产效率高、需用辅助设备少等优点。

但是，此类轧机轧制时，轧件按顺序进入各架轧机而不构成连轧关系，轧件随轧制道次增多而加长，机架之间的距离相应地也随轧件长度的增加而增大。因此，纵列式轧机要占有很长的厂房，故这类布置的轧机只适用于生产大中型钢材。为了克服这一缺点，纵列式轧机向越野式布置发展。

越野式与布棋式布置的轧机除了保留每架轧机只轧一道这一特点外，还具有横列式轧机布置的一些特点，即在越野式和布棋式布置的轧机上，轧件的头部和尾部在不同道次是交替变换的，也就是上一道的轧件头部变成了下一道轧件的尾部，而这一道次的尾部又成了下道次的头部，并且轧件在轧制过程中有横向移动，这有助于轧件沿长度方向上温度均匀。另外，越野式和布棋式布置的轧机比较集中，克服了纵列式布置的轧机厂房过长的缺点。这类轧机的轧制速度一般都比较快，适用于生产中小规格的型材。

这类轧机如安装立辊，就构成了万能轧机，可以生产某些断面形状比较复杂的型材，如可生产中小型的"H"型钢等。

86. 连续式布置的轧机有哪些特点?

连续式轧机由几架轧机按轧制方向顺序排成一线，轧件同时在几架轧机上轧制,并保持每架轧机上金属秒流量相等。因轧件断面随着道次增加越来越小,故各机架轧制速度随轧件长度增加而增加。如无扭连续式线材轧机成品机架的出口速度即可达到130~140m/s,但进入第一架轧机的轧制速度却只有 0.3m/s 左右。

连续式布置的轧机因轧制速度快、轧制节奏时间短,故有很高的生产率,并且因速度快,轧件温降慢,轧件温度比较均匀,钢材性能也好。目前连续式轧机广泛用于生产小型材、线材、热轧带钢、冷轧带钢以及钢管和钢坯等。随着科技进步和轧钢生产技术水平的提高,复杂断面型钢生产也在逐步采用连轧生产技术。连续式布置的轧机已成为现代化轧机发展的方向。

87. 什么叫半连续式布置的轧机?

型钢产品的品种规格多样,形状与尺寸差异也很大,与此相适应,型钢轧机的类型和布置形式也是多种多样的。所谓半连续式布置的轧机通常是指连续式布置的轧机和其他布置形式的轧机的组合。常见的半连续式布置的轧机有连续式和横列式轧机的组合,也有连续式和纵列式轧机的组合。

根据生产实际的需要,其组合形式也是不尽相同的。例如连续式轧机和横列式轧机的组合,其中就有粗轧机组采用连续式布置,而精轧机组采用横列式布置,也有粗轧机组采用横列式布置,而精轧机组采用连续式布置的。总之,轧机布置形式的确定必须考虑轧钢产品的品种特色和产品产量的大小。

88. 为什么连续式布置的轧机是型钢轧机发展的方向?

连续式布置的轧机具有许多优点,这些优点不仅体现了轧钢技术进步的方向,而且使企业得到了高产、优质、低消耗、低成本的经济效益。连续式布置轧机的主要优点有:

(1)产量大。像一套连续式小型轧机一般年产量在 40~50万 t 左右,而一套横列式小型轧机年产量只有几万吨,水平较高的也只有十几万吨。

(2) 产品质量好。因为连轧轧制速度快,轧件头尾温差小,所以轧件全长方向上尺寸一致和内部组织与性能比较均匀。另外,连轧机由于每架轧机只轧一道,所以轧辊的 L/D 值较小,即轧辊可以做得比较短粗,相对同样规格的其他轧机刚度较好,轧制时轧辊变形较小,给轧制高精度产品创造了良好的条件。

(3) 成材率高,金属消耗少。一般连轧机因为轧制速度快,可以采用大质量的坯料。而坯料质量越大,轧件的切头切尾造成的金属损失相对减少;再加上轧件头尾温差小,头尾尺寸比较一致,一次的切损量也少,这样就使得连轧机的金属消耗减少,成材率得到提高。

(4) 连轧机组轧件同时在几架轧机上轧制,并且保持金属秒流量相等的关系,这样使机组内机架间的距离大大缩短,使整个厂房长度减小,节省了厂房建设投资。

在实际生产中,为了使轧制过程稳定,便于控制,在粗、中轧机组采用微张力轧制,在精轧机组中则采用微堆钢轧制,以保证轧件尺寸的精度。

89. 确定轧机布置形式要考虑哪些问题?

轧机按工作机架排列的方式称为轧机布置。在型钢生产中,由于品种繁多,规格差异较大,在产量上差别也很大,因此轧机布置形式很多。按机架排列方式的不同,型钢轧机布置的形式主要有:横列式、顺列式、连续式、棋盘式和半连续式布置等几种。显然,轧机布置形式不同对轧钢生产的影响也是不同的。

在确定轧机布置形式时应考虑如下问题:

(1) 车间生产规模的大小;

(2) 轧制品种的多少以及产品范围的宽窄;

(3) 使用原料的状况;

(4) 车间建设场地的大小;

(5) 车间建设投资的情况。

90. 型钢轧机如何命名？

型钢轧机的命名方法很多，最常用的是按成品轧机轧辊的名义直径尺寸表示，其大小与传动轧机的齿轮座的齿轮节圆直径相同。因为齿轮座的人字齿轮的节圆直径是不变的，而型钢轧机的轧辊直径是一个变化值，新辊直径大，使用一段时间后，轧辊磨损，要重车，轧辊直径变小，直到报废，因此轧机的大小不能用轧辊的实际直径来表示。

型钢轧机的命名必须顾及多方面的因素，一方面要考虑辊径的大小，另一方面要考虑轧机布置形式对生产的影响，最终还要考虑轧机的用途，这样才能正确地、全面地反映轧机特征。如"$\phi800mm$ 二列式轨梁轧机"，其中"$\phi800mm$"表示辊径大小(齿轮座的名义节圆直径大小)，"二列式"表示轧机布置为二列横列式布置，"轨梁"则表示轧机的用途。又如"$\phi300mm$ 连续式小型棒材轧机"，其中"$\phi300mm$"表示成品轧机的名义辊径大小，"连续式"反映了轧机的布置形式，"小型棒材"则表示轧机的用途，即生产小型棒材的轧机。

91. 什么是轧制图表，它有什么作用？

轧机的轧制图表或叫轧机工作图表是研究和分析轧制过程的工具。轧制图表反映了轧制过程中道次与时间的相互关系。通过轧制图表可以看出：轧制过程中的轧制时间、各道次间的间隙时间、轧制一根钢所需要的总的时间、交叉轧制时间以及轧件在任一时间所处的位置和轧制节奏时间的长短。

轧机布置形式不同，轧制方式不同，其轧制图表的形式也不相同。

轧机工作图表在生产中所起的作用是：

（1）分析轧机的工作情况，找出工序间的薄弱环节加以改进，使轧制过程趋于合理；

（2）准确计算轧制时间、各道次的交叉时间和轧制节奏，用以计算轧机的产量；

（3）用以计算轧制过程中轧辊所承受的轧制压力和电动机传动轧机所承受的负荷，这些都是验算轧机等设备强度和电机能力所必须的基本数据。

92. 型钢轧机的轧制图表有哪些形式？

型钢轧机的工作图表有如下几种形式：

（1）横列式轧机的工作图表，其中包括交叉轧制的轧机工作图表和活套轧制的轧机工作图表。

交叉轧制的轧机工作图表如图 3-13 所示。

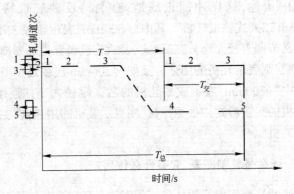

图 3-13　交叉轧制的两架横列式轧机工作图表

由图 3-13 可知：

$$T = T_{总} - T_{交} \tag{3-15}$$

式中　T——轧制节奏，s；

　　$T_{总}$——一根轧材从开始轧制到轧制完了所需要的总时间，s；

　　$T_{交}$——两根轧材同时轧制的时间，s。

由上式可知，横列式轧机两根钢交叉轧制的时间越长，轧制节奏就越短，轧机产量就越高。

横列式轧机的纯轧时间随轧制道次的增加而增加，其间隙时间没有固定的变化规律。

94

横列式轧机采用活套轧制的轧制图表形式如图 3-14 所示。

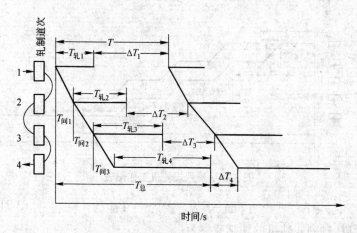

图 3-14 活套轧制的横列式轧机工作图表

由图 3-14 可知：

$$T = T_{轧1} + \Delta T_1 \tag{3-16}$$

或 $$T = T_{轧2} + \Delta T_2 = \cdots\cdots = T_{轧x} + \Delta T_x \tag{3-17}$$

式中 $T_{轧1}$、$T_{轧2}$、$\cdots\cdots$、$T_{轧x}$——各相应道次的纯轧时间，s；

ΔT_1、ΔT_2、$\cdots\cdots$、ΔT_x——各相应道次相邻两根钢之间的间

隙时间，s；

$$T_{总} = T_{轧x} + \Sigma T_{间} \tag{3-18}$$

$$\Sigma T_{间} = T_{间1} + T_{间2} + \cdots\cdots + T_{间(x-1)} \tag{3-19}$$

式中 $T_{轧x}$——第 x 道的纯轧时间，s；

$T_{间1}$、$T_{间2}$、$\cdots\cdots$、$T_{间(x-1)}$——各相应道次的间隙时间，s。

（2）顺列式轧机的工作图表，如图 3-15 所示。

在顺列式轧机上每架轧机只轧一道，各道次的轧制时间，因为轧机的轧制速度可调，所以可做到近于相等，即：

$$T_{轧1} = T_{轧2} = \cdots\cdots = T_{轧} \tag{3-20}$$

间隙时间也可以通过调整轧制速度和机架间距离做到相近或相等，即：

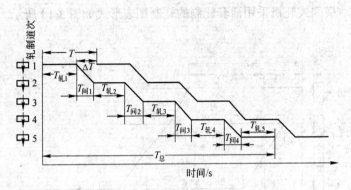

图 3-15 顺列式轧机工作图表

$$T_{间1} = T_{间x} = \cdots\cdots = T_{间} \tag{3-21}$$

所以,顺列式轧机的轧制节奏为:

$$T = T_{轧} + \Delta T \tag{3-22}$$

也就是说,轧制节奏等于一个道次的纯轧时间加上前后两根钢之间的间隙时间,故顺列式轧机有较高的生产率。

轧制一根钢所需要的总时间为:

$$T_{总} = \sum T_{轧} + \sum T_{间}$$

或改写成:

$$T_{总} = xT_{轧} + (x-1)T_{间} \tag{3-23}$$

式中 x——轧制道次数。

(3) 连续式轧机的工作图表,如图 3-16 所示。

在连轧机组上,因为构成连轧关系的各架轧机,必须保持单位时间内金属流量相等的原则,那么各架轧机的各道次的纯轧时间一定相等,即:

$$T_{轧} = K \tag{3-24}$$

式中 K——常数。

各道次的间隙时间则因轧制速度越来越快而逐渐减小,即:

$$T_{间1} > T_{间2} > T_{间3} \tag{3-25}$$

轧制节奏时间为:

96

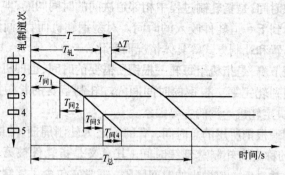

图 3-16　连续式轧机工作图表

$$T = T_{轧} + \Delta T \qquad (3-26)$$

即等于一个道次的轧制时间与相邻两根钢之间的间隙时间之和。

轧制一根钢所需要的时间则为：

$$T_{总} = T_{轧} + \sum T_{间} \qquad (3-27)$$

93. 什么是轧制时间、间隙时间、轧制总的延续时间和轧制节奏？

轧机工作图表表示和反映了轧制道次与时间的关系。在各种类型的轧制图表中所标明的轧制时间（$T_{轧}$）、间隙时间（$T_{间}$）、轧制节奏（T）和轧制总的延续时间（$T_{总}$）称之为轧制图表的特征时间。轧机布置形式和轧制方式不同而带来不同形式的轧制图表，也就是这 4 个反映轧制过程的特征时间的变化规律不同。

轧制时间也即轧件的纯轧时间,是轧件咬入到轧件抛出的一段时间,可以实测,也可以用下式计算：

$$T_{轧} = l / v \qquad (3-28)$$

式中　l——轧件轧后长度,m;

　　　v——轧制速度,m/s。

$$v = \frac{\pi D n}{60} \qquad (3-29)$$

式中　D——轧辊孔型的工作辊径,mm;

　　　n——轧辊每分钟的转数。

间隙时间,是指轧制过程中相邻道次间的时间间隔,即上一道轧件抛出到下一道轧件咬入的时间。对型钢轧机而言,间隙时间随轧机布置和轧制方式等具体情况而变化。

轧制节奏,是指机组每轧一根钢所需要的时间,也即机组轧完第一根钢到轧完第二根钢的时间间隔。轧制节奏的长短至关重要,它是决定轧机产量的主要因素。

轧制一根钢所用的总时间,有的称之为轧制周期(如初轧机等),有的称之为轧制总延续时间。其意义是指轧件被第一道咬入到轧件被最后一道抛出的时间间隔。通常它包含了轧制过程中各道次的轧制时间和各道次间的间隙时间,以及相邻两根钢之间的空隙时间。轧制总延续时间的长短对轧件温度降低有很大影响。在一定条件下,轧制总延续时间愈长,轧件轧完的温度降低也愈大,对产品质量、轧辊孔型磨损以及能量消耗都会产生一定影响。

94. 什么是紧凑式轧机,它有什么特点?

紧凑式轧机就是机座密集排列的连轧机组,它是一种成材率较高、能源比较节省的轧机。

紧凑式轧机具有以下特点:

(1) 缩短了机组的总长度,体现了它的紧凑性,从而节省了基本建设投资。紧凑式轧机一般由 4~6 架短应力线轧机按平—立—平—立交替布置的无扭连轧机组成。这样既可用平辊轧制,进行开坯生产,又可用平—立孔型进行成品生产。在组合而成的连轧线上,每个机座中心间距约 1m 左右。如 $\phi520mm \times 4$ 紧凑式轧机中心距离总长度虽只有 3m,但其功能可代替普通的分散布置的 6 架轧机。

(2) 紧凑式轧机采用高压下率轧制(如 4 机架的紧凑式轧机总压下率可达到 80%~85%,总延伸系数可达到 5.0~5.5),电气和机械设备的投资可明显降低。

(3) 由于机座距离紧凑,轧制时压下率又大,故轧件的温降很小,几乎达到恒温轧制。这样非常有利于金属塑性变形,能保证产品精度,保证产品质量。

(4) 由于紧凑式轧机轧制时采用了无活套张力控制系统,操作简便,轧废率较低,既提高了轧机的作业率,又提高了轧件的成材率。

(5) 采用了无槽轧制技术(所谓的无孔型轧制),既避免了一般有槽轧制中经常发生的孔型过充满和轧件产生折叠缺陷的问题,又使轧辊重磨容易,并对磨辊设备要求不高。无槽轧制还缩短了辊身长度,使轧辊的强度和刚性得到提高,有利于保证和提高产品精确度。

(6) 可分组或成组快速驱动,也可使各机架轧机单独传动。单独传动时,调速范围广,调速精度高。如使用交、直流叠加调速,调速的幅度还可得到增加。

(7) 换辊简单,单机架或全机组换辊都很方便。换辊时所有机架内的轧辊可以同时从轧机侧向拉出,也可以一次只更换一架轧机的轧辊,而且换辊较快,所用时间不长,有利于提高轧机作业率。

95. 什么叫万能轧机,它有什么特点?

型钢品种繁多,尤其是复杂断面型钢,断面形状非常复杂,有的是上下不对称,如槽钢,有的是左右不对称,如钢轨(钢轨是头尾部躺着轧制的);也有的是上下、左右都不对称,如乙字钢等。轧制这些断面形状十分复杂的型钢,光靠上下两个轧辊对其加工是轧不出形状合乎要求的型钢来的。因此,需要安装两个立辊,对轧件左右进行加工,才能轧出断面形状正确的型钢来。这种既有水平轧辊(对轧件进行上下加工)又有立辊(对轧件进行左右两面加工)的轧机即称为万能轧机,图 3-17 为轧制钢梁的万能轧机。

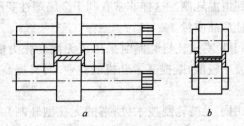

图 3-17　轧制钢梁的万能式轧机

a—主机座；b—辅机座

96. 什么是立式轧机,它有什么特点?

在型钢生产中,在一般情况下采用方坯或矩形坯轧制成各种断面形状的型钢,既要对坯料进行上下两面加工,又要通过翻钢装置将轧件翻转 90°,对轧件的左右两面进行加工,这样才能生产出尺寸、形状以及性能合乎要求的产品。

生产过程中这种翻钢动作大都是通过各式各样的翻钢装置来完成的。如轨梁轧机用液压驱动的翻钢机;中小型轧机常用翻钢门(即所谓的 S 形滑板);小型、线材轧机常用扭转辊、扭转管等。有的甚至还用人工进行翻钢。轧制过程中要完成这种翻钢动作,不仅增加了轧机的辅助时间,使轧制节奏变慢,也易产生扭转事故或产生扭转缺陷。而在现代化的轧机上,轧件是不翻钢的,其左右两面的加工是由立式轧机完成的。所以,所谓的立式轧机就是轧辊呈直立放置的轧机,其所起的作用是专门加工轧件的左右两个侧面。

第四章

型钢车间辅助机械设备

97. 型钢车间辅助机械设备有哪几大类？

与生产其他钢铁产品的车间一样,型钢车间除主机列设备外尚有形式各异、功能众多的辅助设备。辅助机械设备即为其中的主要组成部分,担负着十分重要的作用,是获得型钢产品不可缺少的手段。辅助机械设备的种类、形式、数量和性能以及使用的合理与否,不仅决定了型钢车间的产品品种和质量,直接影响轧机的生产能力,而且对现场的劳动条件也有重要影响。没有先进的辅助机械设备,现代轧钢生产是不可想像的。型钢轧机千差万别,其辅助机械设备则更是种类繁多,根据其作用可分为起重机械设备、运输和移动设备、清理设备、锯切设备、冷却设备、收集和捆扎包装设备等几大类,见表4-1。

表 4-1 常见的轧钢辅助设备

类 别	设 备 名 称	用 途
剪切类	平行刀片剪切机	剪切钢坯、管坯
	斜刀片剪切机	剪切钢板、带钢、焊管坯
	圆盘式剪切机	纵向剪切钢板、带钢
	飞剪机	横切运动轧件
	热锯机	锯切型钢
	飞锯机	剪切运动的焊管
矫正类	压力矫直机	矫直型钢、钢管
	辊式矫直机	矫直型钢、钢板
	斜辊矫直机	矫直圆钢、钢管
	张力矫直机	矫直有色板材、薄钢板(厚度小于0.6mm)
	拉伸弯曲矫直机	矫正极薄带板材、高强度带材

类　别	设备名称	用　途
卷取类	带钢卷取机	卷取钢板、带钢
	线材卷取机	卷取线材
运输翻转类	辊道	轴向输送轧件
	升降台	垂直(摆动)输送轧件
	推床	横向输送移动轧件
	冷床	冷却轧件并使轧件横移
	回转台	使轧件水平旋转
	钢锭车	运送钢锭
	翻转车	使轧件按轴线方向旋转
打捆包装类	打捆机	线材、带卷打捆
	包装机	板材、钢材包装
表面清理加工类	修磨机	修磨坯料表面缺陷
	火焰清理机	清理坯料表面缺陷
	酸洗机组	酸洗轧件表面锈层
	镀锌(锡)机组	轧件表面镀锌(锡)
	清洗机组	轧件表面清理、洗净、去油

98．辊道有哪几种类型,各有什么特点?

在型钢车间,辊道是必不可少的设备,往往贯穿于车间整个生产作业线,辊道的质量占生产线上设备总质量的 20%～40%,其重要性显而易见。

根据工作性质的不同,型钢车间的辊道分为工作辊道(包括延伸辊道)、运输辊道、出炉辊道及特殊辊道 4 类。

工作辊道为布置在轧机工作机座前后,用来将轧件送进轧机和将轧件引出轧机,参与轧机轧制过程的辊道。图 4-1 中布置在轧机 7 前后的辊道 4、5、6、8、9、10 都属于工作辊道。其中 6 和 8 的辊子直接安装在轧机的机架上,称为机架辊;辊子 5 和 9 最靠近轧机,轧制的每一道次它们都要运转,称为主要工作辊道;而辊道 4 和 10

只有当轧件长度超过主工作辊道的长度时才开始运转,称为辅助工作辊道,也叫延伸辊道,因为它是主工作辊道的延伸部分。

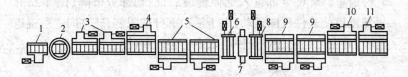

图 4-1　初轧厂辊道布置简图
1—受料辊道;2—钢锭转盘辊道;3—轧机输入辊道;4、5、9、10—工作辊道;
6、8—机架辊;7—初轧机;11—轧机输出辊道

运输辊道是指各轧机之间和轧机与辅助设备之间的辊道,用来完成轧件的运输工作。如进炉辊道,用于将钢锭或钢坯送往加热炉;冷床输入、输出辊道,用于将轧件导入和导出冷床;其他还有剪切机前后辊道、锯旁辊道和矫直机前上料辊道等。图 4-1 中的 1、2、3、11 都属于运输辊道。

出炉辊道通常指正对加热炉段的受料辊道及其延伸部分,为运输辊道的一种类型,但远比常规运输辊道的工作条件恶劣,如环境温度高、氧化铁皮多,有的还要承受强烈冲击,运行也很频繁。

99．特殊辊道有哪几种类型,各有什么用途和特点?

型钢车间常用的特殊辊道有双层辊道、翻钢辊道、摆动辊道、爬坡辊道、叉形辊道、盘形辊道及弯辊道等,下面介绍前面 3 种。

(1) 双层辊道。双层辊道广泛用于中小型轧机车间的开坯机列,通常都布置在机后,机前大多采用翻钢门。

双层辊道有两种结构形式,主要区别在于活动部分的结构。一种是升降式双层辊道,如图 4-2 和图 4-3 所示,它适用于断面尺寸较大、长度较短的轧件。如图 4-2 所示,该双层辊道由下层辊道 1、上层辊道 2、延伸辊道 3 和活动部分 4 组成。下层辊道接受中下辊轧出来的轧件,上层辊道使轧件喂入中上辊轧制。延伸辊道通常向下倾斜 7°~13°,目的是有利于轧件由下层辊道输入和将轧件运送到上层辊道。活动部分使轧件单向运动。当中下辊轧出来的轧件由下层辊道送至延伸辊道时,活动部分上摆(图 4-2a),使轧件通过。轧件全部进入延伸辊道后,活动部分下降(图 4-2b)。延伸辊道使轧件反向运动,由于活动部分的限制,轧件向上层辊道爬坡,并由上层辊道将轧件喂入中上辊轧制(图 4-2c)。

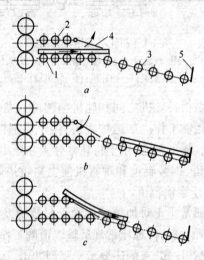

图 4-2　双层辊道示意图

a—活动部分上摆;b—活动部分下落;c—轧件向上层辊道爬坡
1—下层辊道;2—上层辊道;3—延伸辊道;4—活动部分;5—缓冲挡板

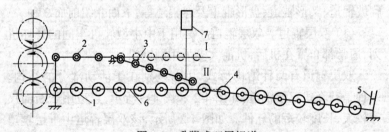

图 4-3　升降式双层辊道

1—下层辊道;2—上层辊道;3—升降辊道;4—延伸辊道;
5—缓冲挡板;6—辊道架;7—升降装置

另一种双层辊道为活板式双层辊道(图 4-4)。在此结构中，双层辊道的活动部分是一块活板，而非升降辊道。活板的一端铰接在上层辊道处的辊道架上，另一端自由搭在下层辊道的盖板上，从而使双层辊道的结构大大简化。活板式双层辊道适用于断面小、长度大的轧件，一般用在小型轧钢车间的粗轧机上。

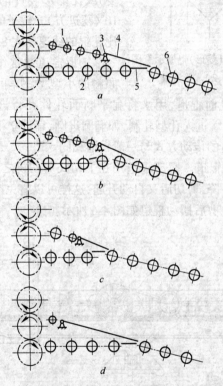

图 4-4 活板式双层辊道示意图

a、b—用于大断面、短轧件；c、d—用于长度大、断面小的轧件

1、2—上下层辊道；3—铰链；4—活板；5—盖板；6—延伸辊道

(2) 翻钢辊道。翻钢辊道能使轧件在行进过程中自动翻转，常用的有菱形辊道和槽形辊道两种形式。

图 4-5 所示的菱形辊道适合于菱方孔型系统，用来将轧件翻转

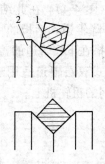

图 4-5　翻钢(菱形)辊道示意图

1—轧件;2—菱形辊道

45°,使方形轧件进入菱孔轧制。菱形辊道的长度通常为轧件长度的 0.6~0.7 倍,过短会影响轧件翻转,过长则增加间隙时间。菱形辊道的槽壁夹角略大于 90°(方进菱)或比菱形轧件的夹角大 8°~10°(菱进方)。辊子的平均线速度比轧辊的线速度大 8%~10%。

槽形辊道通常作为以扁坯为原料的小型型钢车间粗轧机列第一架轧机的机前辊道,用来将扁平断面轧件在行进过程中翻转 90°,使轧件立着进入孔型轧制,如椭圆进圆、扁进立箱等。

翻钢辊道的传动方式与一般辊道相同。

(3) 摆动辊道。摆动辊道用在上切式剪切机之后,剪切时随剪刃和轧件下降,剪切后又自动升起,这样可以避免损坏辊道并防止轧件弯曲。剪后摆动辊道如图 4-6 所示。

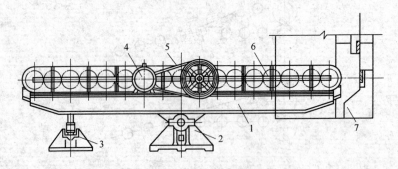

图 4-6　摆动辊道示意图

1—辊道台架;2—摆动支座;3—缓冲支座;4—电动机;
5—皮带传动;6—圆柱齿轮箱;7—剪切机

100. 辊道的传动有哪几种形式,各有什么特点?

辊道的传动形式可以分为两类:集体传动和单独传动。

（1）集体传动辊道由一台电动机带动一组辊子运转。它用于工作条件比较恶劣和负荷较重的地方，以及环境温度高的区域，如装、出炉辊道，冷床前后输送辊道，以及轧机前后工作辊道、升降台辊道。与单独传动辊道相比，它的电气设备少，便于集中通风，制造比较容易。集体传动辊道根据其传动方式的不同又有伞齿轮传动、皮带传动和链条传动等几种。后两种方式比较简单，但不适合于在频繁的启动制动和正反转的条件下工作，一般在小型车间用得较多。伞齿轮传动则刚好与之相反，工作稳定可靠，在中型车间绝大部分地方都用伞齿轮传动的集体传动辊道。

（2）单独传动辊道中每个辊子由一个电动机单独带动。它多用于负荷较轻、轧件较长的精整区域。单独传动辊道的优点有：结构简单、制造方便；传动系统惯性小，操作灵活，易于调整辊道上轧件位置；少数辊子有故障时不影响生产；维修方便；易于标准化和专用化生产。因此单独传动辊道得到广泛的应用。

101. 辊道的主要技术参数有哪些，如何确定？

辊道的主要技术参数有辊子直径、辊身长度、辊距和辊道速度。

（1）辊子直径。为减小辊子质量，辊子的直径应尽可能地小。但受强度的限制和在轧制横移的情况下受轴承及传动机构外形尺寸的限制，又要求有较大的辊径。因此要综合考虑各种因素。通常型钢车间的辊子直径为 150~350mm，见表 4-2。

表 4-2　各种轧钢机辊道的辊子直径

辊子直径/mm	辊 道 用 途
600	装甲板轧机和板坯轧机的工作辊道
500	板坯轧机、大型初轧机和厚板轧机的工作辊道
450	初轧机的工作辊道
400	小型初轧机、轨梁轧机工作辊道，板坯、大型初轧机运输辊道
350	中板轧机的辊道、初轧机和轨梁轧机的运输辊道
300	中型轧机和薄板轧机的工作辊道和输入辊道
250	小型轧机的辊道、中型轧机和薄板轧机的输出辊道
200	小型轧机冷床处的辊道
150	线材轧机的辊道

（2）辊身长度。主要工作辊道辊子的辊身长度一般等于轧辊的辊身长度，有时要取得稍长些。型钢轧机辅助工作辊道辊子的辊身长度比轧辊辊身长度短，这是因为只是在最后几道轧制时，辅助辊道才运转。

（3）辊距。输送钢锭的辊道，其辊距不应大于钢锭重心到钢锭"大头"端面的距离（图4-7）。运输短轧件的辊道其辊距不应大于轧件长度的一半。运输长轧件的辊道，为了避免轧件因自重而产生附加弯曲，其辊距不宜太大（图4-8）。

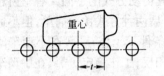

图 4-7　运输钢锭时辊道辊距的确定

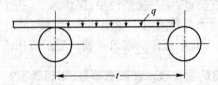

图 4-8　运输长轧件时最大允许辊距的确定

辊道的辊径与辊距的系列见表4-3。

表 4-3　辊道辊径与辊距系列表

辊径/mm	辊距/mm												
150	200	250	300										
200		250	300	350	400	450	500						
250			300	350	400	450	500	550	600	700	800	1000	1200	1600
300				350	400	450	500	550	600	700	800	1000	1200	1600
350					400	450	500	550	600	700	800	1000	1200	1600
400						450	500	550	600	700	800	1000	1200	1600	2000
450							500	550	600	700	800	1000	1200	1600	2000	2500
500								550	600	700	800	1000	1200	1600	2000	2500
600										700	800	1000	1200	1600	2000	2500
700											800	1000	1200	1600	2000	2500

（4）辊道速度。一般根据辊道的用途确定辊道速度。工作辊道的工作速度通常根据轧机的轧制速度选取。当运输长的薄轧件时，轧机后的工作辊道速度要比轧制速度大 5%～10%，以避免轧件形成折皱。为了不产生堆钢现象，轧机输出辊道的速度要取轧制速度的 1～1.1 倍。

102. 推钢机有哪几种形式，各有什么特点？

用来向连续式加热炉中装出原料的机械设备称为推钢机。对于端出料的加热炉，推钢机的作用是将原料由炉尾推进炉内，经加热后由炉前顶出；对于侧出料的加热炉，推钢机将原料推至出料位置，再由出钢机将原料从侧出口推出炉外。

推钢机的种类很多，有螺旋式、齿条式、液压式等。不同形式的推钢机有着不同的优缺点。齿条式推钢机的特点是：传动效率高，使用可靠，维护量小。根据现场多年使用推钢机的经验，当推力大于 200kN 时采用齿条式推钢机为宜。

近几年来推广采用液压式推钢机，这是因为推钢机的往复直线运动，很容易由油缸来实现，且油缸是一种简单、可靠、轻便的机构。液压推钢机的优点是：设备质量小，机构灵巧，尺寸紧凑，占地面积小；易于实现无级调速；易于控制过载；能自行润滑，调压方便。

103. 推钢机的主要技术参数有哪些，如何确定？

推钢机的主要技术参数有 3 个：推力、推速和推程。

（1）推力

推力可由下式计算：

$$P = R\mu Q \times 9.8$$

式中　P——推钢机推力，N；

　　　μ——摩擦系数，预热段、加热段为水冷滑道，均热段为实炉底时一般取 0.5～0.6；无水冷滑道，高温段用棕刚玉硅砖时取 0.6～0.7；单面加热，全部实炉底时取 0.8～1.0；

R——附加阻力系数,如新炉滑道表面较粗糙或炉内有结

渣情况时,可取 1.3;

Q——坯料质量,t。

(2) 推速

推钢机推杆运动的速度称为推速。推钢机的推速取决于以下 3 个方面的因素:

1) 原料的断面形状和断面尺寸;

2) 加热炉的生产率;

3) 轧制周期及出料方式。

在电动机正常负载的情况下,推速通常采用 0.1~0.12m/s。

对于小吨位推力的推钢机,螺旋式推钢机的推速比齿条式推钢机的推速宜取低些。

一般来说,影响推钢机生产率的主要因素是推钢返回的空载时间。为了提高产量,中小型轧钢车间加热炉用推钢机的返回速度可以取得比推速大一倍的速度,以缩短空载时间。如采用液压式推钢机,其速度的改变较为简单、方便。

(3) 推程

推程是指推杆运行的距离。推钢机的推程通常采用 1.5~5m,其值大小取决于上料方式:

1) 如采用吊车直接上料,其工作行程根据每次吊钢的数量及规格来确定,一般都大于每次装料的总宽度;

2) 如采用辊道上料,最大行程比工作行程大 300~500mm(根据检修要求推头退到外侧所需的长度来决定)。

有关推钢机的参数见表 4-4 和表 4-5。

表 4-4 中小型轧钢车间推钢机性能

推力/kN	形　式	平均速度 /m·s^{-1}	推钢速度 /m·s^{-1}	后退速度 /m·s^{-1}	最大行程 /m
50	螺旋式	0.06	0.04	0.08	2
100	螺旋式	0.06	0.04	0.08	2

推力/kN	形 式	平均速度 /m·s⁻¹	推钢速度 /m·s⁻¹	后退速度 /m·s⁻¹	最大行程 /m
200	螺旋式	0.08	0.05	0.1	2
200	齿条式	0.1	0.06	0.12	2.5
300	齿条式	0.1	0.07	0.4	2.5
200×2	齿条式	0.1	0.07	0.14	3
500	齿条式	0.1	0.07	0.14	3
300×2	双排齿条式	0.1	0.07	0.14	2.5
400×2	双排齿条式	0.1	0.07	0.14	3
500×2	双排齿条式	0.1	0.07	0.14	3

表 4-5　新近设计的几种推钢机的性能

形 式	双排齿条式	双排齿条式	液 压 式
推力/kN	350×2	350×2	350×2
行程/mm	2500	2000	2000
推速/mm·s⁻¹	100	100	50
电机功率/kW	45	45	油泵电机 40
质量/kg	26900	29800	6800

104．出钢机有哪几种形式，各有什么特点？

在采用侧出料的连续式加热炉上，出钢机用来将加热好的坯料从炉内推出去。其形式主要有摩擦式出钢机和移动式出钢机。

摩擦式出钢机的主要部件有推杆、送料辊和导槽。这种出钢机应用最为广泛。推力受推杆和送料辊之间的摩擦力限制，因而出钢机可保证不过载。送料辊由电动机通过减速机带动，可以单独驱动下辊，也可以上下辊同时驱动；前者推力小，广泛用于小型轧钢车间，后者适用于大推力的结构。

移动式推钢机由出钢机构和小车横移机构两部分组成，可以做横向移动,所以炉尾的推钢机可以成批地将坯料推到出钢口,出钢机则可通过横移机构对准每一根在出钢口范围内的钢坯,不断地出钢。这样炉尾上料与炉前出钢互不干扰。移动出钢机出钢速度快,横移操作准确、灵活,每分钟出钢根数可达 10 根以上,适用于出钢次数频繁的小型型钢车间侧出料连续式加热炉。

105. 出钢机的主要技术参数有哪些,如何确定?

出钢机的主要技术参数有 3 个:推力、出钢速度和推杆行程。

(1) 推力。出钢机的推力大小由所推的坯料质量而定。正常操作时每次只需推出一根坯料,但要考虑到坯料的粘连问题,因此出钢机的推力应满足一次推出两根坯料的要求。小型轧钢车间加热炉用的出钢机的推力一般为 1500~6000N。

(2) 出钢速度。出钢机在单位时间内的出钢次数应与轧机的生产能力相适应,出钢速度一般为 0.5~2.0 m/s。

(3) 推杆行程。出钢机推杆行程主要取决于被加热的坯料长度、炉子宽度和车间工艺布置,一般推杆行程按下式计算确定:

$$L = l + 2S_1 + S_2 + 100$$

式中 L——推杆行程,mm;

l——炉子内壁间距,mm;

S_1——炉墙厚度,mm;

S_2——炉门厚度,mm。

有时坯料尺寸很长,第一机架距出料口很近或设有专门送料辊,此时推杆行程需保证能使坯料前端被咬入轧辊或送料辊即可,而不必按将全长坯料推出炉外来考虑。

106. 通风机的作用和选择依据是什么?

加热炉燃烧所用的空气,除了少部分靠炉内负压吸入和利用燃料喷射带入外,大都采用通风机械送风。

通风机的选择依据是风量和全风压两个参数,风量必须要满足加热炉的需要,风压则要根据烧嘴的形式而定。对于使用蒸汽雾化的高压烧嘴,风压选用不一定太高。对于使用空气雾化的低压喷嘴,则需满足烧嘴对空气的压力要求,以达到预期的雾化效果。目前通常选用离心式通风机,其叶片为前弯型形式。

通风机在使用时通常需要调节风量,一般常用的调节方法有:

(1) 通过节流装置来调节。节流装置可以安装在进风管上,也可以安装在送风管上。安装在送风管上,风机的特性曲线不变,简单可靠,但调节范围较窄。安装在进风管上,改变风机的特性曲线,调节范围较宽,在调节风量的同时也调节了风压,节流损失较小。

(2) 调节风机转数。调节风机转数,既能够改变风量,也能够调节风压。此种方法在采用交流电机调速时比较难于实现。

(3) 在送风管上放风。在送风管上安装放风阀,将多余的风排入大气或进风管,可以调节风量和风压。此种方法调节范围较宽,但不经济。

107. 升降台有哪几种形式,各有什么特点?

升降台(或称摆动台)是在同一架三辊轧机机架前后实现轧件在下轧制线和上轧制线间移动的设备,根据其与机架的位置关系,分为机前升降台和机后升降台,如图 4-9 所示。

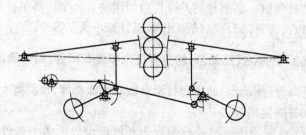

图 4-9 升降台简图

机前升降台是用来接受从上中辊出来的轧件,并将轧件下降到一定位置而送入中下辊轧制。机后升降台是用来接受从中下辊出来的轧件，并将轧件上升到一定位置而送入中上辊轧制。为了不加重升降台摆动部分的质量，集体驱动辊道的电动机和减速机一般均安装在地基上，在尺寸受到限制时，才装在升降台框架上。

升降台升降机构的结构形式较多,常用的有曲柄连杆式、偏心式和液压式。升降台的平衡装置,在轻型升降台上常用弹簧或气缸,在重型升降台上则用重锤平衡。机前机后的两个升降台可由一个电动机驱动,通过连杆进行机械连锁;或分别由两台电动机驱动,采用电气连锁。曲柄连杆式升降台是型钢轧机上广泛采用的一种结构形式,大型轧机几乎毫无例外地全部采用这种结构,这是因为它在各种情况下均能完成轧件的升降、递送操作。它又有重锤平衡式和气缸平衡式两种。采用重锤平衡,可使升降台的启动和制动灵活,停止位置准确,调整方便,工作可靠;其缺点是设备笨重,制造工作量大,设备基础较深。而采用压缩空气平衡的升降台,其设备的质量可大为减轻。

偏心式升降台的升降机构主要由一组轮子组成。电动机通过减速机使偏心轮转动时,就能使升降台作升降运动。偏心式升降台具有结构简单、设备质量轻等优点,因此在升降台行程不大的小型轧机上得到了广泛应用。

液压式升降台的结构简单,设备的质量轻,升降台下只有一个单活塞杆气缸。活塞杆的升降使台面摆动。台架后部吊挂着平衡锤,用以改善升降台油缸的工作状态并减小油泵容量。

108. 升降台(摆动台)的主要技术参数有哪些,如何确定?

升降台(摆动台)的主要技术参数有台面长度、台面宽度、升降行程和升降周期等。

(1) 台面长度。摆动台的台面长度可由以下两个条件确定:
1)当轧件长度小于 $10\sim15m$ 时,升降台应作为主要工作辊道,升降台台面长度必须大于轧件最大长度的 2/3。2)为了可靠地将轧件送入轧辊,以及减少轧件在升降台与运输辊道交接处的弯曲,升降台上升至最高位置时的斜度为 $1:10\sim1:15$,如果斜度过大,则轧件咬入困难。

(2) 台面宽度。摆动台的台面宽度取决于台面的辊身长度。台面辊道的辊身长度比轧辊的辊身长度大 $100\sim200$mm,以保证轧辊边部孔型的充分利用。

(3) 升降行程。摆动台的最大与最小行程取决于轧辊的最大和最小直径,并留有一定的调整量以满足生产操作的需要。此调整量可根据孔型尺寸及操作的要求确定。通常摆动台的最大、最小行程可按下列经验公式确定:

$$H_{max} = D_{max} + 10\sim20mm$$
$$H_{min} = D_{min} + 10\sim20mm$$

式中　H_{max}、H_{min}——分别为摆动台的最大和最小行程,mm;

　　　D_{max}、D_{min}——分别为轧辊的最大和最小直径,mm。

(4) 升降周期。升降台升降机构上升或下降一次的时间不能过长,一般不大于 $2s$。

(5)台面负荷。通常摆动台上的负荷按两根钢锭或钢坯考虑。为了挖掘潜力而达到增产的目的,普遍推行多条过钢,一般为 3 根,甚至 4 根钢同时在摆动台面上,所以台面负荷应按多条过钢的情况考虑。

109. 升降台台面辊道的主要参数有哪些,如何确定?

升降台台面辊道的主要参数有以下 3 个:

(1) 辊距。台面辊道辊子之间的距离与轧件长度有关,一般辊距应等于或小于所传送的最短轧件长度的一半,应使轧件至少能与两个辊子同时接触,以保证其运行稳定。

(2) 辊道速度。台面辊道用来把轧件送进和引出轧辊。当送进轧辊时,希望辊道线速度稍高于轧辊线速度,使轧件易于咬入;当引出轧件时,希望辊道线速度稍低于轧辊线速度,以免轧件抛出过远而增加间隙时间。通常台面辊道采用交流电动机传动,两者不能兼顾,因此辊道的线速度一般稍高于轧辊的平均线速度。

（3）台面辊道第一辊的位置。升降台第一辊与轧机中心线或机架辊中心线的距离，在不妨碍轧机导卫板安装的情况下越小越好。距离过大，原料难以喂入轧机，特别是在原料为钢锭的情况下更为困难。

110. 转头机的作用是什么,有哪几种形式?

当以钢锭为原料生产型钢时，在出炉辊道上必须设置钢锭转头机，以便使钢锭小（或大）头按要求调转进入轧机。转盘的旋转角视加热炉与轧机的相对位置而定。对端出料加热炉而言，凡推钢方向与轧制方向相垂直的转180°，相水平的转90°。钢锭转头机的形式有两种，一种为地下式，另一种为地上式。地下式转头机的主要结构都在出炉辊道下面，处理事故及检修比较麻烦，对清理氧化铁皮不方便。地上式转头机的主要机构都在辊道上面，有效地克服了上述问题，但对检修辊道又带来一些妨碍。图 4-10 为一种地下式转头机示意图。

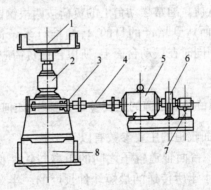

图 4-10　地下式转头机示意图

1—转台;2—立轴部件;3—蜗轮机;4—接轴;5—电机;
6—制动器;7—极限开关蜗轮机;8—底盘

111. 移钢机有哪几种形式,各有什么特点?

在横列式轧机上轧制型钢时，两个轧制道次之间通常需要进行移钢(横向移动轧件,从一个孔型移至另一孔型)和翻钢,因此在轧机前后需要有移钢机和翻钢机械。

在一列多架横列式轧机的前后,实现轧件在工作机座间的横移的设备即为移钢机,其形式主要有绳式和链式。绳式移钢机设备比较简单,质量轻,可逆转,机动性能好,但钢绳磨损快,容易断。链式移钢机比较稳定,拨爪不易错动位置,但缺点是链子易断,链条材料要求高,制造精度高,不易加工,而且设备笨重,链条下垂度大,要求基础深。因此一般在中小型型钢轧机上以采用绳式移钢机为宜,图4-11为绳式移钢机示意图。

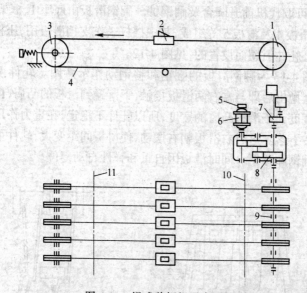

图4-11　绳式移钢机示意图

1—卷筒;2—拉钢小车;3—张紧轮;4—钢绳;5—制动器;
6—电动机;7、8—减速器;9—传动轴;10、11—输入、输出辊道中心线

在一列三机架轧机机前,移钢机只布置在第二机架和第三机架之间,在第一机架和第二机架间没有移钢机,这是因为第一机架前需布置其他辅助设备,不能再布置移钢机。也就是说,在机前不进行第一机架和第二机架之间的移钢操作。

117

机后设两台移钢机。第一台将轧件由第一机架向第二机架横移,第三机架出成品。第二台移钢机,是当第一机架出成品时,直接将轧件从第一机架移到第三机架的输出辊道上。如果第一机架不出成品,则第二台机后移钢机可以不设置。

112. 翻钢装置有哪几种形式,各有什么特点?

用于翻钢的装置有翻钢辊道(见特殊辊道)、翻钢滑板、翻钢桩和翻阴阳面机等。

(1) 翻钢滑板。翻钢滑板又称S形滑板,兼有翻钢和移钢的作用,可取代机前升降台及翻钢桩。翻钢滑板由底座1、框架2、挡杆3、压板4及滑板5等组成,其中挡杆3作支挡滑板用,压板4是为防止轧件上翘而设置的,见图4-12。

图4-13为翻钢滑板的翻钢和移钢动作示意图。轧件由中上辊孔型抛出后即与左右两滑板接触,下落碰到滑板的凸肩,由于轧件的宽度大于滑板凸肩的宽度,所以轧件不稳定,在重力作用下轧件翻转下落。这时右滑板朝右摆动,使滑板间距变大,轧件下落完成了翻钢和移钢。同时滑板因自重和弹性自动复位。

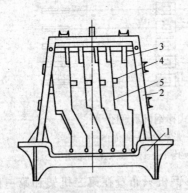

图4-12 翻钢滑板的结构示意图
1—底座;2—框架;3—挡杆;4—压板;5—滑板

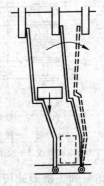

图4-13 翻钢滑板的翻钢、移钢动作示意图

(2) 翻阴阳面机。在装有水冷滑道的连续式加热炉内加热钢

锭时,往往出现钢锭上表面温度高、下表面温度低的加热不均现象,形成所谓的阴阳面,轧制时会产生不均匀变形,轧件向阴面弯曲,易发生卡钢事故。为控制轧件的纵向弯曲,设置翻阴阳面机。当钢锭经过该设备时,根据钢锭表面温度情况翻钢。为避免钢锭因阴面在上导致轧件上翘而发生翻转时卡钢,在翻钢时应使钢锭阴面不在上方。

113. 冷床有哪几种形式,各有什么特点?

冷床是轧钢车间的主要设备,其作用在于将 800℃ 以上的轧件冷却到 150~100℃ 以下,同时使轧件按既定方向和既定速度运行,在运输过程中应保证轧件不弯曲或向指定的方向弯曲。由于型钢产品形状相差悬殊,因此型钢车间的冷床形式是多种多样的。

按照型钢车间冷床结构形式,冷床大致有以下几大类:

(1) 往复多爪式冷床。床面由若干固定的导轨(钢轨、滑轨)组成,移钢设备为一个带多组划爪的整体式或单体式滑车,用钢丝绳来回拖动。这种冷床结构简单,牢固可靠,易于维修,但其利用系数低,滑车车轮和托辊的消耗量大,轧件在横移过程中容易发生弯曲现象,而且噪声也大。这种冷床主要用于开坯和大中型型钢轧钢车间。

(2) 链式冷床。链式冷床的本体一般由固定的冷却台架及链式拉钢机两部分组成。链式拉钢机由板式滚子链组成,因受链条张紧条件的限制,通常是不可逆的,其主动轮应安装在轧件横移方向的前端。有的是链条设在冷床里面,链带上安有划爪来带动型材前进;有的是链条在床面上,链条托着型材前进。这种冷床结构紧凑,维修方便,没有噪声;缺点是链条处于高温条件下工作,链条轴容易变形,需要为其配备专门的冷却设备。这种冷床适于所有断面的型钢;对于矫直机后检查台架链式冷床是一种很好的结构形式。

(3) 步进式冷床。步进式冷床(图 4-14)又称齿条式冷床,本体由两组齿条组成,一组齿条是固定的(静齿条),另一组齿条可以

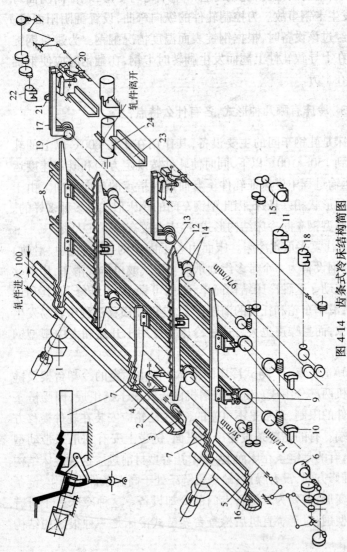

图 4-14　齿条式冷床结构简图

1—输入辊道;2—拨钢板;3—托臂;4—杠杆;5—拉杆;6—电动机;7—动齿条;8—钢梁;9—偏心轮;10—平衡重;
11—电动机;12—平板条;13—固定齿条;14—偏心轮;15—电动机;16—矫正槽;17—短板条;18—电动机;
19—偏心轮;20—辊子;21—挡板;22—挡板;23—电动机;24—挡板;25—输出辊道

做平面升降往复运动(动齿条)。两组齿条的齿形交替排列,冷床不工作时,静齿条高于动齿条的齿面。当启动电动机后,偏心轮转动,使安装在前后两组动梁上的动齿条做升降往复移动。随着动齿条的移动就能把静齿条上的型材依次横移一个齿距,型材在冷床本体的运动中不断横移,并逐渐冷却下来。这种冷床适宜于冷却过程中容易产生弯曲和扭转的小型钢材生产。为了保证轧件均匀地冷却,在某些锯齿形冷床上,其静齿条和动齿条并不与冷床长度方向平行,一般都偏移一个不大的角度(约2°)。这样轧件每前进一步,与齿面接触的部位沿轧件长度方向变化一次,即沿轧件全长的接触点能够周期性地变化。这对于高合金钢和某些特殊型材是必要的。

(4) 翻转式冷床。图 4-15 为目前比较先进的翻转式冷床,主要由两齿梁和偏心轴组成。两齿梁的齿形不同,齿梁 1 为 V 形,齿梁 2 为 U 形。当偏心轴 A 转动时,偏心 AB 使两齿梁上下运动,偏心 AK 及 AZ 使两齿梁左右运动。在此运动中,型钢得以翻转。翻转式冷床具有节能、冷却时间短、冷却型钢直和无损伤等优点,主要应用于方钢(坯)和圆钢(坯)的冷却。

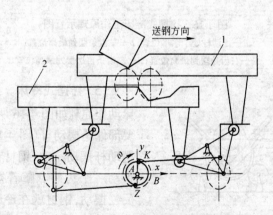

图 4-15　翻转式冷床简图
1—V 形齿齿梁;2—U 形齿齿梁

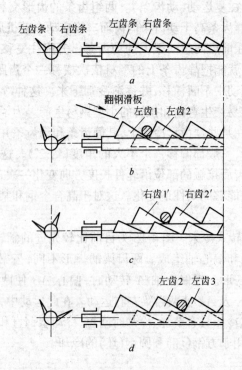

图 4-16　摇摆式冷床工作原理示意图

a—摆动杆处于水平位置；b—左齿条摆到最高位置；
c—右齿条摆到最高位置；d—左齿条再次摆到最高位置

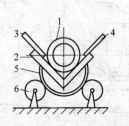

图 4-17　摆动杆结构示意图

1—钢管；2—角钢；3—左齿条；
4—右齿条；5—弧形钢板；6—托轮

（5）摇摆式冷床。摇摆式冷床动作原理如图 4-16 所示，其主要部件是摆动杆（图 4-17），每当摆动杆摆动一次，钢材在冷床上移动一个齿距。随着摆动杆的反复摆动，钢材就在冷床上不断前进。摆动式冷床的优点是钢材在冷床上移动时能保持直线性。与齿条式冷床相比，其结构简单、造价低、制造方便。缺点是有时会损伤钢材表面。

(6) 辊式冷床。辊式冷床由多组细长辊子组成。辊子轴线与轧件运行方向成一定角度,使轧件在其上一面作横移运动,一面相应地转动,这样轧件不仅冷却均匀而且不发生弯曲和扭转。此类冷床造价较高,用于要求较高的小型型钢生产。

链式和步进式冷床的设备造价比多爪式冷床高,但轧件在横移过程中不会产生与床面滑道摩擦,不会产生表面擦伤等缺陷,并且散热性好,冷却能力高,因此获得广泛应用,绳轮滑爪式冷床已被逐渐淘汰。

114. 冷床的主要技术参数有哪些,如何确定?

冷床的主要参数是冷床的宽度 B 和长度 L。其确定方法如下:

(1) 冷床长度 L。冷床长度是指钢材运行进入冷床方向的冷床尺寸。冷床长度主要取决于钢材的最大长度 l_{max}。两者的关系为:

$$L = 1.1 l_{max}$$

如果进入冷床前钢材已经被剪(锯)成 n 根长为 l 的定尺,则冷床的长度为:

$$L = nl + 2 \sim 3\text{m}$$

(2) 冷床宽度。冷床宽度是指钢材进入冷床后,在冷床上横向移动的距离。影响冷床宽度的因素有轧机产量的大小、轧件上床温度的高低、轧件在冷床上的冷却条件、轧件尺寸的大小和断面形状的复杂程度、轧件冷却后下床的温度条件等。其确定原则是:在轧件由上床温度冷却到下床温度这一冷却时间内,轧机轧出的轧件应能全部容纳在冷床上,只有这样,才不致影响轧机产量的提高。

冷床的宽度 B 可用下式确定:

$$B = 1000ATC / (KG)$$

式中　A——轧机最大小时产量,t/h;

　　　T——钢材在冷床上的冷却时间,h;

　　　C——相邻两根钢材之间的中心距(每根钢材占用的水平宽度),m;

K——冷床利用系数；

G——每根钢材的质量，kg。

冷床的利用系数与冷床的结构形式有关，一般可按下列范围选取：

推钢式冷床	$K=1$
往复多爪式冷床	$K=0.4\sim0.5$
带潜行装置冷床	$K=0.4\sim0.5$
辊式及齿条式冷床	$K=0.4\sim0.5$
链式冷床	$K=0.4\sim0.5$

冷却时间的计算十分复杂，因为它受诸多因素的影响，如钢种、轧件尺寸、轧件断面形状、冷却设备周围条件、轧件冷却温度范围等。因此通常按照同类生产条件进行实测取得。实测的有关几种型钢产品的冷却时间列于表 4-6，有关型钢车间的一些冷床的主要参数列于表 4-7。

表 4-6　实测的几种型钢产品的冷却时间(h)

品 种 规 格	冷却时间	品 种 规 格	冷却时间	品种规格	冷却时间
24kg 轻轨	2.0	8～12 号工槽钢	1.0	$\phi25\sim35mm$	1.0
15～18kg 轻轨	1.5	9～13 号角钢	2.0	$\phi16\sim20mm$	0.5
8～11kg 轻轨	1.0	5～7.5 号角钢	1.0		
14～24 号工槽钢	1.5	8～10mm×100mm扁钢	1.0		

注：从终轧温度冷却到 100℃。

表 4-7　几个型钢车间冷床的主要参数

轧 机 名 称	冷床形式	冷床尺寸 $B\times L/m\times m$
650mm 轧机	往复多爪式	$15\times27\times2$
500/350mm 轧机	斜辊式	33×5.25
400/300mm 轧机	往复多爪式	40×6.5
400/250mm 轧机	齿条式	65×5.8
500/300/250mm 轧机	齿条式	50×5.7

115. 剪切(断)机有哪几种形式,各有什么特点?

剪切机是型钢车间用于切头、切尾、切边角和定尺长度所必须的机械设备,主要用于方钢、扁钢等在热状态下切头、切尾和切定尺。和热锯机相比,其主要优点是没有噪声,剪断后断面没有毛刺,剪切长度容易掌握。但剪切机不能剪切太复杂的断面,并且它的生产效率也比热锯机低一些。

型钢车间使用的剪切机有多种结构形式。按剪切机的工作原理、刀片形状、刀片配置和用途的不同,剪切机可以分为:平行刀片剪切机、斜刀片剪切机、圆盘式剪切机和飞剪等。按刀片运动方式的不同,剪切机可以分为上切式和下切式两种结构。根据机架结构形式的不同,剪切机还可以分为开式剪和闭式剪。

平行刀片剪切机的两个刀片彼此是平行的(图 4-18a),其特点是两剪刃同时与被剪金属相接触,剪切过程在很短时间内一次完成,剪切效率高,剪切机负荷大,通常用于横向热剪切初轧方坯、初轧板坯和其他方形及矩形断面的钢坯。

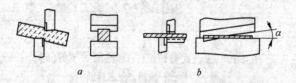

图 4-18 平行刀片剪切机(a)和斜刀片剪切机(b)

斜刀片剪切机两个刀片成一定角度(图 4-18b),一般上刀片是倾斜的,下刀片是水平的。在型钢车间斜刀片剪切机主要用于冷剪和热剪薄板坯及焊管坯以及小型型材。

圆盘剪切机的刀片为圆盘状(图 4-19a),通过旋转成对圆盘剪刃在型材的运行过程中完成剪切任务。在型钢车间圆盘剪切机主要用于小型型材的切头或切定尺。

飞剪机是在轧件运动过程中将轧件切断的机械,要求剪刃圆周速度与钢材的运行速度大致相同。这类剪切机大都装在半连续式或连续式轧机的作业线上。飞剪的结构形式很多,目前主要用于剪切方、扁、圆等断面比较简单的中小型型材。它的最大特点是剪切速度极快,可以在线连续作业(图 4-19b、图 4-20)。

大中型型钢车间目前使用的大多数还是平行刀片、上切式、开式机架的剪切机。

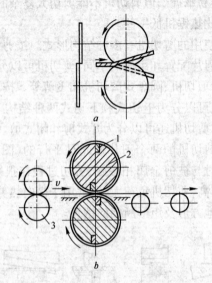

图 4-19　圆盘式剪切机(*a*)和滚筒式飞剪(*b*)

1—刀片；2—滚筒；3—送料辊

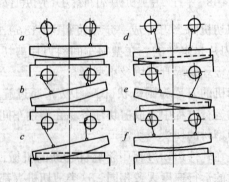

图 4-20　滚切式剪切机

a—起始位置；*b*—剪切开始；*c*—左端相切；*d*—中部相切；

e—右端相切；*f*—终止位置

116. 剪切(断)机的主要技术参数有哪些?

在型钢车间,有的剪切机布置在轧制线上,被剪切轧件的温度一般在 800~900℃,因此剪切机的能力必须适应轧机生产能力的需要。有的布置在精整作业线上,用于冷轧件的定尺剪切、改尺或切头、切尾。应根据轧钢工艺要求,合理地确定剪切机技术参数。剪切机的主要技术参数有:

(1) 剪切速度。剪切速度的确定应考虑剪切产量和操作的方便程度。剪切速度过快,剪切机负荷增加,操作危险,同时型材不能准确地进入刃型;剪切速度过慢,则会影响产量。一般剪切机剪切热材时的剪切速度为 10~14 次/min,参见表 4-8;剪切冷材时剪切速度为 17~20 次/min。飞剪机剪刃速度与轧件速度基本相当,剪切次数视规定而定。

表 4-8 中小型轧钢车间热剪性能

项　　目		100t 剪	160t 剪	250t 剪	400t 剪
最大剪切力/kN		1000	1600	2500	4000
刀片行程/mm		160	200	250	300
刀片长度/mm		400	450	600	700
坯料最大宽度/mm	方坯	120	150	190	240
	板坯			300	400
刀片行程次数/次·min⁻¹		18~25	16~20	14~18	12~16

(2) 刀片行程。剪切机的刀片行程除要确保轧件被切断外,还要考虑到最大轧件能在上下刀片之间顺利通过,以适于剪切冷型材的剪切机刀片行程的高度。另外,还要考虑型材的弯曲程度。剪切机刀片行程过小,弯曲程度大的型材无法进入刃型;刀片行程过大,会使剪切机的偏心轴加大,从而使整个机体结构庞大。

(3) 剪切力。在设计或选择剪切机时,首先要确定剪切机的公称能力,即最大剪切力。

剪切力与剪切温度、钢种和断面尺寸以及同时剪切的根数有关。目前有各种计算剪切力的方法和公式,例如单位剪切阻力曲线法、变形阻力(真实流动极限)曲线法、近似曲线法和工程计算法等。

部分适用于中小型型钢车间的剪切机及其性能见表4-8和表4-9。

表 4-9　　几种新设计剪切机的性能

项　　目	250t 剪	250t 剪	160t 剪
结构形式	六连杆下切式	偏心活压杆上切式	开口、上切式
电机	115kW、975r/min	100kW、1460r/min	55kW
剪切次数/次·min^{-1}	30.3/15	48/24	22.2/15
刀刃长度/mm	550	550	450
刀片行程/mm		最大240,有效200	200
开口度/mm	235	230	190
工作循环方式	连续、风动摩擦离合器	连续、风动活压杆	连续、牙嵌离合器
曲轴偏心/mm	130	100	100
设备质量/t	51.7	27.4	18.43

注:剪切次数中分子/分母＝理论值/实际值。

117．如何确定平行刀片剪切(断)机的刀片行程和剪切力?

平行刀片剪切机的刀片行程通常由下式确定:

$$H = h + c + e + \Delta$$

式中　H——刀片行程,mm;

　　　h——被剪轧件的最大厚度,mm;

　　　c——为使轧件能顺利通过剪切机,不致冲击或磨损下刀刃,使下刀刃(上切式)或上刀刃(下切式)低于或高于辊道表面的数值,一般取 $c = 5 \sim 20$mm;

　　　e——上刀刃距轧件上表面的间隙,以保证轧件翘头时仍能顺利通过刀刃,通常取 $e = 50 \sim 75$mm;

　　　Δ——上下刀刃的重叠量,以保证剪切材质很软的轧件时也能顺利切断,一般取 $\Delta = 10 \sim 15$mm。

平行刀片剪切机的最大剪切力可根据下式确定:

$$P = K_1 K_2 \sigma_b F / 1000$$

式中　P——最大剪切力,kN;

K_1——考虑刀刃变钝和刀刃间隙增大后,剪切力的增大系数,按剪切机的能力选取:

小型剪切机($P \leqslant 2500kN$)　　$K_1 = 1.3$

中型剪切机　　　　　　　　　　$K_1 = 1.2$

大型剪切机($P \geqslant 10000kN$)　$K_1 = 1.1$

K_2——被剪轧件抗拉强度换算成抗剪强度之换算系数,一般取 $K_2 = 0.6$;

σ_b——被剪轧件在剪切温度下的抗拉强度,N/mm^2;

F——被剪轧件的断面面积,mm^2。

118. 如何确定被剪型钢的最大断面尺寸?

在型钢车间,剪切机已在设计时选定,它具有的公称能力即为最大剪切力。一般而言,对平行刃剪和飞剪,可根据适当的计算剪切力的公式,将剪切机的最大剪切力作为已知量,而将型钢断面面积作为未知量,从而得到被剪型钢的最大断面面积。型钢断面的宽度不应大于剪刃的长度,前者是后者的一半左右,这样就确定了断面的宽度。

有关最大剪切断面尺寸见表 4-10~表 4-12。

表 4-10　在不同温度下剪切低碳钢时的最大剪切断面尺寸($mm \times mm$)

剪机剪切力 /kN	剪切温度 /℃					
	950	900	850	800	750	700
1000		115×115	110×110	105×105	100×100	90×90
1600		150×150	140×140	135×135	130×130	115×115
2500		190×190	180×180	175×175	160×160	145×145
4000		240×240	230×230	220×220	205×205	185×185
6300		300×300	280×280	275×275	250×250	230×230
8000	360×360	340×340	325×325	315×315	290×290	
10000	400×400	380×380	365×365	350×350	320×320	
16000	500×500	480×480	465×465	440×440		
25000	400000	360000	325000	310000		

表 4-11 不同温度下剪切合金钢时的最大剪切断面尺寸(mm×mm)

剪机剪切力 /kN	剪切温度/℃					
	950	900	850	800	750	700
1000		100×100	95×95	90×90	80×80	75×75
1600		130×130	120×120	110×110	100×100	95×95
2500		160×160	155×155	140×140	125×125	110×110
4000		205×205	195×195	180×180	160×160	145×145
6300		250×250	240×240	220×220	195×195	180×180
8000		290×290	275×275	255×255	230×230	210×210
10000	365×365	320×320	300×300	280×280	255×255	
16000	455×455	410×410	390×390	360×360	320×320	
25000	325000	262000	490×490	450×450		

表 4-12 在不同温度下剪切高碳钢时的最大剪切断面尺寸(mm×mm)

剪机剪切力 /kN	剪切温度/℃					
	950	900	850	800	750	700
1000		105×105	100×100	90×90	85×85	75×75
1600		135×135	130×130	115×115	110×110	95×95
2500		170×170	160×160	145×145	135×135	120×120
4000		215×215	205×205	185×185	170×170	150×150
6300		265×265	250×250	230×230	210×210	190×190
8000		300×300	285×285	265×265	245×245	215×215
10000	370×370	340×340	320×320	295×295	270×270	
16000	470×470	430×430	410×410	375×375		
25000	350000	290000	260000	470×470		

119. 如何确定同时剪切的型钢根数?

首先,同时剪切的型钢的面积之和不得大于剪切机所能剪切的最大型钢断面面积,其次同时剪切的型钢的宽度之和不得大于容许的剪刃长度。

120. 热锯机有哪几种形式,各有什么特点?

锯机广泛地应用于型钢车间,将各种异形断面的型钢、管坯、薄板坯等切去头尾,并切成定尺长度。在轧件上切取试样也采用锯机。根据所锯切的轧件的温度不同,锯机又分为热锯机和冷锯机两大类。

型钢车间使用的热锯机形式较多,如表 4-13 所示。

表 4-13　热锯机的类型及结构形式

热锯机类型	结 构 形 式				
	上滑台滑行方式	滑道形式	进锯机构	锯片传动	横移方式
摆式锯			手动或电动	皮带	
杠杆式锯			手动或电动	皮带	
风动送料固定锯			气缸送料	三角皮带	
滑座式锯	滑板式	平滑板	斜齿轮-齿条	电机直接传动	齿轮-齿条滑道
		燕尾滑板	曲柄-摇杆	三角皮带	吊车拉移(导轨)
			齿轮-齿条		车轮走行
			气缸进锯		车轮走行
	辊轮式	平辊-侧导辊	齿轮-齿条(直流电机)	三角皮带	齿轮-齿条(滑道)
		平辊-V形辊		电机直接传动	车轮走行
		平辊-V形辊(带上压辊)	齿轮-齿条(气缸进锯)	三角皮带	
四连杆锯	滚动摩擦	滚动轴承	四连杆	电机直接传动	车轮走行

摆式锯(图 4-21)及杠杆式锯(图 4-22)的结构简单,质量轻,占地面积小,但刚度差,锯片行程小,生产率低,一般用于小型钢材和取样。

风动送料固定锯的锯片不能送进,轧件由专门的送料装置传送。这种锯结构简单,质量轻,事故少,生产率高,但经常发生"斜头"、"扁角"和"弯头"等锯切质量问题。它也不易实现多台锯机联合锯切。

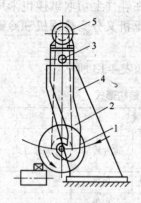
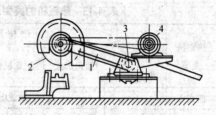

图 4-21　摆式热锯机

1—锯片;2—摆杆;3—摆杆的
摆动轴;4—机架;5—电动机

图 4-22　杠杆式热锯机

1—摆动框架;2—锯片;3—框架的摆动轴;
4—电动机

滑板式滑座锯锯片行程小,生产率低,锯片振动厉害,损耗大,已经较少采用。辊轮滑座式锯(图 4-23)的效率高,行程大,进锯平稳,锯切质量好,在中小型轧钢车间广为采用。

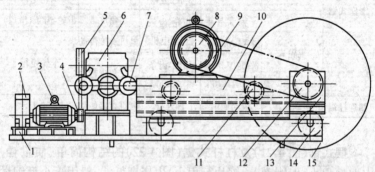

图 4-23　φ1500mm 辊轮滑座式热锯机

1—下车体;2—制动器;3—进锯电机;4—皮带轮;5—皮带轮;6—蜗轮减速机;7—连杆;8—皮带轮;9—主电机;10—上车体;11—压紧轮;12—皮带轮;13—主轮装配;
14—行走轮;15—φ1500mm 锯片

四连杆锯的锯片送进采用四连杆机构,锯片基本上是平行送进的,具有行程大、摩擦小、动行平稳可靠等优点,使用效果良好,多使用在大型、轨梁轧钢车间。

121. 热锯机的主要技术参数有哪些,如何确定?

热锯机的主要技术参数有直径、锯片行程、锯片送进速度和锯切力。

(1) 锯片直径 D。锯片直径主要取决于被锯轧件的尺寸,可按下列经验公式确定:

锯切方钢　　　　　　$D = 10A + 300\text{mm}$
锯切圆钢　　　　　　$D = 8d + 300\text{mm}$
锯切角钢　　　　　　$D = 3B + 350\text{mm}$
锯切工字钢、槽钢　　$D = C + 400\text{mm}$

式中　D——锯片直径,mm;

　　　A——方钢边长,mm;

　　　d——圆钢直径,mm;

　　　B——角钢对角线长度,mm;

　　　C——工字钢、槽钢宽度,mm。

当用电动机直接带动锯片时,锯片直径还取决于电动机的外形尺寸。热锯机常用的锯片直径有: $D = 700\text{mm}$, 800mm, 900mm, 1200mm, 1500mm, 1800mm, 2000mm。

(2) 锯片行程。确定锯片行程时要考虑被锯切轧件的宽度和锯片全退回后便于检修锯前辊道,视具体情况而定。

(3) 锯片的圆周速度。提高锯片的圆周速度,可以提高锯机的生产率和减少锯片本身的磨损。但锯片的转速受到锯片所承受的离心力的限制。经测算,锯片的圆周速度最大一般不超过 140m/s,实际使用的圆周速度一般在 $100\sim120\text{m/s}$ 之间。

(4) 锯片送进速度。锯片送进速度取决于锯切效率和轧件高度。锯切效率为锯机每秒所切去的断面面积,决定于锯片允许的圆周力、对锯齿的压力和电机的允许功率。实际生产中,热锯机的送进速度通常取 $20\sim300\text{mm/s}$;锯切大断面和硬材质的钢种时,锯片送进速度取小值;锯片碰到型材前的送进速度要快些,一旦开始锯切,锯片速度要适当降低。

（5）锯切力。在锯切轧件时,被锯切轧件作用在锯片上的力可分为锯切时的圆周力和正压力。圆周力和正压力都与相当于锯片宽度的锯口宽度、进锯速度、锯片圆周速度和钢材的强度等因素有关。

热锯机的基本参数见表4-14。

表 4-14　热锯机的基本参数

锯片直径/mm			锯片最大行程/mm	锯片中心到辊道辊子上表面的距离/mm	锯片夹盘的最大直径/mm	被锯切的轧件		
最大名义直径	重车后的最小直径	锯片厚度/mm				最大高度/mm	最大宽度/mm	
							锯片直径为最小时	锯片直径为名义尺寸时
1000	900	6	800	410	500	180	450	470
1200	1080	7	1000	490	570	160	560	600
1500	1350	8	1200	625	750	200	660	740
1800	1620	9	1400	760	900	260	730	880
2000	1800	10	1500	850	900	350	730	930

122. 冷锯机有哪几种形式,各有什么特点?

型钢车间的冷锯机主要用于取样、改尺或当热锯来不及锯头尾时,在精整作业线上做补充锯切。常用的冷锯机有砂轮锯、弓形锯和圆盘锯。

砂轮锯的设备质量轻,生产率高,操作简便,锯切质量好,通常用来锯切较硬的钢种。但砂轮片消耗大,锯口处的钢材有过烧层,能锯切的钢材断面也较小,适合锯切方、圆钢。

弓形锯和圆盘锯的设备质量较重,生产率低,但不会影响锯口处钢材的性能,并可锯切较大规格的钢材如工字钢、槽钢等。

摩擦锯也属于冷锯机,在冷态条件下锯切轧件,其特点是以高速运动的锯片或锯条,利用摩擦所产生的热,将轧件切口处的金属熔化或软化,然后切断。锯片或锯条通常是无齿的或细齿的,且以50～120m/s的速度锯切。

123. 冷锯机的主要技术参数有哪些,如何确定?

冷锯机的结构与热锯机类似,参见表4-13。其主要技术参数和确定方法也与热锯机类似,常用冷锯机的技术性能见表4-15。

表4-15　冷锯机的技术性能

性　　能	冷锯机型号					
	砂轮锯	弓形锯	液压弓形锯	圆盘锯	圆盘锯	圆盘锯
锯片直径或 长度/mm	$\phi400$	450	450	$\phi510$	$\phi710$	$\phi1800$
可锯切方、圆钢 尺寸/mm	$\phi60$	方220×220 $\phi220$	方220×220 $\phi220$	方140×140 $\phi160$	方220×220 $\phi240$	$\phi23.1\sim$ 159管
可锯切工字钢、 槽钢		22号	22号	30号	40号、 150号	
转速/r·min^{-1}	2380			7.5～ 29.4m/min	4.75～ 13.5m/min	1500
往复次数/次·min^{-1}		75或79	81			
进给量/mm·min^{-1}				25～400	25～400	200
电动机功率/kW	5.5	1.5或1.7	1.5	4.5	4.5	350
设备质量/kg	360	750	800	2400	3600	

124. 如何确定被锯型钢的最大断面尺寸?

被锯型钢的最大高度取决于锯片直径、锯切机功率和锯片安装后可用空间高度。被锯型钢的最大宽度则取决于锯机的最大行程。锯机锯切钢材时的基本参数如图4-24所示,有关锯机可锯切的最大断面尺寸见表4-14。

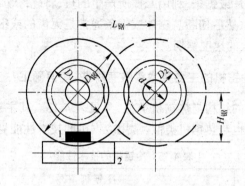

图 4-24　锯片前进时的基本参数

$D_锗$—锯片直径,mm;D_1—锯片夹盘直径,mm;D_2—锯片螺孔中心线的圆周直径,mm;d—配合孔直径;mm;$H_锗$—锯片中心到辊道的辊子上表面的距离,mm;$L_锗$—锯片最大行程,mm;1—轧件横截面;2—辊道的辊子

125. 如何确定许可同时锯切的型钢根数?

许可同时锯切的型钢根数主要取决于锯机的最大行程。在锯机的最大行程内可放置的型钢根数即为可同时锯切的型钢根数。如型钢断面很小或高度较小,在有效锯片高度上也可放置多根型钢时,则同时可锯切的型钢根数为在锯机最大行程上可码放的型钢根数和在锯片有效高度上可码放的型钢根数的乘积。

126. 定尺机有哪几种形式,各有什么特点?

定尺机也叫定尺挡板,是配合热锯机或剪切机工作的,其主要任务是保证型材按一定长度锯切或剪切。

定尺机有多种形式,按结构可分为门式和悬臂式两种;按动作可分为垂直起落和水平动作两种。

门式定尺机是在类似一个门洞式的框架里,按不同的定尺长度,安放着多个定尺挡板。这种挡板的起落靠风动或电气控制。这种定尺机占地面积大,装卸不方便。

悬臂式定尺机(图 4-25)是由电机通过减速机传动一根长丝

杠,借助丝杠的转动来使挡板横向移动。这种挡板定位比较准确。

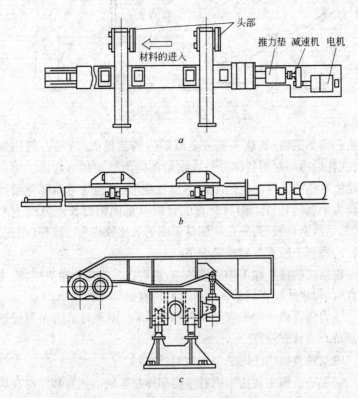

图 4-25 悬臂式定尺机平面简图

a—平面图;*b*—侧面图;*c*—头部侧面图

还有一种挡板是在一根光杆上吊有两至三块铡刀式挡板(图
4-26)。挡板的位置靠销子固定,挡板的起落靠人工搬动,也能满
足生产上的要求。

127. 钢材为什么要矫直,矫直机有哪几种形式,各自的应用范围是什么?

矫直机是矫正钢材使其平直或平整所需的设备。钢材在轧
制、冷却、运输过程中或热处理之后,往往受多种因素影响而产生

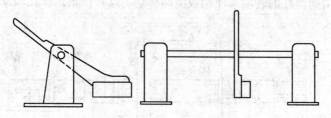

图 4-26　铡刀式挡板示意图

弯曲。例如钢轨,其轨头部分金属所占的比例大,轨底占的比例小,在轧后冷却时因各部分的收缩量不同而呈现弧形弯曲。矫直机能使弯曲的轧件产生适量的弹塑性变形,以消除弯曲部分而得到较为平直的轧件。钢材矫直的目的一是使钢材长度方向上平直,二是给钢材整形,三是使钢材表面的氧化铁皮变得疏松(因此,钢材的矫直一般都在酸洗之前进行)。

根据结构特点和工作原理,矫直机可以分为压力矫直机、辊式矫直机、斜辊式矫直机和张力(拉伸)矫直机等 4 种类型。

压力矫直机一般设在型钢和钢管车间,用来对型钢和钢管进行预矫直或补充矫直。

辊式矫直机广泛用于型钢和钢板车间。

斜辊矫直机主要用于钢管车间和棒材车间。钢管和棒材在矫直时边旋转边前进,从而获得对轴线对称的平直形状。

张力矫直机主要用来矫直在辊式矫直机上难以矫直的、厚度较小的薄板和一些有色金属板材。

128. 辊式矫直机的矫直原理是什么?

型钢的辊式矫直是利用钢材可以反复弯曲的原理来进行的。

钢材的弯曲程度用弯曲曲率来表示。弯曲大,说明有弯的一面圆弧半径(弯曲半径)小;弯曲小,说明弯曲半径大。如果弯曲半径无限大,则说明钢材是直的。以 R 表示半径,则 $1/R$ 就代表钢材原有弯曲程度,为原始曲率。同样用 $1/r$ 代表反弯程度,称为矫正曲率。

当钢材进入矫直机后,矫直辊给予钢材一定压力,上排辊的压力和下排辊的压力方向相反,因而钢材产生弯曲变形,变形中既有弹性变形又有塑性变形。在外力去掉后,弹性变形消失。显然,矫直钢材时,必须使反向弯曲程度大于钢材的原有弯曲程度,即 $1/r > 1/R$,才可能矫直钢材。

如果被矫直钢材只有一侧为 $1/R$ 的弯曲,则用 3 个辊子达到反弯曲率 $1/r$(恰好等于钢材的原始曲率加弹性恢复部分曲率),并且连续通过,就可以完全矫直。实际上,钢材的弯曲是多种多样的,弯曲方向不同,弯曲曲率也不同,仅用 3 个辊子不可能矫直实际弯曲的钢材,因此必须采用多辊矫直机。

显然,矫直机上下辊交错排列的目的,就是为了实现矫直钢材的多次弯曲。从理论上讲,辊数越多,钢材反复矫正的次数也越多,因而矫直质量也越好。

129. 辊式矫直机有哪几种形式,各有什么特点?

辊式矫直机具有两排交叉布置的工作辊,如图 4-27 所示。弯曲的轧件在旋转的工作辊中做直线运动,经过多次弯曲而得到矫直。由于轧件能以较高的速度在运动过程中得到矫直,因而生产率高,易于实现机械化和连续化。

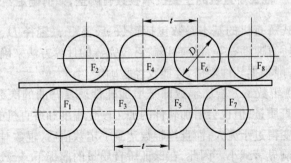

图 4-27　八辊型材辊式矫直机的辊系图

辊式矫直机的上排(或下排)工作辊是可以调整的,以便使通过的轧件得到适量的弹塑性变形。工作辊的调整基本上有3种方式:每个上排工作辊单独调整、整个上排工作辊平行调整和整个上排工作辊倾斜调整。型钢车间主要采用每个上排工作辊单独调整的辊式矫直机,其中工作辊数目不多,而辊距较大。

根据矫直辊在机架中的配置方式,型钢矫直机可分为两种形式:

(1) 开式,矫直辊是悬臂的,故称悬臂式;

(2) 闭式,矫直辊辊身位于辊轴的两个轴承之间,又称龙门式。

上述两种型钢矫直机的优缺点见表4-16。

表 4-16 闭式和开式型钢矫直机的优缺点比较

结构形式	优　　点	缺　　点	适用范围
闭　式	刚度好,辊轴的两个支点受力均匀	矫直过程不易看清,矫直辊调整和拆装都困难	矫直大型型钢和轨梁
开　式	调整、维护和更换矫直辊方便	刚度差,辊轴的两个支点受力不均匀	矫直中小型钢

130. 辊式矫直机的主要技术参数有哪些,如何确定?

辊式矫直机的基本参数包括辊数 n、辊距 t、辊径 D、辊身长度 l 和矫直速度 v 等,目前,还缺乏较完善的计算方法来确定这些参数,一般根据轧件规格、性能及经验确定。

(1) 辊数 n。增加辊数即是增加轧件反复弯曲的次数,可以提高矫直质量,但也会增加轧件的加工硬化程度和矫直机的功率,矫直机变得过于庞大;而且当辊数达到一定数值后,辊数对矫直质量的影响显著减小。因此,在保证矫直质量的前提下,辊数应越少越好。中小型型钢辊式矫直机的辊数通常为 7~11 个,大型型钢辊式矫直机的辊数通常为 5~9 个。

（2）辊距 t。确定辊距 t 的原则是：在保证轧件矫直质量和矫直辊安全的前提下，其值尽可能地取得小些。

辊距通常要满足下列不等式：

$$t_{min} < t < t_{max}$$

式中　t_{min}——最小允许辊距，取决于工作辊的强度条件，即工作辊上的接触强度和扭转强度；

t_{max}——最大允许辊距，取决于厚度最小的轧件的矫直质量。

简单断面型钢和异形型钢矫直机的辊距如表 4-17 所示。

表 4-17　辊式型钢矫直机的基本参数

辊距/mm	辊子数/个	被矫钢材 h_{max}/mm	最大塑性弯曲力矩/N·m	可以矫直型钢的最大尺寸或型号						最大辊速 v_{max}/m·s⁻¹	备注
				圆钢直径/mm	方钢边长/mm	钢轨/kg·m⁻¹	角钢（号）	槽钢（号）	工字钢（号）		
200	9	60	2400	35	30		5	6.5		2	悬臂式
300	9	70	6800	50	45	5	8	10	10	2	
400	9	90	14500	60	50	8	10	12	16	2	
500	9	110	33500	85	80	18	12	18	18	1.5	
600	7	140	54400	100	90	24	16	22	22	1.5	
800	7	200	106000	125	115	38	22	36	36	1.2	
1000	7	250	179000	140	130	44	25	40	50	1.2	龙门式
1200	7	280	223000	160	150	65			63	1.0	
1400	7	320								0.8	

（3）辊径 D。型钢矫直机的辊径 D 与辊距 t 之间具有如下比例关系：

$$D = 0.75 \sim 0.90t$$

在选择确定辊距 t 和辊径 D 时，还要综合考虑轧件的咬入条件、辊子轴承和轴承座结构配合以及辊子制造等问题。

（4）辊身长度 l。型钢矫直机的辊身长度既与轧件最大宽度有关,又与辊身上孔型的排列数目有关。

(5) 矫直速度 v。矫直机的矫直速度主要取决于轧机生产率,要与轧机生产能力和所在机组的速度相协调。型钢矫直机的矫直速度为 0.5~3.0m/s。辊距越大,矫直速度取得越小。

简单断面型钢和异形型钢矫直机的矫直速度如表 4-18 所示。

表 4-18　简单断面型钢和异形型钢的矫直速度

钢材断面形状及尺寸			矫直速度/m·s⁻¹
方钢和圆钢边长或直径/mm	工字钢(号)	钢轨/kg·m⁻¹	
50	10		1.4~2.0
50~90	12~18	9~18	1.2~1.6
100~125	18~36	20~38	1.0~1.4
135~160	40~55	44~55	0.6~1.0
	60	60	0.4~0.8

131. 操作调整辊式矫直机的要领是什么?

无论哪一种辊式矫直机,都有共同的操作调整方法,即:

(1) 零位调整。各矫直辊互相对正,并与钢材试样刚好接触,但不施加压力,此时矫直辊的位置称为零位。不论矫直什么钢材,都要先进行零位调整,然后根据钢材的弯曲程度进行其他必要的调整。

(2) 确定矫直压下量或矫直压力。为了矫直弯曲的钢材,必须使钢材在矫直机内受到反复弯曲,这就需要压下矫直辊。矫直辊相对于零位的压下量称为矫直压下量。

矫直需要的压力大小,取决于钢材的原有弯曲度。钢材的弯曲度越大,需要的矫直压力也越大。但矫直压力要适当,过小不能矫直钢材,过大不但增加电机负荷,也会影响矫直质量。每对矫直辊间的压力应顺钢材的前进方向逐渐减小。

(3) 矫直操作。为了使型钢易于进入矫直机,型钢矫直机的

142

下辊和第一个上辊是主动的;为了保证各个矫直辊的圆周速度相等,防止矫直辊与型钢相对滑动造成表面缺陷,其他各辊是从动的。为适应型钢不同弯曲情况而进行调整时,通常只调整入口方向的第一、第二个上辊。

辊式矫直机不但能矫直型钢主要弯曲方向的弯曲,也可以使矫直辊在轴向略有错动,以矫直弯曲度不大的侧弯。

整个矫直机调整好后,就可以进行正常的矫直生产了。但操作人员应随时观察,发现问题及时处理。

132. 压力矫直机有哪几种形式,各有什么特点?

压力矫直机有立式和卧式两种,各自特点如下:

(1) 立式压力矫直机。立式压力矫直机的工作原理见图4-28。矫直过程比较简单,将轧件的弯曲部分朝上放置在两个固定支点之间,压头下压,轧件的弯曲部分就产生适量的弹塑性变形而得到矫直。其工作特点是:工作时间短,空转时间长;如无翻钢装置,则操作人员的劳动强度较大。其结构比较简单。

(2) 卧式压力矫直机。卧式压力矫直机(图4-29)是一个水平放置的曲柄滑块机构,它不需翻钢,故改善了操作条件。压力矫直机的主要缺点是生产率低,一般在型钢车间作为辅助的矫直装置,矫直大断面的钢轨和工字钢。

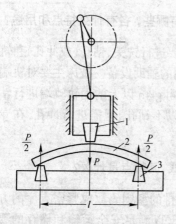

图 4-28　立式压力矫直机示意图

1—压头;2—轧件;3—滑枕

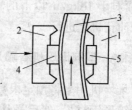

图 4-29　卧式压力矫直机示意图

1、2—压板;3—轧件;4、5—压块

133. 矫直方案有哪几种,各有什么特点?

一般型钢在进入矫直机之前,都有不规则的弯曲,根据反复弯曲的原理,在垂直方向进行弯曲加工的同时,还要在水平方向进行弯曲加工。为达到不同的目的,采用不同的方案。

(1) 小变形矫直方案。所谓小变形矫直方案,就是每个辊子采用的压下量刚好能矫直前面相邻辊子处的最大残余变形,从而使残余弯曲逐渐减少的矫直方案。小变形矫直方案不能矫直具有多方向弯曲的钢材,只能矫直具有单方向弯曲、材质为碳素钢和低合金钢的钢材。由于压下量较小,所消耗的功率较少,适宜于矫直弯曲不太多的大型型钢。

(2) 大变形矫直方案。大变形矫直方案就是在前几个辊子采用比小变形矫直方案大得多的压下量,使钢材得到足够大的弯曲,后面的辊子接着采用小变形矫直方案。实践证明,垂直的压下量和水平方向的压下量所产生的效果是不同的。只要垂直方向的压下量足够大,稍加水平方向的压下量就能把钢材矫直。一般有多方向弯曲的中、小型型钢多采用大变形矫直方案。

134. 钢轨生产专用辅助设备有哪些,各有什么特点和用途?

经过矫直以后的钢轨,两端还要进行铣头、钻孔(或冲孔)和轨端(或全长)淬火。为此需配备专用的辅助设备。铣床主要对轨端端面进行铣削加工。钻床主要对 24kg/m 以上的钢轨轨端进行钻孔,而对于 18kg/m 以下的轻轨可以不钻孔,但需进行冲孔,在专门的冲孔机上进行。

135. 型钢堆垛机有哪几种形式,其特点是什么?

堆垛机用来将预定根数的、成排的型钢码放成紧密有序的方形或矩形钢材垛,然后送往打捆区,以满足安全运输和储存的要求。堆垛机安装在矫直设备和定尺剪切设备之后,能对角钢、槽钢、扁钢、方钢及棒材进行堆垛。基本设备组成包括:给堆垛机送料的输送设备(一般为链式输送机)、钢材分层装置、取料及堆垛机构、固定的捆扎成形架及步进移动料架、运送钢材垛至打捆区的运输装置。

目前世界上已形成了各种类型的小型车间用的标准堆垛机,主要分为两大类:磁性堆垛机和非磁性(机械式)堆垛机。

(1)磁性堆垛机。轧件由可调磁性的翻转臂和输送小车进行一层一层的堆垛,并且层与层之间是面对面或背对背交替放置的。该系统主要适用于中型型钢堆垛,全部由计算机自动操作。

从矫直机和冷剪出来的型钢通过翻转臂从输出辊道上移送到堆垛机前运输辊道上,翻转臂上装有可调磁性的磁头,对钢材进行制动和定位。输送机上设有齐头辊道和专用挡板,使所有钢材层在运输中齐头。抬高挡板可将后面跟来的料层分开以形成预定数量的钢材层。这些料层被磁性运输车托起或被磁性翻转臂拾取。在一个专门的升降装置上轧件层面对面、背对背交替地堆垛在一起堆垛成形。这个专用装置使轧件在磁头失磁后更易脱离开磁头。

钢材堆垛后由平立辊道输送到打捆区。平立辊道是可调的,以避免料垛在运输过程中散落。

(2)非磁性堆垛机(机械式堆垛机)。轧件由两套液压-机械机构控制的机械手进行一层一层的堆垛,其动作类似于人手,可夹持并移动钢材,将钢材层面对面或背对背地进行堆放。非磁性堆垛机多用于中小断面型钢,可避免料层中钢材在堆垛臂失磁时散落,形成不正确的料捆形状。

矫直后的钢材从堆垛机前输入辊道上被移向并收集在装有专用链条的缓冲区。专用链条用于避免单根钢材在运输中重叠。升降挡板与一个易更换的梳料装置相结合,可奇数、偶数交替而精确地选择每单层料层的数量。

已成形的料层由直线运动的升降臂或通过夹持系统翻转料层来实现料层面对面或背对背交替堆放于步进下降的运输架上形成料堆。

梳料装置是根据所运输的钢材断面形状而变化的,在生产中用几分钟的时间就可以很容易地进行更换。

非磁性堆垛机即纯机械堆垛机的一个显著特点就是具有无故障地处理双层型钢的能力,故其效率可提高一倍。全部程序可以实现自动化。

136. 打捆机的作用是什么,它由哪些设备组成?

钢材的打捆或包装是轧钢生产的最后工序,是必不可少的重要工序。完整的钢材包装应具有钢材输入、捆包成形、捆扎打包、捆包的输出及称重和标记等多种功能。为完成以上全部功能的包装的关键设备是打捆机或叫捆扎机。它是将捆包成形好的钢材垛用捆扎材料打捆包装。打捆机的核心部件是机头部分,是通用的。辅机则随包装品种不同和各工厂现场工艺条件的不同而配套,形成各种形式的机组。

打捆机按所用的捆扎材料分类有钢带打捆机和线材打捆机两种。如果不是用户的特殊要求,用线材打捆要便宜些。按传动方式分类,打捆机分为气动、液压和机械3种形式。

打捆机主机形式的确定是根据包装品种选定捆扎材料,一般小型型材、钢管、包装箱多采用钢带捆扎,大型型材、圆钢、线材小型捆包多采用线材(钢丝)捆扎。钢带捆扎不破坏钢材表面,抗拉强度高,捆包规整美观。线材捆扎成本低,来源方便,不易崩断。

打捆机的传动方式则根据生产现场条件、场地大小、生产效率高低、环境温度高低来选定。

打捆机的辅机配套则完全根据捆扎对象、工艺内容、生产流程、现场条件、生产率和操作水平来确定。

137. 什么是型钢精整联合生产线,它由哪些工艺和设备组成?

所谓型钢精整联合生产线是指将型钢的矫直、清除钢材端部的棱角、研磨、质量检查、清除缺陷、打印、打捆和称重结合成一个连续、统一的过程,形成一条精整联合生产线。它既可以同轧机布

146

置在一条作业线上,也可以单独布置在轧制生产线之外。一些碳素结构钢型材在冷却装置中冷却之后,在轧机生产作业线上进行精整。如果轧件轧后要求慢冷,特别是一些合金钢材需要缓冷,则精整联合生产线应布置在轧机作业线之外。小型、中型和大型圆钢的精整,既可以在轧制生产线上进行联合精整,也可以单独在另一作业线上的联合精整生产线上进行。

用于精整棒材和直径为 80～180mm 管坯的 80-180 联合机组生产线和组成设备如图 4-30 所示。该型钢精整联合生产线布置在轧机生产线之外。

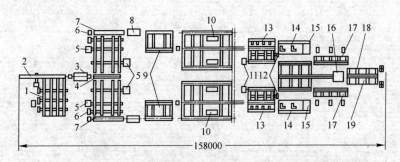

图 4-30 型钢、管坯精整 80-180 联合机组生产线和设备布置示意图
1—带有计量的受料台架;2—送料器;3—斜辊矫直机;4—送料辊道;5—清除飞刺设备;6—配料器;7—磨床受料辊道;8—磨光机床;9—缺陷检查台;10—清除缺陷研磨机床;11—打印装置;12—放射火花机床;13—轧件检查区;14—打捆设备;15—称重;16—切除缺陷的切割机床;17—废品收集台架;18—废品切料收集槽;
19—合格型材收集槽

精整工艺如下:用桥式吊车将成批轧件送到受料台架,用送料器将轧件逐根送入斜辊矫直机进行矫直。辊距为 1350mm 的七辊矫直机,传动 4 个辊,将辊同矫直轴线转动 25°～30°角,矫直速度 0.4～1.2m/s。矫直之后,将轧件送到左侧或右侧精整线,先用清除飞刺设备去除棒材两头的飞刺和棱角。在磨床上对棒材进行磨光,研磨直径为 80～180mm、长度为 2～6m 圆钢,磨光带的宽度为 40mm,间距 100～200mm。之后,将轧件送到表面缺陷检查台。

缺陷检查是在中心架上不断旋转或旋转到一定角度,以便全面检查钢材表面。如果没有发现缺陷,则棒材进入下方辊道进行最终检查、标志、打印和包装。如果发现有缺陷,则将棒材沿上辊道送到选择性放射火花清理装置上进行清理,并检查一组钢材的均匀性和预防各钢号钢材的混号。判定合格的钢材送到下一工序进行标记和放到收集槽中进行包装。打捆是在3台打捆机上进行的。每台打捆机由卷绕装置和带有打结机的成捆机构组成。

　　打捆后的成品材用吊车送到成品库中堆放。

孔型设计

138. 孔型设计对型钢生产有什么重要意义,它应包括哪些内容?

把钢锭或钢坯在由两个或两个以上旋转的带槽轧辊构成的孔型中依次经过一定道次的变形,来获得所需要的断面形状、尺寸和性能的型钢产品,而对一系列孔型的设计和计算工作称为孔型设计。孔型设计合理与否直接影响到型钢的质量、轧机的生产能力、产品的成本、金属消耗、轧辊消耗、电能消耗以及操作条件和劳动强度等。

孔型设计应包括断面孔型设计、轧辊孔型设计和轧辊的导卫装置设计。

(1)断面孔型设计。根据原料和成品的断面形状、尺寸以及产品的性能要求和车间的设备特别是轧机的条件,选择孔型系统、确定轧制道次和各道次的变形量或分配延伸系数,确定各道次的轧件断面面积、形状和尺寸。根据轧件断面面积、形状和尺寸,设计相应的孔型形状和尺寸,并绘制孔型图。

(2)轧辊孔型设计。根据断面孔型设计,将孔型分配和配置在每个机架的轧辊上,并绘制配辊图。孔型设计要确保轧件能正常轧制,操作方便,达到轧机的生产能力高、产品质量好的目的。必要时还要对轧辊的强度进行校核。

(3)轧辊的导卫装置设计。导卫的作用是正确地将轧件导入轧辊孔型,保证轧件在孔型中稳定地变形,并得到所要求的几何形状和尺寸;同时又顺利、正确地将轧件由孔型中导出,防止缠辊;还可以控制或强制轧件扭转或弯曲,并按一定的方向运动。

根据孔型图和配辊图,设计导卫装置、检测样板等辅件并绘图。

139. 设计孔型应考虑哪些问题?

为了合理地设计孔型首先要考虑以下主要问题:

(1) 了解产品的技术标准。如断面形状、尺寸及其允许偏差、表面质量、金相组织和性能要求,以及用户使用情况及其特殊要求。

(2) 考虑供坯条件。是按产品要求来选定坯料尺寸的可能性,还是按已有的钢锭、钢坯断面形状和尺寸来设计产品。

(3) 考虑轧机性能及有关设备条件。如轧机的布置形式、机架数量、轧辊直径与辊身长度、轧制速度、电机能力、加热炉、翻钢及移钢设备、各种辊道、剪、锯、矫直机的性能等。

(4) 考虑孔型系统。对新产品应了解类似产品的孔型系统轧制情况和存在的问题,对老产品应了解相类似设备上孔型系统轧制情况及存在问题。同时考虑该产品与其他产品孔型共用的可能性,并且尽可能结合本单位习惯使用的孔型系统,对上述进行分析对比,确定出较为合理的孔型系统方案。

(5) 孔型形状和尺寸的选择。选择孔型形状和尺寸时应考虑如下问题:

1) 根据轧机的形式和能力,在允许的轧制道次内采用较为合理的平均延伸系数 $\mu_{平均}$,各类型钢的平均延伸系数如下:

槽钢	1.256~1.352	角钢	1.282~1.357
轻轨	1.292~1.32	球扁钢	1.22~1.292
电梯导轨	1.3~1.305	轮辋	1.379~1.422
工字钢	1.2~1.25	圆钢	1.116~1.27
线材	1.279~1.305	螺纹钢	1.26~1.34
扁钢	1.174~1.36		

坯料的高度 H_0 与粗轧机轧辊名义直径 D_0 必须保持一定的比值,即 $K = \dfrac{H_0}{D_0}$,各类轧机的 K 值见表 5-1;

表 5-1　各类轧机使用的 K 值范围

轧 机 名 称	K 值	备　　　注
三辊开坯机	0.3～0.5	生产大断面钢坯时用大值
大型轧机	0.25～0.48	兼作生产钢坯用的取大值
中型轧机	0.15～0.27	生产大断面产品时用大值
小型轧机	0.1～0.3	生产大断面产品时用大值
线材轧机	0.17～0.2	
初轧机	0.64～0.8	因初轧机轧辊切槽深度浅,故 K 值大

2）从坯料到成品应有一定的压缩比,并使其终轧温度控制在工艺规程要求的范围内,以保证成品的组织和性能要求;

3）考虑金属成形的需要;

4）考虑加热炉、冷床等辅助设备允许的坯料长度和成品长度,以及各设备之间的距离,避免生产时相互干扰;

5）坯料规格尽可能统一;

6）对连轧机组来讲,机组机架无论是奇数还是偶数,每个机架的延伸系数尽可能相对平均分配,以力求在轧制过程中各机架的轧槽磨损相对均匀,从而在连轧过程中各机架的金属秒流量达到较长时间的相对稳定,集中更换较多的轧槽,提高轧机的作业率。

140. 什么叫孔型和孔型系统,孔型怎样分类?

一般由上下两个轧辊的两个轧槽在轧制面上所形成的几何图形孔口称为孔型。在特殊情况下,如万能型钢轧机其孔型是由 4 个轧槽形成的几何图形孔口。孔型通常由辊缝、圆角、侧壁斜度、锁口(闭口孔)、辊环等组成。

孔型系统是指按轧制顺序依次排列起来的若干个孔型的组合。它反映了所轧产品的变形规律。从坯料轧成成品轧件所经过的孔型通常分为延伸孔型系统和精轧孔型系统两大类。轧件在延伸孔型系统中是以压缩断面为主,而在精轧孔型系统中是以获得最终成品的断面形状、尺寸和精度为主。

如成品形状不同,就有不同产品的成品孔型系统。图 5-1 为角钢孔型系统,图5-2为圆钢孔型系统。有时,把成品的后3种孔型称为某种产品的成品(或精轧)孔型系统。

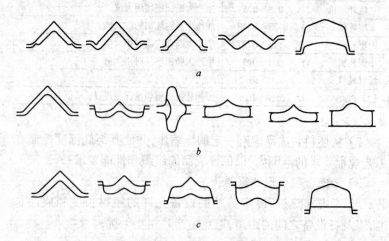

图 5-1　角钢孔型系统

a—直腿式孔型系统;b—开口蝶式孔型系统;c—闭口蝶式孔型系统

在延伸孔型中,由两组或两组以上类似的孔型组成不同的延伸孔型系统。图5-3为6种不同的延伸孔型系统。

根据不同要求孔型有以下几种分类:

(1) 按孔型用途分类,其中主要有:

1) 延伸孔型:将钢锭或钢坯断面减小,使其延伸;

2) 成形孔:在钢坯继续减小断面的同时,使轧件断面形状逐渐成为与成品相似的雏形。这种孔型在轧制复杂断面型钢时是必不可少的,但在轧制简单断面型钢时则较少甚至没有;

3) 成品前孔型:或称 K_2 孔型,位于成品孔型前的一个孔型,其作用是为成品孔型中轧出合格的成品做准备;

4) 成品孔型:即 K_1 孔型,指最后一个轧出成品的孔型,使轧件断面形状和尺寸符合或极其接近产品标准规格。

(2) 按孔型的形状分类,可以分为简单断面型钢(如圆钢、六角钢和扁钢等)孔型和复杂(异形)断面型钢(如工字钢、槽钢等)孔

152

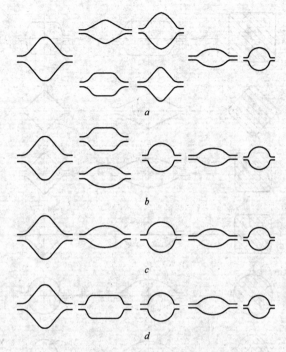

图 5-2 圆钢精轧孔型系统

a—方—椭—圆孔型系统；b—圆—椭—圆孔型系统；
c—椭—立椭—椭—圆孔型系统；d—万能椭—圆孔型系统

型两类。

现以角钢为例表明孔型的分类，如表 5-2 所示。

(3) 按孔型开口位置分类，主要有：

1) 开口孔型：其轧辊的辊缝 S 直接与孔型的几何图形接通，见图 5-4a；

2) 闭口孔型：其轧辊的辊缝 S 由锁口 t 与孔型的几何图形隔开，见图 5-4b；

3) 半闭(开)口孔型：此孔型常用于轧制凸缘型钢时控制腿高，而存在一部分闭口腿，但辊缝又与孔型相通，故称它为半闭(开)口孔型，又称控制孔孔型，如图 5-4c 所示。

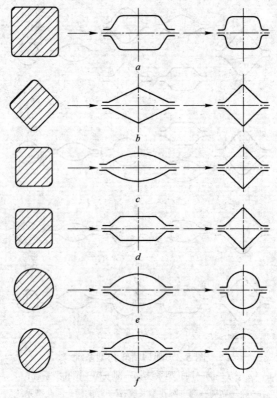

图 5-3　各种延伸孔型系统

a—箱形；b—菱—方；c—椭—方；d—六角—方；
e—椭—圆；f—椭—椭

表 5-2　角钢的孔型形状分类

名　称	形　状		
原　料			
延伸孔型			

名　　称	形　　状
预轧孔型	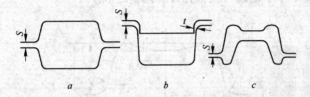
成品前孔型	
成品孔型	

图 5-4　孔型按开口位置不同分类

a—开口孔型;*b*—闭口孔型;*c*—半闭(开)口孔型

在闭口孔型中,又有开口腿与闭口腿之分,见图5-5。

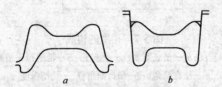

图 5-5　闭口孔型的种类

a—半闭口式(开口式);*b*—闭口式

141. 什么叫锁口和辊缝,怎样选择辊缝?

锁口是指在闭口孔型中用来隔开孔型与辊缝的两轧辊间的缝隙 *t*(见图5-6)。其作用是控制轧件断面形状,便于闭口孔型的调整。因此要求相邻孔型的锁口位置应上下交替设置。

155

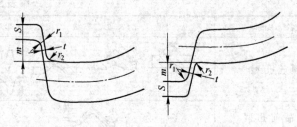

图 5-6　孔型的锁口

辊缝 S 是指轧制时两个轧辊的辊环间的间距,见图 5-7。辊缝 S 应不小于辊跳与孔型允许磨损量之和。

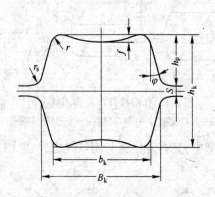

图 5-7　孔型的构成

B_k—槽口宽度;b_k—槽底宽度;φ—侧壁角;S—辊缝;f—槽底凸度;

r—槽底圆角;r_S—槽口圆角;h_p—轧槽深度

辊缝的作用是:

(1) 补偿轧辊的弹跳,以保证轧后轧件高度。所以辊缝应大于轧辊的弹跳值。

(2) 补偿轧槽的磨损,增加轧辊的使用寿命。当轧槽磨损后孔型高度增加,可通过调整辊缝来达到所需轧件高度。

(3) 提高孔型的共用性,即通过调整辊缝得到不同的断面尺寸,适应多品种、多规格的孔型共用性要求。

(4) 便于调整轧件尺寸。当轧件温度变化、上下道次轧件尺

156

寸变化或孔型设计不当时,可通过调整辊缝来调节轧件的尺寸,达到或者尽可能地接近所需要的断面面积。

辊缝 S 值的大小一般取孔型高度的 $10\% \sim 20\%$。各种型钢轧机的辊缝值见表 5-3。

表 5-3　各种型钢轧机的辊缝值 S

轧 辊 名 称	初轧机二辊开坯机	500~650mm 开坯机	轨梁、大型和中型轧机			小 型 轧 机		
			开坯	粗轧	精轧	开坯	粗轧	精轧
辊缝值 S/mm	6~20	6~15	8~15	6~10	4~6	6~10	3~5	1~3

辊缝值也可按下列经验公式确定:

成品孔 $S = (0.005 \sim 0.01)D_0$; 精轧孔 $S = (0.008 \sim 0.015)D_0$;

中轧孔 $S = (0.01 \sim 0.02)D_0$; 粗轧孔 $S = (0.015 \sim 0.03)D_0$

式中　D_0——轧机的名义直径,mm。

142. 什么叫辊跳,影响辊跳的因素有哪些,怎样测定辊跳?

在轧制过程中轧辊、机架、轴承、压下螺丝和螺母等,在轧制压力的作用下发生弹性变形,使辊缝增大。辊跳即为上述受力零件的弹性变形的总和。轧机刚性越好,辊跳值越小。轧件的变形抗力越大,辊跳值越大。

辊跳值的大小取决于轧机的性能、轧件的轧制温度以及轧制的钢种等。如 $\phi 280$mm 轧机轧辊辊颈安装在油膜轴承中,其辊跳值为 $0.5 \sim 1$mm;而安装在胶木瓦轴承中其辊跳值增至 $1 \sim 2.5$mm。

轧机的辊跳值 ΔS 按下式计算:

$$\Delta S = S_{实际} - S_{设定} \tag{5-1}$$

式中　$S_{实际}$——实际轧制时的辊缝,mm;

　　　$S_{设定}$——空载时设定的辊缝,mm。

辊跳值的设定方法有 3 种：

（1）根据设备制造商提供的该设备单位轧制力的轧制弹跳值（即弹性变形量）来设定辊跳值。如某厂第一机架轧制 $\phi 20mm$ 带肋钢筋，钢种为 20MnSi，开轧温度为 1050℃，轧制力为 2328kN，单位轧制力的轧制弹跳量为 0.0005mm/kN，则弹跳值 $= 2328 \times 0.0005 = 1.2mm$。

由此法可根据各道的轧制压力和各种类型轧机的单位轧制力轧制弹跳值来求得本道次的弹跳值，即辊跳值。

（2）采用试轧小钢的方法来测定辊跳值。通过用小圆钢压痕方法来测量轧机空载和轧制小圆钢时的压痕厚度差。

小圆钢压痕法，即选用直径比设定辊缝大 3mm 左右的软钢圆钢，将轧机以"点动"速度空运转，调整工手持精度较高的圆钢，并将其从辊缝处轧过，然后取出，测量其压痕厚度。测量者一定要在辊身两端辊环处分别测量，直到其两端测量值与辊缝设定值相等为止。因此用小圆钢压痕法测量得到辊缝设定值 $S_{设定}$。

轧制小钢（或称小样）时测量压痕厚度得到实际辊缝值 $S_{实际}$。

取本道次或本机组前的相同轧件尺寸，小样提前放入炉内加热到 1000℃ 左右，轧机按"爬行"速度（一般为轧制速度的 10%）运行或点动运行，操作者从机组的第一架逐架喂入，并用游标卡尺测量每架轧后试样的高度尺寸。一般讲，由于小样钢温低等原因，其轧辊弹跳值比实际轧制时的辊跳值要略大些，一般中轧机组约大 0.4~0.7mm，精轧机组约大 0.3~0.5mm。

根据上述测定得到：

$$\Delta S = h - h' \tag{5-2}$$

式中　h——轧后高度；

　　　h'——该道次的孔型尺寸。

（3）第三种方法是在正常轧制过程中用较软的圆钢压痕测得 $S_{设定}$ 以及孔型高度，然后对轧制后的轧件测量，利用公式 5-2 求得辊跳值。该方法多用于粗轧部分。

对于新品种试轧，可用第一和第三两种方法相结合的手段，通过原有品种的弹跳值及轧制力来反算试轧品种的弹跳值,从中得到新品种不同机架的辊跳值以及经验公式。

143. 什么叫侧壁斜度,它有什么作用?

一般将孔型侧壁相对轧辊轴线的垂直线的倾斜角度称为孔型的侧壁斜度。它用下式表示(参照图5-7):

$$\tan\phi = \frac{B_k - b_k}{2h_p} \times 100\%　　　　　(5-3)$$

或

$$y = \frac{B_k - b_k}{2h_p} \times 100\%$$

侧壁斜度的作用是:

(1)侧壁斜度能使孔型的入、出口部分形成喇叭口,轧件进入孔型时能自动对中,方便操作;轧件离开孔型时脱槽方便,防止产生缠辊事故。

(2)改善咬入条件,因为轧辊侧壁对轧件具有夹持力作用,使咬入条件由:

$$\tan\alpha \leqslant f$$

改为:

$$\tan\alpha \leqslant f\sin\phi　　　　　(5-4)$$

式中　f——摩擦系数。

由于 $\sin\phi < 1$,所以咬入得到改善。

(3)减少轧辊的重车率,提高轧辊的使用寿命。孔型在轧制过程中不断磨损,使其形状、尺寸发生变化,工作表面出现凹凸不平的磨痕等缺陷,继续使用将影响产品质量。这时必须重车以恢复孔型原来的形状和尺寸。当无侧壁斜度时(图5-8a),需要车去全部原来孔型才能恢复;而有侧壁斜度时(图5-8b),设轧槽的磨损量为 a,则一次重车轧辊的直径减小(即重车量)为:

$$D - D' = \frac{2a}{\sin\phi}　　　　　(5-5)$$

由上式看出,侧壁斜度越大,则重车量越小,由新辊至报废辊期间

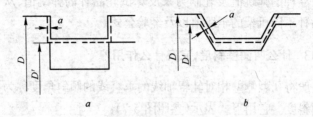

图 5-8　侧壁斜度与轧辊重车量的关系

a—孔型无侧壁斜度时；b—孔型有侧壁斜度时

的重车次数也越多,因而可以增加轧辊的使用寿命,降低辊耗。

(4) 增加孔型内的宽展余地,使孔型的轧制变形量有一允许的较大的变化范围,使孔型过充满的几率减少。同时,又可通过调整轧件在孔型中的充满程度来得到不同尺寸的轧件,提高孔型的共用性。在初轧机、开坯机以及型材轧机的粗轧部分,采用箱形孔型时侧壁斜度很重要。

(5) 对于轧制复杂断面型钢,侧壁斜度大小往往与允许变形量(侧压量)有关。侧壁斜度愈大,允许变形量愈大。采用较大的侧壁斜度有时可以减少轧制道次,并为轧机调整、减少电耗与辊耗、降低成本和增加效益创造条件。

但是侧壁斜度较大将影响到轧件在孔型中形状的正确性,以及对轧件夹持作用的稳定性,过大的侧壁斜度往往容易造成轧件倒钢或扭转现象。

144. 什么叫孔型的中性线,怎样确定?

孔型的中性线是指按照孔型的放置位置,在孔型上作一条水平线,使这条水平线与轧辊中线重合并把孔型配置在轧辊上,不存在"上压力"或"下压力"现象,这条水平线为孔型中性线,见图5-9。

中性线确定方法是:对于具有水平对称轴线的孔型,其水平对称轴线便是该孔型的中性线,如箱形、椭圆、菱形、工字形等孔型;对于复杂断面孔型,常用的确定方法有:

(1) 平均高度法,即孔型中性线为等分孔型高度的水平线。

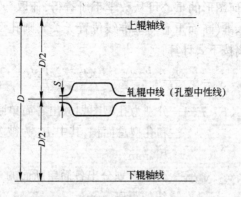

图 5-9　轧辊中线和孔型中性线

（2）面积平分法，见图 5-10。

孔型中性线为孔型上下面积的水平等分线。在图 5-10 中孔型上、下任一位置画两条水平线 AA、BB，用求积仪或方格纸量出 AA、BB 与孔型上、下轮廓及孔型宽度所包围的面积 F_1、F_2（图中阴影部分）。设 F_1 < F_2，则面积差 $\Delta F = F_2 - F_1$，求得 $\Delta h = \Delta F / b$ 值（b 为孔型宽度），作 h 加在小面积一方画

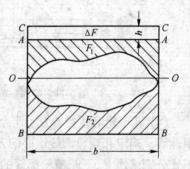

图 5-10　面积平分法求孔型中性线

出 CC 水平线，在 BB 与 CC 线之间作出距离平分水平线 OO，即为孔型的中性线。

（3）重心法，即孔型水平中心线通过孔型平面图形的重心。求平面图形重心的方法有以下两种：

1）悬挂法，把孔型画在厚度和质量均匀的厚纸板上，并把它剪下来，然后用线在断面上任意一点吊起画出一条垂直线，再在另一任意点吊起画出另一垂线，此二线的交点即为孔型断面的重心；

2）静面矩法，见图 5-11，将孔型图分割成若干块简单几何图

形,而简单几何图形的重心可从数学手册查得,任取一基准线 xx 作为计算的基准(断面重心与基准线位置无关),则孔型的重心到基准线的距离按下式计算:

$$y_c = \frac{F_1 y_{c1} + F_2 y_{c2} - F_3 y_3}{F_1 + F_2 - F_3} = \frac{\sum F_i y_i}{F} \tag{5-6}$$

式中　F_1、F_2、F_3、F——分别为孔型图划分出各简单断面的面积和孔型总面积,其中 F_3 为被多划入的面积,mm^2;

　　　　y_{c1}、y_{c2}、y_{c3}——分别为划分出各简单断面的重心到基准线的距离,mm。

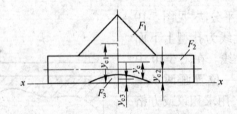

图 5-11　静面矩法求孔型中性线

(4) 孔型轮廓线重心法,即通过孔型轮廓线的重心来找孔型中性线。确定孔型轮廓线重心的方法是:先取一条基准线,然后用下式分别求出上、下轧槽轮廓线的重心位置,而上、下轧槽轮廓线重心位置的平均值即为整个孔型轮廓线的重心,即:

$$y_c = \frac{l_1 c_1 + l_2 c_2 + l_3 c_3 + \cdots}{l_1 + l_2 + l_3 + \cdots} = \frac{\sum l_i c_i}{\sum l_i} \tag{5-7}$$

下面以槽钢孔型为例说明用孔型轮廓线重心法确定孔型重心,如图 5-12 所示。

上轧槽轮廓线的重心位置为:

$$y_{c1} = \frac{(2 \times 40) \times 20 + 85 \times 0}{2 \times 40 + 85} = 9.7 \, mm$$

$$y_{c2} = \frac{(2 \times 10) \times 40 + (2 \times 33) \times 26 + 35 \times 12}{(2 \times 10) + (2 \times 33) + 35} = 22.3 \, mm$$

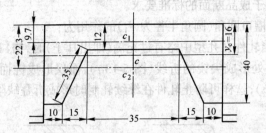

图 5-12　用孔型轮廓线重心法求孔型重心

则孔型的重心位置 y_c 为：

$$y_c = \frac{1}{2}(y_{c1} + y_{c2}) = \frac{1}{2}(9.7 + 22.3) = 16\text{mm}$$

(5) 平均工作辊径法。在异形孔型中,可以通过平均工作辊径的方法来确定孔型的中性线。孔型中性线找出后并加以配辊,并不是在轧制中既无上压力又无下压力,还需在生产实践中加以校验和修正。

145. 什么叫型钢的圆角,它有什么作用,什么情况下不使用圆角?

在孔型的各过渡部分和辊环部分一般都采用圆弧连接,即称为圆角。根据圆角在孔型上的位置可分为槽底圆角(内圆角)和槽口圆角(外圆角)两种。

(1) 槽底圆角(圆角半径为 r)的作用为:

1) 防止轧件角部急剧冷却,而引起轧件角部开裂和孔型的急剧磨损;

2) 改善轧辊强度,防止因尖角部分引起应力集中而削弱轧辊强度;

3) 通过改变槽底圆角半径 r,可改变孔型的实际面积,从而改变轧件在孔型中的变形量,以及轧件在下一孔型中的宽展余地,调整孔型的充满程度。

在初设计孔型时,一般槽底圆角半径应取大一些,因为大半径在加工中可以改小,而小改大则比较困难。成品孔型的槽底圆角半径取决于成品断面的标准要求。

(2) 槽口圆角(圆角半径为 r_1)的作用为：

1) 当轧件在孔型中略有过充满(即出耳子)时,槽口圆角可避免在耳子处形成尖锐的折线(图 5-13a),而仅形成钝而厚的耳子(图 5-13b),这样可防止轧件在继续轧制时形成折叠缺陷;

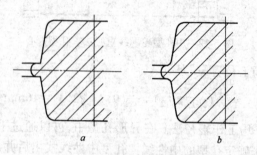

图 5-13　槽口圆角对耳子形状的影响

a—无外圆角;b—有外圆角

2) 当轧件进入孔型不正时,槽口圆角能防止辊环刮切轧件侧面,如产生刮丝现象,不仅会使轧件表面产生缺陷,而且还将损伤导卫装置造成事故;

3) 对于复杂断面孔型,增大槽口圆角半径能提高辊环强度,防止产生辊环爆裂。

一般在轧制简单断面圆钢时,其成品孔型的槽口圆角半径就不需要了,因为圆角的存在会增加过充满的几率。

146. 什么叫槽底凸度,它有什么作用,怎样选择槽底凸度?

将孔型的槽底作成具有一定高度、形状的凸起,称之为槽底凸度(见图 5-7),其作用是：

(1) 使轧件断面的底部稍凹,在辊道上运行比较稳定,同时进入下一道孔型时咬入条件也比较好,还可提高轧槽的寿命。

(2) 使该轧件在翻钢后增加宽展余地,减小出耳子的危险性。

(3) 保证轧件侧面平直。

计算槽底凸度 f 的方法主要有 4 种(见图 5-14):

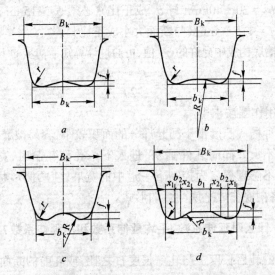

图 5-14　箱形孔型的 4 种槽底凸度形式

a—斜坡法;b—弓弧法;c—弧底法;d—平底凸弧法

(1) 斜坡法,如图 5-14a 所示。在槽底中心线上,先作成峰高为 f 的对称斜坡,然后再作槽底圆角 r。其缺点是尖峰必须修平滑,故其高度实际上小于 f,轧制过程中峰顶容易磨损,而且开始时磨损得特别快。$f = 1\sim5\text{mm}$。

(2) 弓弧法,如图 5-14b 所示。作弓高为 f、弦长为 b_k 的弓形圆弧长,然后再作槽底圆角 R,并有:

$$R = \frac{f}{2} + \frac{b_k^2}{8f}$$

$f = 1\sim5\text{mm}$。

(3) 弧底法,如图 5-14c 所示,并有:

$$R < \frac{b_k^2}{8f}$$

$f = 1\sim5\text{mm}$。

(4) 平底凸弧法,如图 5-14d 所示,并有:

$b_1 = 10 \sim 20\text{mm}$(与 b_k 成正比);

$b_2 = 20 \sim 40\text{mm}$(与 b_k 成正比),必须 $b_2 > 15\text{mm}$;

$f = 1.5 \sim 4\text{mm}$(与断面大小成正比)。

根据槽底构成中允许的 x_2 值,可通过计算知道初步的 R 值为:

$$R = \frac{f^2 + x_2^2}{2f}$$

r 可用作图法求得。

前三种槽底凸度由于凸起部分的面积较小,容易被磨损掉,起的作用还不大。同时轧件翻 $90°$ 进入下一孔型轧制时,宽展后两侧形状还不够理想。为控制下一道中的宽展,使两侧形状更加理想,于是将槽底作成平底凸弧的形式。

147. 什么叫延伸系数、平均延伸系数和总延伸系数?

轧件的轧后长度 l 与轧前长度 L 之比,或轧前的断面面积 F_0 与轧后的断面面积 F_1 之比称为延伸系数 μ,即:

$$\mu = \frac{l}{L} = \frac{F_0}{F_1}, \ \mu > 1 \tag{5-8}$$

钢坯的断面面积 $F_{坯}$ 与成品的断面面积 $F_{成}$ 之比称为总延伸系数,即:

$$\mu_{总} = \frac{F_{坯}}{F_{成}} \tag{5-9}$$

当总延伸系数和轧制道次确定后,即可求出平均延伸系数 $\mu_{平均}$,即:

$$\mu_{平均} = \sqrt[n]{\mu_{总}} = \sqrt[n]{\frac{F_{坯}}{F_{成}}} \tag{5-10}$$

148. 什么叫压下量、压下率、咬入角和最大咬入角,影响咬入条件的因素有哪些?

压下量 Δh 是指轧前的轧件高度与轧后的轧件高度之差,即 $\Delta h = H - h$。

压下率 ε_H、ε_h 是指压下量与轧前高度或轧后高度之比,表示轧制时高度方向的相对变形程度,即:

$$\varepsilon_H = \frac{\Delta h}{H} \times 100\% \quad \text{或} \quad \varepsilon_h = \frac{\Delta h}{h} \times 100\% \quad (5\text{-}11)$$

平均压下率 ε_{hc} 是指该道次的压下量与该道次的轧件平均高度之比,表示在高度方向上的平均压下程度,即:

$$\varepsilon_{hc} = \frac{\Delta h}{h_c} \times 100\% \quad \left(h_c = \frac{H+h}{2}\right)$$

咬入角 α 是指轧制时轧件刚接触轧辊的一点与轧辊垂直中心线构成的夹角,即轧件在咬入时,其咬入弧所对应的轧辊圆心角,即:

$$\alpha = \arccos\left(1 - \frac{\Delta h}{D}\right) \quad (5\text{-}12)$$

式中 D——轧辊的直径,mm。

最大咬入角 α_{max} 是指能形成正常轧制过程条件下的最大咬入弧所对应的夹角。最大咬入角应满足以下条件:

$$\alpha_{max} \leqslant \arctan f \quad (5\text{-}13)$$

式中 f——摩擦系数。

影响咬入的因素较多,主要有:

(1) 压下量 Δh。Δh 愈小愈易咬入。

(2) 轧辊直径。在 Δh 一定时,直径愈大,则咬入角愈小,咬入愈容易。

(3) 摩擦系数 f。f 愈大,愈易咬入。影响摩擦系数的因素也很多,其中主要有:

1) 轧辊材质,一般是钢轧辊的 f>冷硬铸铁轧辊 f>辊面磨光的钢轧辊的 f;

2) 刻痕的轧辊其摩擦系数大于不刻痕的轧辊的摩擦系数;

3) 在正常轧制温度(>950℃)条件下高碳钢和低合金钢的摩擦系数大于低碳钢的摩擦系数;

4) 轧件温度 t,轧件温度越高,摩擦系数越小,越不易咬入。

(4) 轧制速度。轧制速度越大越不易咬入,但轧制速度不能无限下降，一般轧制速度不能小于 0.1m/s，否则轧辊会因热裂而遭到损坏。

（5）孔型形状。有侧壁斜度的较易咬入。

（6）连轧时，轧件若受到向前的推力，往往比在相同条件下轧制的非连轧时咬入情况要好。

149．宽展有哪几种，影响宽展的主要因素有哪些？

宽展是轧件在轧制前和轧制后的宽度变化量。按照金属沿宽度方向上流动的自由程度，宽展可分为 3 种：

（1）自由宽展。在平辊上或在沿宽度方向上有很大富裕空间的扁平孔型内轧制矩形或扁平形断面轧件时，在宽度方向金属流动不受孔型侧壁限制，可以自由地展宽，此时轧件宽度的增加叫自由宽展。

（2）限制宽展。当轧件在箱形、方形、菱形等孔型内轧制时，在宽度方向上金属流动受到孔型侧壁的限制，轧件不能自由地展宽，因而宽展量比自由宽展小。当轧件在侧壁斜度很小的闭口孔型内轧制时，宽展会受到更大的限制，宽展量将变得更小。当轧件在某些斜置孔型内轧制时，宽展量可以变成负数（即轧后宽度比轧前宽度还小）。这类宽展叫限制宽展。

（3）强迫宽展。形状特殊的孔型或轧件在轧制过程中迫使金属大量地向宽度方向流动，造成轧件宽度有很大的增加，轧件获得较大的宽展，这种宽展就叫强迫宽展。如圆轧件进椭圆孔、方形轧件进椭圆孔、方形轧件进六角孔的轧制以及如图 5-15 所示的扁钢轧制情况，都会出现强迫宽展。

影响宽展的主要因素是压下量、摩擦系数、轧件温度、钢的化学成分、轧辊直径、轧件宽度、轧制速度和孔型形状等。

（1）压下量是影响宽展的主要因素，当轧前高度 H 不变时，宽展量与压下率（相对压下量）的关系，如图 5-16 所示。

当辊径一定、其他条件不变时，压下率的大小对轧件宽展产生不同的影响。当压下率小而且轧件的宽高比 $B/H < 0.4$ 时，变形

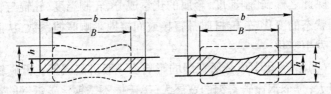

图 5-15　轧制扁钢时的强迫宽展

只在轧件与轧辊接触面上发生,不能深入到轧件高度的中心部分,即产生表面变形。此时宽展也只能发生在邻近表面部分,轧件形成双鼓形侧面;当压下率较大且 $B/H > 0.4$ 时,轧件形成单鼓形侧面,见图 5-17。

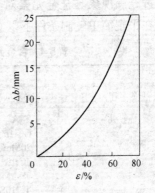

图 5-16　H 不变时的宽展量(Δb)与压下率(ε)的关系

　　轧件变形程度用压下率 ε 来表示。ε 在 10% 以下时,轧件产生表面变形,宽展只在接近上下表面处发生;当 ε 在 20% 以上时,变形才渗透到中心部分;当 ε 在 30% 以上时,则中心部分的变形大于接触表面部分的变形。这种影响对周期断面钢材的轧制尤为重要。

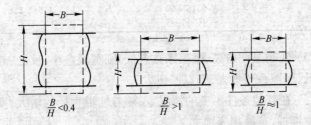

图 5-17　在不同 B/H 条件下的轧件变形情况

　　(2) 摩擦系数增加将使延伸减小,宽展增加,因为型钢轧制时,由于轧件宽度小,金属纵向流动的阻力增加很多,而横向流动的阻力增加较少,金属易向横向流动。

除此之外,轧制速度、金属的化学成分、轧制温度、轧辊与轧件表面状态的变化、轧辊材质都直接或间接地影响摩擦系数,从而使宽展发生变化。

(3) 钢的化学成分对宽展的影响。一般讲高碳钢比低碳钢的宽展大;合金钢比碳素钢的宽展大(奥氏体不锈钢比碳素钢的宽展大 1.5 倍),因此轧制高合金钢时要单独选择孔型系统,否则易产生过充满现象。合金元素对宽展的影响见表 5-4,其中系数 $m_宽$ 是在平辊简单轧制条件下以 Q235 钢为 1 对比求出的。

表 5-4　合金元素对宽展的影响系数

类　别	钢　号	$m_宽$
I	Q235	1.0
II	T7A GCr15 20MoA 4Cr13 38CrMoAlA 4Cr10Si2Mo	1.25~1.30
III	4Cr14Ni14W2Mo 2Cr13Ni14Mn9	1.35~1.40
IV	1Cr18Ni9Ti 1Cr20Ni25Si2 0Cr13Ni23	1.40~1.50
V	Cr15Ni60 1Cr17Al5	1.55~1.60

(4) 轧制温度愈高,摩擦系数愈低,则宽展愈小;反之,轧制温度愈低,摩擦系数愈大,则宽展愈大。

(5) 在其他条件不变的情况下,随着轧辊直径的增大,变形区的长度增加,宽展相应增大。

(6) 随着轧件宽度的增加,变形区的金属在横向流动的阻力增大,导致宽展量减少。

(7) 当轧制速度大于 2m/s 时,随着轧制速度的提高,摩擦系数相应降低,宽展也相应减少。

(8) 表面粗糙轧辊的摩擦系数比表面光滑轧辊的摩擦系数大,从而宽展也大。在型钢轧制中,随着轧辊的磨损,轧件的宽展量也逐渐增大。

使用钢轧辊比使用铸铁轧辊时轧件的宽展大。

150．怎样计算宽展,宽展系数如何选取?

轧件在轧制前后的宽度差叫宽展,用下式表示:

$$\Delta b = b - B \tag{5-14}$$

式中　Δb——宽展量,mm;

　　　b——轧后的轧件宽度,mm;

　　　B——轧前的轧件宽度,mm。

宽展系数是宽展量与压下量的比值,其表示方法如下:

$$C = \frac{\Delta b}{\Delta h} \tag{5-15}$$

式中　C——宽展系数;

　　　Δb——宽展量,mm;

　　　Δh——压下量,mm。

宽展系数同轧件材质、轧件宽度、轧件温度、轧辊材质、轧辊直径、冷却状态、孔型形状、轧槽表面加工状态、绝对压下量等有关,因此宽展系数一般是根据本单位机列布置状况,在确定的轧制条件下取得的,可以根据本单位实际情况收集与宽展系数有关的数据,从而总结出本单位不同轧制状态下的宽展系数。宽展系数在某一范围内选取的原则,可以参考影响宽展的主要因素。

151．怎样分配延伸系数?

分配延伸系数要考虑以下因素:

(1) 咬入条件。一般情况下咬入条件是限制延伸系数的主要条件之一。特别在前几道次,因为这几道轧件断面大、温度高,轧件表面常附有氧化铁皮等,摩擦系数小,并且轧槽又较深,所以延伸系数常受咬入条件的限制。

（2）轧辊强度和主电机的能力。

（3）孔型的磨损将影响到轧件的表面质量以及前后孔型的衔接。特别在连轧机组,力求相邻机架的轧槽磨损相对均匀,从而在连轧过程中各机架的金属秒流量达到较长时间的相对稳定,尽可能地在接近的时间内做到集中更换较多的轧槽,以提高轧机的作业率。为保证成品表面质量,一般成品孔和成品前孔的延伸系数要小些。

（4）金属的塑性。这主要是指合金钢而言。金属塑性差则延伸就应小些。

（5）根据孔型的形式与作用、机列布置形式、轧件宽度、轧辊直径、产品各成形断面间的关系来合理分配延伸系数。

延伸系数的分配是一个复杂而且具体的问题。分配的原则可根据图 5-18 来确定横列式轧机和连轧机的延伸系数分配。上述的原则必须根据本厂工艺设备和工人的操作水平来具体对待。

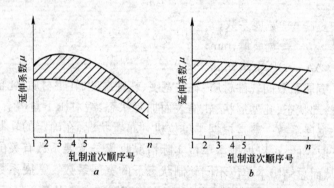

图 5-18　延伸系数按道次分配的典型曲线
a—在横列式轧机上;b—在连轧机上

152. 怎样确定轧制道次和分配轧制道次?

在大部分型钢轧机的孔型设计中,基本上采用延伸系数来确定轧制道次 n,即:

$$n = \frac{\lg \mu_{总}}{\lg \mu_{平均}} = \frac{\lg F_0 - \lg F_n}{\lg \mu_{平均}} \tag{5-16}$$

172

式中　$\mu_{总}$——总延伸系数，$\mu_{总}=\dfrac{F_0}{F_n}$；

　　F_0、F——坯料与成品的断面面积，mm^2；

　　$\mu_{平均}$——平均延伸系数，平均延伸系数与轧机能力和轧制产品有关，见表 5-5。

轧制道次的分配可以参考延伸系数的分配进行。

表 5-5　平均延伸系数与轧机能力、品种规格的关系

轧　机	产　品		方坯边长 /mm	道次 n/道	F_0 /mm^2	F_n /mm^2	总延伸系数 $\mu_{总}$	平均延伸系数 $\mu_{平均}$
	钢材名称	规　格						
$\phi450mm×2$/ $\phi400mm×6$/ $\phi400mm×6$ 半连轧机组	圆钢、带肋钢筋直径 /mm	$\phi16$	120	16	14400	201.1	71.61	1.31
		$\phi18$	120	14	14400	254.5	56.58	1.334
		$\phi20$	120	14	14400	314.2	45.83	1.314
		$\phi22$	120	14	14400	380.1	37.88	1.296
		$\phi25$	130	14	16900	490.9	34.43	1.288
		$\phi28$	130	14	16900	615.4	27.46	1.267
		$\phi30$	130	12	16900	706.5	23.92	1.303
		$\phi32$	130	12	16900	803.8	21.03	1.289
		$\phi36$	130	10	16900	1017.4	16.61	1.324
		$\phi40$	130	10	16900	1256	13.46	1.297
		$\phi50$	130	10	16900	1963	8.609	1.24
	扁钢尺寸 /mm ×mm	$50×12$	120	16	14400	600	24	1.22
		$50×14$	120	16	14400	700	20.57	1.208
		$100×8$	130	16	16900	800	21.125	1.21
		$100×10$	130	16	16900	1000	16.9	1.193
		$100×12$	130	16	16900	1200	14.08	1.18
		$100×14$	130	16	16900	1400	12.07	1.168
	槽钢	5 号	120	12	14400	692.8	20.79	1.288
		6.3 号	120	11	14400	845.1	17.04	1.294
		8 号	130	12	16900	1024.8	16.49	1.263
	工字钢	8 号	100	10	10000	764	13.08	1.293
	等边角钢尺寸/mm × mm × mm	$63×63×5$	120	12	14400	614.3	23.44	1.3
		$63×63×10$	120	12	14400	1165.7	12.35	1.233
		$70×70×6$	120	12	14400	816	17.65	1.27
		$75×75×7$	120	12	14400	797.6	18.05	1.273

153．什么是延伸孔型,怎样选择延伸孔型系统?

延伸孔型的作用是压缩轧件断面,为成品孔型系统提供形状和尺寸合适的红坯。延伸孔型系统由多个延伸孔型组成。按轧制顺序,延伸孔型系统位于精轧孔型系统之前。

轧制简单断面型钢常用的延伸孔型的形状有箱形、菱形、方形、六角形、椭圆形和圆形等,参见图5-3。由此形成的延伸孔型系统有:箱形孔型系统、菱—方孔型系统、菱—菱孔型系统、椭—方孔型系统、六角—方孔型系统、椭—圆孔型系统、椭—立椭孔型系统和混合孔型系统等。

选择延伸孔型系统要根据轧机形式、轧辊直径、轧制速度、主电机能力、设备的机械化与自动化程度、坯料尺寸、钢种、本部门的生产技术水平和操作习惯等条件来确定。

在生产中,通常采用由几种延伸孔型系统组成的混合延伸孔型系统。

一般利用延伸孔型系统中每隔一道出现一个方孔型(或圆孔型)的特点来进行延伸孔型系统设计。

154．怎样选择圆、方、六角和带肋钢筋孔型系统?

(1)圆钢生产的孔型系统,一般由延伸孔型和精轧孔型两大部分组成。延伸孔型的选择参照前节的介绍。精轧孔型系统常用的有4种:方—椭—圆,圆—椭—圆,椭—立椭—椭—圆,万能孔型系统,即方—平(或椭)—立椭—椭—圆。圆钢精轧孔型系统可参照图5-2。

在非连轧布置的轧机上,生产小圆钢和带肋钢筋时,由于方—椭—圆系统具有延伸大、轧制较稳定的特点,被普遍采用。但是,方坯在椭圆孔中变形不均匀,轧件断面上可能出现局部附加应力,所以,在轧制塑性较低的金属时,采用圆—椭—圆系统或椭—立椭—椭—圆系统。这两种孔型系统能保证轧件很平稳地由一种断面转为另一种断面,所以,能较好地防止金属产生局部附加应力，同时它可为避免轧件产生裂纹、折叠缺陷创造有利条件。

当轧机布置为连轧时，由于希望能保持较长时间的金属秒流量相对稳定；希望能采用共用性较大的孔型，以提高轧机的作业率；希望在粗、中轧机组孔型不变时，采用每删除精轧机两个机架，就能轧出不同规格的圆钢或带肋钢筋时，往往采用圆—椭—圆孔型系统。有些连轧机布置的车间，连轧机组的机架较少，仅有 4个，这时往往采用万能孔型系统，利用其共用性大的特点，用一套孔型，通过更换成品孔和调整成品前等孔，来达到轧出相邻尺寸的几种规格的目的。

（2）方钢的精轧孔型系统大都采用菱—方孔型系统。K_2 孔的菱形孔有 3 种：一种是普通菱形孔；另一种是加假帽菱形孔；第三种是凹边菱形孔。

（3）六角钢的精轧孔型系统有 3 种，见图 5-19。一般常用的成品前前孔是方形孔或圆形孔。其他孔的选择可与圆钢相同。因此在选择六角钢孔型系统时，一般都根据本单位生产的品种、规格，尽量选择可与其他产品共用的孔型，以减少轧辊及备品备件的数量，同时还可以减少换辊次数，提高轧机作业率。

（4）带肋钢筋的精轧孔型系统与圆钢的孔型系统十分相似。在非连轧机组上，精轧孔型系统是方--椭—螺纹或圆—椭—螺纹。成品前孔有 3 种：平椭、六角和椭。为使带肋钢筋的成品前孔与圆钢共用，一般都采用椭孔。在全连轧中，目前除成品孔外，K_2 以上孔都与圆钢共用，以达到提高作业率的目的。

155. 怎样确定延伸孔型系统中的中间方孔或圆孔的面积？

延伸孔型系统多由箱—方、椭—方、菱—方、六角—方或椭—圆组成，一对孔型中后一个孔为方形孔，所以在孔型设计中首先确定中间方的断面，而后再计算两个方形孔中间的孔型面积。其确定中间方孔（或圆孔）尺寸的方法如下：

设 $\mu_\text{总}$ 为 F_0 至 F_6 的总延伸系数，其各道次的延伸系数分别

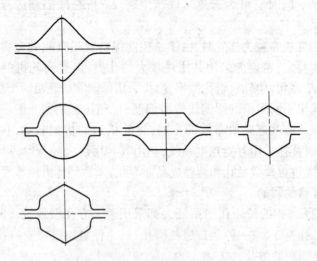

图 5-19　六角钢精轧孔型系统图

为 μ_1、μ_2、μ_3、μ_4、μ_5、μ_6。总延伸系数等于这 6 道的延伸系数的乘积,其公式如下:

$$\mu_{总} = \mu_1\mu_2\mu_3\mu_4\mu_5\mu_6 = \mu_{f1}\mu_{f2}\mu_{f3} \qquad (5\text{-}17)$$

式中　μ_1、μ_2、……、μ_6——各道的延伸系数;

　　　μ_{f1}、μ_{f2}、μ_{f3}——相邻一对方孔(或圆孔)间的延伸系数。

由此得到:　　　　　$F_3 = \mu_{f1}F_1$ 　　　　　　　　　$(5\text{-}18)$

$$F_5 = \mu_{f2}F_3 = \mu_{f1}\mu_{f2}F_1 \qquad (5\text{-}19)$$

一般初次设定 μ_{f1}、μ_{f2}、μ_{f3} 是相同的,也可以根据本部门的实践经验来选取。如果 μ_{f1} 与 μ_{f2}、μ_{f3} 相同,则:

$$\mu_{f1} = \sqrt[3]{\mu_{总}} \qquad (5\text{-}20)$$

而　　　　　　　　　$\mu_{总} = \dfrac{F_0}{F_6}$

式中　F_6——满足精轧孔型系统的红坯面积或孔型面积。

F_6 根据精轧孔型系统可以求出,从而按式 5-20、式 5-19、式 5-18 求得 F_3 和 F_5。当 F_3 和 F_5 知道后,根据方孔中间孔的有关尺寸关系相应得其断面尺寸。

156. 怎样确定允许的最大压下量?

最大压下量是指在轧制条件一定时该道次最大高度方向的绝对压下值。其值由下式求得:

$$\Delta h_{\max} = D\left(1 - \frac{1}{\sqrt{1+f^2}}\right) \tag{5-21}$$

式中　　f——摩擦系数;

　　　　D——轧辊直径。

157. 怎样确定箱形孔型的尺寸?

箱形孔型有普通箱形孔和双侧壁斜度箱形孔两种。

普通箱形孔如图 5-7 所示。箱形孔型按孔型的宽高比分为立箱孔型($h/B_k \geqslant 1$)和平箱孔型($h/B_k < 1$)两种。普通箱形孔型的构成如图 5-20 所示。

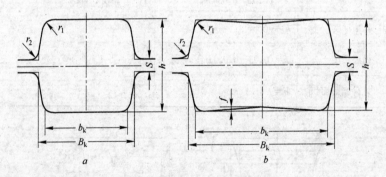

图 5-20　箱形孔型的构成

a—立箱孔;b—平箱孔

箱形孔型构成参数的关系如表 5-6 所示。

箱形孔型采用槽底凸度 f。

双侧壁斜度箱形孔见图 5-21,其尺寸构成见表 5-7。

带侧压的(即有限制宽展)箱形孔型具有稳定性和咬入能力高

177

的优点,但侧压过大(即孔型侧壁斜度过小)容易产生以下缺点:

(1) 孔型侧壁磨损严重,甚至出现"刮丝"缺陷;

(2) 孔型对轧件的夹持力过大,使轧件脱槽困难;

(3) 孔型容易过充满,形成折叠缺陷。

表5-7和图5-21所示的双侧壁斜度箱形孔型,不仅可提高轧件在孔型中的稳定性,而且咬入角可增大$3°\sim5°$。

表 5-6　箱形孔型构成参数的关系

参 数 名 称	关 系 式	说　　明
孔型槽底宽度	$b_k = B - (0.05B \sim 0)$	B:来料宽度;
孔型槽口宽度	$B_k = B + \beta\Delta b + (5 \sim 10)$	h:压下量;
孔型高度	$h = H - \Delta h$	β:宽展系数;
孔型侧壁斜度	$\tan\phi = y = \dfrac{B_k - b_k}{2h_p} \times 100\%$	H:来料高度; 平箱孔型的
槽底圆角半径	$r_1 = (0.12 \sim 0.20)B$	$y = 10\% \sim 20\%$;
槽口圆角半径	$r_2 = (0.10 \sim 0.12)B$	立箱孔型的
辊缝	$S = (0.02 \sim 0.05)D_0$	$y = 15\% \sim 25\%$;
轧槽深度	$h_p = \dfrac{h - S}{2}$	D_0:轧辊名义直径
槽底凸度	$f = (0.03 \sim 0.05)B$	
轧件断面面积	$F = h(B + \beta\Delta h)$	

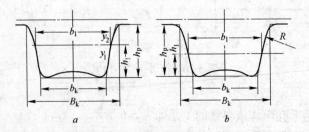

图 5-21　双侧壁斜度箱形孔型的构成

a—双侧壁斜度的箱形孔;b—圆弧过渡双侧壁箱形孔

178

表 5-7　双侧壁斜度箱形孔构成参数的关系

参 数 名 称	关 系 式	说 明
侧壁斜度交接处槽宽	$B_1 = B - (2\sim 5)$	B:来料宽度
槽底侧壁斜度	$y_1 = \dfrac{b_1 - b_k}{2h_1} \times 100\%$	双斜度孔型 8%～15%; 圆弧过渡孔型 5%～12%
槽口侧壁斜度	$y_2 = \dfrac{B_k - b_1}{2h_2} \times 100\%$	双斜度孔型 15%～30%
侧壁斜度交接处槽深	$h_1 = \left(\dfrac{1}{3} \sim \dfrac{1}{2}\right) h_p$	h_p:切槽深度
槽底宽度	$b_k = b - 2h_1 y_1$	
槽口宽度	$B_k = B + \beta\Delta b + (4\sim 8)$	
槽口圆弧过渡半径	$R = (1\sim 1.5)H$	H:来料高度

注:其他尺寸同表 5-6。

158. 怎样检验孔型槽衣曲线?

用孔型样板来检验孔型。孔型样板有公、母两种,母样板一般用来检验车削刀具,而公样板则用于检验轧辊上的轧槽。

对于复杂断面,除了用样板检查外,还必须有孔型的塞规,这种塞规的形状与尺寸同孔型全部相同或主要部分全部相同,用来核对上下轧槽对准并按设计的辊缝放置时其车削的正确与否。

159. 怎样设计方孔和菱孔的尺寸?

菱形和方形孔型的构成如图 5-22 所示。孔型的构成参数关系见表 5-8。

为保证菱、方孔型内轧制的稳定性和具有一定的延伸系数,菱形孔的钝顶角 α 一般在 98°～120°。由此菱形孔的宽高比为:

$$\tan\frac{98°}{2} \leqslant \frac{b'}{h'} \leqslant \tan\frac{120°}{2}$$

得出:

$$1.15 \leqslant \frac{b'}{h'} \leqslant 1.73$$

由此条件确定菱形孔尺寸,它的菱方孔型系统的道次延伸系

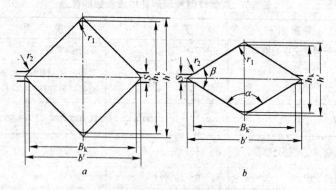

图 5-22 菱形和方形孔型的构成

a—方形孔；b—菱形孔

数在 $1.15\sim1.6$ 之间，常用范围为 $1.2\sim1.4$。

表 5-8　菱形或方形孔型的构成参数关系

参 数 名 称	关 系 式	说 明
孔型实高	$h_k = h' - 2r_1\left[\sqrt{1+\left(\dfrac{b'}{h'}\right)^2}-1\right]$	b':菱形或方形对角宽度；h':菱形或方形对角高度
轧槽宽度	$B_k = b'\left(1-\dfrac{S}{h'}\right)$	S:辊缝
菱形边长	$C = \dfrac{b'}{2\sin\dfrac{\alpha}{2}}$	
孔型顶角	$\alpha = 180° - \beta$	β:$2\arctan\dfrac{h'}{b'}$
孔型圆角半径	$r_1 = (0.15\sim0.2)a$	a:后一道方边长
轧件断面面积	$F_k = \dfrac{1}{2}b'h' - S^2\cot\dfrac{\beta}{2} - 2r_1^2\left(\cot\dfrac{\beta}{2}-\dfrac{\pi\beta}{360°}\right)$	
辊　缝	$S = (0.01\sim0.02)D_0$	D_0:轧辊名义直径

160. 怎样设计圆钢成品孔及成品前孔？

实践证明，只用一个圆的半径画出的成品孔是不能轧出合格的成品圆钢的。这是由于轧制中的微小变化,如轧制温度、孔型磨损以及来料尺寸等的变化,都会造成充不满或过充满的缺陷。为消除上述不足,应将圆钢成品孔设计成孔型高度小于孔型宽度,即带有张开角(或称开口角、侧壁角)ϕ的圆孔型,见图5-23。实践证明,这种带圆弧侧壁的圆孔型能保证圆钢的椭圆度变化最小,调整范围也较大。

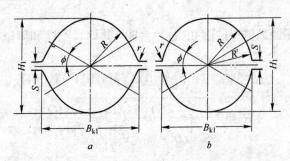

图 5-23　圆钢成品孔的构成形式

a—带直线侧壁的圆孔型;b—带圆弧侧壁的圆孔型

(1) 成品孔(K_1 孔)孔型构成尺寸确定如下:

成品孔型的主要尺寸有孔型高度 H_1 和孔型宽度 B_{k1}(见图5-23),其中孔型高度推荐按圆钢标准尺寸 d_0 计算,即:

$$H_1 = (1.011 \sim 1.014)d_0 \qquad (5\text{-}22)$$

式中,(1.011~1.014)为线膨胀系数,终轧温度高时取大值。孔型顶部圆弧半径为:

$$R = \frac{H_1}{2} \qquad (5\text{-}23)$$

两种圆钢成品孔型构成方法的区别在于张开角部分的侧壁形状不同。对于直线侧壁圆孔型,在张开角 ϕ 处作圆弧 R 的切线,其槽口宽度 B_{k1} 可用作图法或下式计算得到:

$$B_{k1} = \frac{2R}{\cos\phi} - S\tan\phi \qquad (5\text{-}24)$$

式中　ϕ——张开角,(°),可根据成品直径由表5-9求得。

表 5-9　直线侧壁圆孔型侧壁斜度、侧壁角 ϕ 与成品圆钢直径的关系

成品圆钢直径/mm	侧壁斜度/%	侧壁角 ϕ
105~56	20	11°20′
55~50	25~30	14°~16°40′
45~30	40	21°50′
30~10	50	26°35′

对于圆弧侧壁的圆孔型, $\phi = 30°$,其槽口宽度和侧壁圆弧半径 R' 为:

$$B_{k1} = [d_0 + (0.5 \sim 1.0)\Delta_+](1.011 \sim 1.014) \qquad (5\text{-}25)$$

$$R' = \frac{\sqrt{(H_1 - 2S)^2 + (2B_{k1} - \sqrt{3}H_1)^2}}{8\cos\left[60° - \tan^{-1}\dfrac{2B_{k1} - \sqrt{3}H_1}{2H_1 - 4S}\right]} \qquad (5\text{-}26)$$

R' 也可用作图法求得。采用规圆机或减定径机时,成品孔 B_{k1} 还应考虑到立辊的加工量,必须适当放大。

辊缝 S 可根据成品圆钢直径 d_0 按表 5-10 选取。槽口圆角半径取 $r = 0$,这既有利于轧槽对准,又有利于增大调整范围,并能较好地防止出耳子。

表 5-10　圆钢成品孔辊缝 S 与 d_0 的关系

圆钢直径 d_0/mm	8~11	12~22	23~45	45~70	70~200
辊缝 S/mm	1.0	1.2~1.5	2~3	3~4	4~8

(2) 成品前孔(K_2 孔)椭圆孔设计方法如下:

成品前椭圆孔的构成和尺寸对成品圆钢的质量有很大的影响。椭圆断面的宽高比 b_2/h_2 越接近于 1,则成品圆钢断面愈精确,但这时轧件在成品孔型内和在成品进口夹板内的稳定性就越差,特别是轧制圆钢直径小一点的产品时更突出。因此从提高进口夹板对轧件的夹持作用来讲,希望 b_2/h_2 大些,这又使成品孔的延伸系数增大。在实际生产中，往往对轧制小圆钢的 K_2 孔 b_2/h_2 取大些，轧制大规格圆钢时则取小些。K_2 椭圆孔型的构成如图 5-24 所示，大规格圆钢采用的 K_2 孔型如图 5-25 所示。

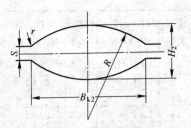

图 5-24　K_2 椭圆孔型的构成

表 5-11 给出了在不同小型轧机上轧制小型圆钢的 K_2 孔参数。表 5-12 列出了不同轧机上轧制中型圆钢的 K_2 孔参数。表 5-13 给出了国内外椭圆孔型构成尺寸与成品圆钢直径 d_0 的关系。

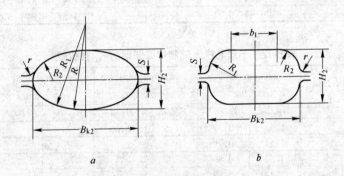

图 5-25　大规格圆钢采用的 K_2 孔型

a—多半径椭圆孔；b—平椭圆孔

表 5-11　不同小型轧机上轧制小圆钢的 K_2 孔参数

圆钢直径 d_0/mm	ϕ210mm 轧机 $v=3.4$m/s		ϕ232mm 轧机 $v=3\sim4$m/s		ϕ250mm 轧机 $v=5$m/s		ϕ310mm 轧机 $v=6$m/s		ϕ300mm 轧机 $v=3.5\sim10$m/s		
	B_k/d_0	H_2/d_0	B_k/d_0	H_2/d_0	B_k/d_0	H_2/d_0	B_k/d_0	H_2/d_0	B_k/d_0	H_2/d_0	v/m·s^{-1}
8	1.81	0.75	1.93	0.72							
9	1.78	0.78	1.88	0.73	1.73	0.72					
10	1.71	0.8	1.82	0.75	1.70	0.75			1.6	0.78	10
11	1.71	0.82									

圆钢直径 d_0/mm	ϕ210mm 轧机 $v=3.4$m/s		ϕ232mm 轧机 $v=3\sim4$m/s		ϕ250mm 轧机 $v=5$m/s		ϕ310mm 轧机 $v=6$m/s		ϕ300mm 轧机 $v=3.5\sim10$m/s		
	B_k/d_0	H_2/d_0	B_k/d_0	H_2/d_0	B_k/d_0	H_2/d_0	B_k/d_0	H_2/d_0	B_k/d_0	H_2/d_0	v/m·s^{-1}
12	1.71	0.82	1.75	0.78	1.70	0.75	1.75	0.75	1.45	0.81	10
13	1.70	0.82					1.71	0.76			
14	1.62	0.83	1.68	0.82			1.71	0.78	1.49	0.82	8.5
15	1.62	0.81					1.67	0.80			
16	1.60	0.81	1.61	0.83			1.66	0.80	1.50	0.84	7.5
17							1.62	0.82			
18			1.58	0.86			1.61	0.82	1.50	0.83	7.5
19			1.57	0.86			1.59	0.83	1.47	0.84	7.5
20			1.55	0.87			1.52	0.81	1.47	0.84	6
22			1.52	0.88			1.50	0.85	1.47	0.84	5
25			1.44	0.91					1.52	0.84	3.5

表 5-12　不同轧机上轧制中型圆钢的 K_2 孔参数

圆钢直径 d_0/mm	ϕ300mm 轧机 $v=1.9$m/s		ϕ320mm 轧机 $v=3.9$m/s		ϕ290mm 轧机 $v=3.6$m/s	
	B_{k2}/d_0	H_2/d_0	B_{k2}/d_0	H_2/d_0	B_{k2}/d_0	H_2/d_0
22	1.53	0.77	1.5	0.85		
24	1.52	0.79				
25	1.52	0.80				
28	1.47	0.82			1.57	0.86
30					1.60	0.865
31	1.46	0.81				
32					0.60	0.87
34	1.46	0.85	1.47	0.88		
36			1.52	0.89		
38	1.45	0.86	1.6	0.9		
40			1.6	0.92		
45	1.44	0.88	1.55	0.93		
50	1.44	0.89				
55	1.43	0.90				
60	1.42	0.92				
65	1.42	0.94				

表 5-13　椭圆孔型构成尺寸与成品圆钢直径 d_0 的关系

成品规格	国内资料		国外资料	
d_0/mm	H_k/d_0	B_k/d_0	H_k/d_0	B_k/d_0
12~19	0.75~0.88	1.42~1.80	0.65~0.77	1.56~1.82
20~29	0.77~0.91	1.34~1.78	0.72~0.83	1.54~1.81
30~39	0.86~0.92	1.32~1.6	0.78~0.863	1.62~1.718
40~50	0.88~0.93	1.44~1.6	0.781~0.861	1.505~1.723

从上述表中数据可见:当成品前椭孔共用两个以上相邻规格的圆钢直径时,其设计的基本原则是:成品前椭圆孔型的高度 h_k 按最小圆钢直径来确定,而其宽度尺寸则按最大圆钢直径来确定。一般设计时,最好使 h_k 值小些,以便于调整和必要的修改。

成品孔和成品前孔中的宽展系数与所轧圆钢直径的关系如表 5-14 所示。

表 5-14　成品孔和成品前孔中的宽展系数 β_1、β_2 与圆钢直径的关系

圆钢直径 d_0/mm	6~9	9~28	28~32	32~45
K_1 孔中的 β_1	0.4~0.6	0.3~0.45	0.2~0.3	
K_2 孔中的 β_2	1.0~2.0	0.7~1.1		1.1~1.8（弧方—椭）

注:大规格取小值,适用于 ϕ250~300mm 轧机,$v=3.5$~6m/s,方—椭—圆、圆—椭、万能精轧孔型系统。

K_2 椭圆孔辊缝 S 与成品直径的关系如表 5-15 所示。

表 5-15　K_2 椭圆孔辊缝 S 与成品直径的关系

圆钢直径 d_0/mm	8~11	11~20	20~32	32~45
辊缝 S/mm	1~1.5	1.5~2.0	2~3	3~4

圆钢采用成品前孔为平椭圆 K_2 孔型时其构成如表 5-16 所示。

表 5-16　平椭圆 K_2 孔型构成参数

圆钢直径 d_0/mm	槽口宽度 B_k/mm	槽底宽度 b_k/mm	椭圆弧半径 R_1/mm	槽口圆弧半径 R_2/mm	槽口圆角半径 r/mm	辊缝 S/mm
50~60		$(0.5\sim0.53)d_0$		8~11	6	6~8
65~80		$(0.48\sim0.52)d_0$		10~12	6	6~8
85~115	$1.26d_0$	$(0.46\sim0.48)d_0$	$0.5d_0$	12~15	6~8	6~8
120~150		$(0.4\sim0.44)d_0$		15~18	6~8	10~12

161. 怎样设计圆钢系统的其余孔型?

圆钢的精轧系统中的孔型一般采用方—椭—圆、圆—椭—圆、椭—立椭—椭—圆、万能系统(即方—平或椭—立椭或万能孔型—椭—圆)。

目前小型连轧机都是采用圆—椭—圆孔型系统。椭圆前圆孔基圆直径 $D = (1.15\sim1.28)d_0$,孔型宽度 $b_k = (1.02\sim1.03)D$。逆轧制顺序的第二个椭圆孔型高度 $h_k = (0.78\sim0.82)D$,孔型宽度 $b_k = (1.44\sim1.58)D$,其中 D 为后一圆孔型的基圆直径。椭孔在后一圆孔型中的宽展系数 β 一般为 $0.4\sim0.5$。

目前,我国还存在一定数量的横列式轧机,往往采用万能孔型系统。图 5-26 给出万能孔型系统 $K_2\sim K_4$ 孔型的构成。这种孔型系统的最突出的优点是共用性强。其共用性范围如表 5-17 所示。

表 5-17　圆钢万能孔型系统的共用范围(mm)

圆钢直径 d_0	19~32	32~50	50~80	80
共用范围	2~3	3~4	5	10

这种系统设计时应充分考虑共用性这一特点,即除了成品圆孔型外,其他各个孔型的宽度应按此套孔型所轧的最大圆钢直径 d_{0max} 进行设计,而孔型的高度则按最小直径 d_{0min} 设计,轧制大规

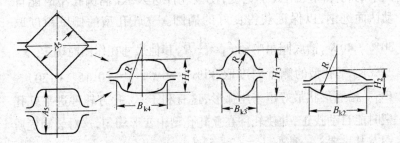

图 5-26　圆钢万能孔型系统 $K_2 \sim K_4$ 孔型的构成

格时,根据需要抬高辊缝。

圆钢万能孔型系统的设计参数见表 5-18。

表 5-18　圆钢万能孔型系统 $K_2 \sim K_5$ 孔型构成参数

孔型尺寸		圆钢直径/mm		
		$19 \sim 32$	$40 \sim 100$	$100 \sim 160$
椭圆孔	H_2	$(0.86 \sim 0.9)d_{0min}$	$(0.88 \sim 0.95)d_{0min}$	$(0.87 \sim 0.95)d_{0min}$
K_2	B_{k2}	$(1.38 \sim 1.78)d_{0max}$	$(1.26 \sim 1.50)d_{0max}$	$(1.22 \sim 1.40)d_{0max}$
立椭孔	H_3	$(1.25 \sim 1.32)d_{0min}$	$(1.2 \sim 1.3)d_{0min}$	$(1.15 \sim 1.25)d_{0min}$
K_3	B_{k3}	$(1.15 \sim 1.2)d_{0max}$	$(1.05 \sim 1.1)d_{0max}$	$(1.0 \sim 1.05)d_{0max}$
	R	$0.75H_3$	$0.75H_3$	$0.75H_3$
平孔型	H_4	$(1.0 \sim 1.1)d_{0min}$	$(0.9 \sim 1.0)d_{0min}$	$(0.96 \sim 1)d_{0min}$
K_4	B_{k4}	$(1.55 \sim 1.8)d_{0max}$	$(1.35 \sim 1.5)d_{0max}$	$(1.45 \sim 1.5)d_{0max}$
方孔型	A_5	$(1.25 \sim 1.47)d_{0max}$	$(1.2 \sim 1.4)d_{0max}$	$(1.2 \sim 1.3)d_{0max}$
K_5				

注:1. 表中 d_{0min}、d_{0max} 为共用孔型所轧圆钢的最小直径和最大直径。

　　2. 轧件断面小时 H 采用下限值,B_k 用上限值,大断面则相反。

K_3 立孔槽槽底一般都采用弧形,使立轧孔型的最大几何轴线在孔型的垂直轴线上,亦达到孔型高度大于任何倾斜方向上的孔型尺寸。使从 K_4 孔出来的轧件在 K_3 孔型内稳定,又使从 K_3 孔出来的轧件在 K_2 椭圆孔型内形状过渡缓和、变形均匀;从 K_3 孔出来的轧件高度稍大于宽度,使该轧件进入 K_2 椭圆孔型时能自动认面进钢,以保证获得良好的椭圆。立轧孔型的侧壁斜度取 $30\% \sim 40\%$,槽底圆角半径 $r_1 = \dfrac{1}{3}R$,其他尺寸在作图时确定。

K_4 平孔型的侧壁斜度取 $30\% \sim 50\%$,$r_1 = (0.15 \sim 0.20) \times B_{k1}$。槽底形状最好也采用弧形,这有利于 K_5 孔方轧件进平轧孔型时能自动找正,并使轧件在立轧孔型中变形均匀,这对轧制优质钢尤其重要。一般取 $R = (2 \sim 5)d_{0max}$。

圆钢万能孔型的延伸系数及宽展系数 β 一般在表 5-19 所列范围内选取。

表 5-19　圆钢万能孔型系统各孔的延伸系数 μ 与宽展系数 β

孔　　型	K_3 立轧孔	K_2 椭圆孔	K_1 圆孔
宽展系数	$0.2 \sim 0.3$	$0.5 \sim 0.75$	$0.2 \sim 0.35$
延伸系数	$1.25 \sim 1.4$	$1.25 \sim 1.35$	$1.15 \sim 1.22$

162. 怎样设计方钢成品孔及成品前孔?

(1) 成品 K_1 方孔的设计方法。方钢成品 K_1 孔的构成如图 5-27所示。

其孔型构成参数确定如下:

1) K_1 方孔边长 a。成品孔边长 a 按负偏差或部分负偏差设计,也可直接按公称尺寸给定,即:

$$a = (1.012 \sim 1.015)[a_0 - (0 \sim 1)\Delta^-] \tag{5-27}$$

或
$$a = a_0 \tag{5-28}$$

式中　a_0、Δ^-——分别为方钢边长公称尺寸和负偏差,mm。

按公称尺寸设计由于冷却收缩的原因,实际上也是负偏差或部分负偏差设计。特别注意,方钢成品孔边长不能按正偏差设计,这是因为方钢成品孔的辊缝一般都取得小,以保证水平方向角部的形状。但由于轧机弹跳等原因,实际调节的辊缝将更小,这样按正偏差设计的成品孔型调节困难，尤其当轧槽磨损后就无法通过调整来获得合格的成品，从而降低了轧槽的利用率，增加轧辊消耗和减小轧机的产量。

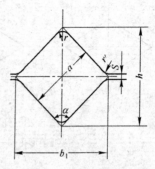

2）K_1 方孔对角线尺寸。设计 K_1 成品方孔时其对角高度 h_1 和宽度 b_1 是有差别的，一般 $b_1 > h_1$，这是由于终轧后宽度方向上轧件收缩比高度方向上要大一些；另外宽度取大一些也可减少造成方钢出耳子的机会，便于调整。因此，成品孔顶角 α 大于 $90°$，其尺寸按下式确定：

图 5-27　方钢成品孔型的构成

$$h_1 = 1.41a \text{；} \quad b_1 = 1.42a \text{；} \quad a = 2\arctan \frac{b_1}{h_1} \qquad (5-29)$$

3）其他尺寸。其他尺寸均按经验选定。辊缝不宜取大，否则水平方向方钢角部不清晰，一般轧机弹跳大的稍取大一些，其值为：

$$S = 0.8 \sim 1.0\text{mm}（当 a_0 = 10 \sim 16\text{mm} 时）$$
$$S = 1.2 \sim 1.5\text{mm}（当 a_0 = 18 \sim 25\text{mm} 时）$$

槽口圆角也不宜取大（理由同辊缝 S），一般 $r' = (0.05 \sim 0.08)a$。当成品轧机采用规圆机时，$r' = 0$。

轧槽顶部圆角 r 取 $r = 0$ 或 $r = (0.04 \sim 0.06)a$。

成品孔型的 B_k 和 h_k 等参数可参考表 5-8 计算。

（2）K_2 菱形孔设计方法如下：

1）K_2 菱形孔的构成形式。K_2 孔是方钢轧制成形的关键性孔型。目前常用的 K_2 孔构成形式有如图 5-28 所示的 3 种。采用图 5-28b、c 所示的两种构成形式的目的在于保证成品孔水平位置上方钢角部形状清晰。

2）普通菱形孔型构成（图 5-28a）。根据对 3 台 $\phi300$mm 轧机轧 $12 \sim 50$mm 方钢的孔型设计经验的总结，初步找出了 K_2 孔的孔高 h_k 和孔宽 B_k 与成品方孔边长 a 和 K_3 方孔边长 A 之间的相互关系，如图 5-29、图 5-30 所示。亦可用下式计算：

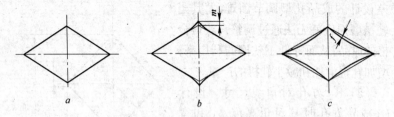

图 5-28　几种方钢 K_2 孔型的构成

a—普通菱形孔；b—加假帽菱形孔；c—凹边菱形孔

$$B_k = K_b A - 0.47a$$
$$h_k = K_h a - 0.47A \qquad (5\text{-}30)$$

其中，$K_b = 1.94 \sim 1.85$，$K_h = 1.76 \sim 1.85$，大规格 K_b 取小值，K_h 取大值；小规格时则相反，或参考图 5-29、图 5-30 中相近轧机的 K_h、K_b 值。

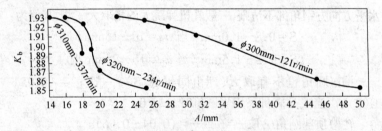

图 5-29　方钢边长 A 与 K_b 的关系

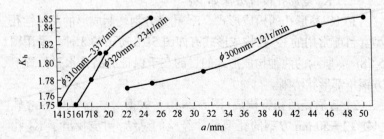

图 5-30　方钢边长 a 与 K_h 关系

辊缝 S 一般大规格方钢取 2mm，小规格方钢取 1.5mm。

3）加假帽菱形孔型的构成（图 5-28b）。B_k、h_k、S 值的确定方法同上。其他尺寸确定如下：

假帽高度　　$m = 0.5 \sim 2.5mm$（大规格取大值）；

假帽顶角　　$\alpha = 90°$；

槽口圆角半径　$r' = (0.2 \sim 0.5)a$；

顶角圆角半径　$r = (0.08 \sim 0.2)a$；

假帽与菱边交接处可用圆弧连接，半径 $R = 30 \sim 40mm$ 或小些。

应该指出，如假帽高度（包括孔高）取得不当，将会形成成品缺陷。假帽如取得太高，成品水平对角线出耳子；假帽高度如取得太小，成品水平充不满（图 5-31）。

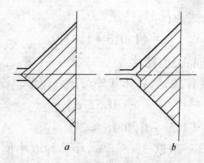

图 5-31　K_2 孔加假帽不当引起的方钢缺陷

a—耳子；b—充不满

163. 怎样设计六角钢成品孔及成品前孔?

六角钢轧制的孔型系统，关键在于确定成品前孔和成品孔。成品前前孔可以是方形、圆形、六角形等，一般常用的是方形孔和圆形孔，如图 5-19 所示。其他孔的选择可与圆钢相同。因此，在选择六角钢孔型系统时，一般都根据本单位生产的品种规格，尽量选择与其他产品可以共用的孔型，以减少轧辊及备品备件数量，同时还可以减少换辊次数。

（1）成品孔的设计。六角钢成品孔的构成见图 5-32。

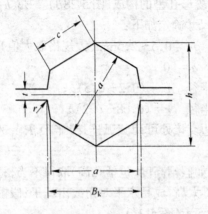

图 5-32　六角钢成品孔的构成

作图计算公式为：

$$a = (1.013 \sim 1.021)a_0$$

式中　a_0——产品公称尺寸。

以 a 为直径作圆，然后作其外切正六边形。设边长为 c，则：

$$c = 0.577a_0$$

孔型总高　$h = 2c - 0.309R \approx 2c$

侧壁斜度 δ 一般取 5%～8%，小品种取小值。这是因为，侧壁斜度太大，成品两侧面不平、不光，影响表面质量；侧壁斜度太小，则轧辊重车量大，有时甚至不能修复到原设计的形状尺寸。当侧壁斜度 δ 给定后，槽口宽度 B_k 按下式计算：

$$B_k = a + (c - t)\delta \tag{5-31}$$

辊缝 t 可与方、圆钢成品孔一样选取，或略大一些。辊缝取得太大，会使两侧面不平滑；取得太小，使调整范围变小，槽孔磨损后较快造成碰辊。

槽口倒角 r：一般取 $r = 1 \sim 1.5mm$ 或取 $r = 0$。

顶角圆角 R：一般取 $R = 0.2 \sim 0.5mm$ 或取 $R = 0$，这样可保证成品角部棱角。

192

孔型面积 F：$F \approx 0.866a^2$ (5-32)

上述的成品孔形状是普遍采用的,因为它能保证获得质量较好的成品六角材。但这种孔型,对成品前孔的调整及成品孔的调整要求较高,同时对进口导卫装置的安装也要求比较高,否则,极易造成扭转。造成扭转的原因主要是调整不当,使成品前轧件进入成品孔时受力不平衡所致,见图 5-33。

目前有些单位采用了具有自由宽展的成品孔。其形状有两种,见图 5-34。这两种成品孔的最大缺点是:成品两个侧面的公差与表面质量较难控制。

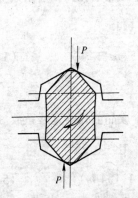

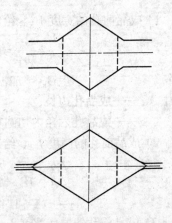

图 5-33　在成品孔内使轧件产生
扭转的受力示意图

图 5-34　六角钢成品孔的两种构成

(2) 成品前孔的确定。孔型形状如图 5-35 所示。为了保证成品孔的充满良好,成品前孔一般都采用带有凸度的扁六角孔,因为成品道次的压下率较大,产生较大的宽展,为了保证成品两侧公差及表面质量,成品前孔槽底设计成带凸度是合理的。

采用平六角成品前孔,使成品孔内的变形均匀,延伸也较均匀,能保证钢材的质量。因为六角钢一般用于冷镦或热镦各种机械零件,因此这一点也是很重要的。

成品前孔的确定方法如下:

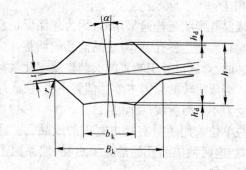

图 5-35 六角钢成品前孔

1）成品前孔的宽度 B_k。给定一个成品前孔的压下系数 η：

$$\eta = \frac{B_{k2}}{h_1} = 1.3 \sim 1.45 \tag{5-33}$$

则：

$$B_{k2} = \eta 2c = 1.154 \eta a \tag{5-34}$$

式中　c——成品孔边长；

a——成品孔六角内切圆直径。

2）成品前孔的高度 h_2。给定一个成品前孔的宽展系数 β：

$$\beta = \frac{\Delta b}{\Delta h} = \frac{a - h_2}{B_{k2} - 2c} = 0.18 \sim 0.25 \tag{5-35}$$

则：

$$h_2 = a(1 + 1.154\beta - 1.154\beta\eta) \tag{5-36}$$

3）成品前孔的槽底宽度 b_k。当侧壁斜度为 $\tan 45°$ 时，有：

$$b_k = B_k - h + t \tag{5-37}$$

4）成品前孔的其他尺寸确定如下：

槽底凸度 $f = 0.3 \sim 0.5$mm，大规格取大值；

辊缝 $t = 2 \sim 3$mm，大规格取大值；

槽口倒角 $r = 1.5 \sim 2.5$mm，大规格取大值；

斜配角 α，其作用与圆钢相同。

5）成品前孔的孔型面积 F 为：

$$F = B_k h - \left[2\left(\frac{h-t}{2}\right)^2 + b_k h_d \right] \tag{5-38}$$

14～24mm 六角钢的 K_1、K_2 孔型参数见表 5-20。

194

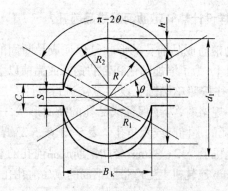

图 5-37　月牙肋钢筋成品孔型

d_1—钢筋外径；d—钢筋内径；h—横肋高度；S—辊缝；C—横肋末端最大间隙的弦长；R_2—横肋半径；B_k—内径开口宽度；R—钢筋内径的 1/2

消耗、冷弯或反弯性能的合格率等等。

横肋顶部宽度 b 为：

$$b = 标准尺寸 + 0.3 \sim 0.5 mm$$

表 5-21 给出了某厂 $\phi 10 \sim 40 mm$ 成品孔的有关尺寸。

表 5-21　$\phi 10 \sim 40 mm$ 带肋钢筋成品孔有关尺寸

规格 /mm	内径 d /mm	横肋高度 h /mm	横肋宽度 b /mm	纵肋宽度 a /mm	横肋间距 l /mm	开口宽度 B /mm	张开弧长 /mm	倒圆角半径 r /mm	开口角 θ /(°)	横肋末端最大间隙(名义周长的 10% 弦长) /mm
10	9.6	1.4	0.9	1.5	7	9.8	9.022	1	30	3.09
12	11.5	1.6	1	1.5	8	11.7	9.69	1	30	3.708
14	13.4	1.8	1.1	1.8	9	13.6	10.56	1	30	4.326
16	15.4	1.9	1.2	1.8	10	15.6	11.04	1	30	4.944
18	17.3	1.8	1	2	10	17.5	11.044	1	30	5.562
20	19.3	1.9	1.2	2	10	19.6	12.605	1	30	6.18
22	21.3	2	1.3	2.5	10.5	21.4	11.82	1.5	30	6.798
25	24.2	2.4	1.5	2.5	12.5	24.4	14.295	1.5	30	7.725
28	27.2	2.6	1.7	3	12.5	27.3	14.868	2	30	8.652
32	31	2.7	1.9	3	14	31.1	20.952	2	30	9.888
40	38.7	2.8	2.2	3.5	15	38.9	22.087	2.5	30	12.36

165. 怎样设计热轧带肋钢筋成品前孔？

热轧带肋钢筋成品前孔的形状是保证成品断面的关键。目前在小型连轧机上，为了增加圆钢和带肋钢筋成品前以上各孔型的共用性，K_2 孔往往按照单椭圆孔设计方法进行设计。当 K_3 或 K_3 以上孔共用多种规格时，为了保证成品孔的断面形状，一般采用平椭圆、槽底大圆弧的平椭圆或六角孔。表 5-22、表 5-23、表 5-24 分别列出在横列式轧机上 $\phi12\sim32$mm 带肋钢筋成品前孔的参数。表 5-25 列出在 $\phi400$mm 连轧机上生产带肋钢筋的成品前孔孔型参数。

表 5-22　$\phi12\sim20$mm 带肋钢筋成品前孔参数

规格 d_0/mm	B_k/h	B_k/d_0	h/d_0	R/mm	轧制条件
12	3.16	1.9	0.61	4.5	
14	2.47	1.85	0.75	5	
16	2.19	1.78	0.81	6.5	精轧机辊径 $D=310$mm；轧制速度 $v=6$m/s
18	2.07	1.67	0.80	6.5	
20	1.88	1.60	0.85	8	

表 5-23　$\phi18\sim22$mm 带肋钢筋成品前孔参数

规格 d_0/mm	b_k/h	b_k/d_0	h/d_0	R/mm	轧制条件
18	2.92	2.14	0.72	17	
20	2.67	2.0	0.75	17	精轧机辊径 $D=290$mm；轧制速度 $v=3.6$m/s
22	2.35	1.81	0.77	18	

表 5-24　$\phi25\sim32$mm 带肋钢筋成品前孔参数

规格 d_0/mm	b_k/h	b_k/d_0	h/d_0	C/mm	R/mm	轧制条件
25	2.14	1.60	0.84	28	10	
28	2.23	1.75	0.79	31	10	精轧机辊径 $D=290$mm；轧制速度 $v=3.6$m/s
30	2.08	1.73	0.83	33	14	
32	2.00	1.69	0.84	33	14	

表 5-25　某厂 $\phi 400$mm 连轧机上生产带肋钢筋的成品前孔孔型尺寸

规格 d_0/mm	形　状	b_k/h	b_k/d_0	h/d_0	R/mm	S/mm	轧 制 条 件
12	单椭	2.465	1.85	0.75	19.338	2	
14	单椭	2.442	1.726	0.707	20.469	2	
16	单椭	2.365	1.818	0.769	23.111	2	
18	单椭	2.337	1.929	0.733	24.05	2	
20	单椭	2.228	1.838	0.825	26.925	2	
22	单椭	2.223	1.708	0.768	27.414	2	$v_{kl}=5.5\sim14$m/s
25	单椭	2.146	1.725	0.804	30.209	2	
28	单椭	2.07	1.761	0.849	33.355	2	
30	单椭	2.069	1.759	0.85	33.496	2	
32	单椭	2.056	1.697	0.825	36.292	2	
36	单椭	2.353	1.667	0.708	41.699	2	
40	单椭	2.002	1.699	0.849	44.522	2.5	

166. 热轧扁钢常用哪些孔型系统,怎样选用?

热轧扁钢的孔型系统有 4 种:(1)闭口孔型系统;(2)对角线轧制的孔型系统;(3)带凹边方形孔型系统;(4)平—立孔型系统。

常用的有两种:带凹边方形孔型系统和平—立孔型系统,详见图 5-38 和图 5-39。

带凹边方形孔型系统适用于生产宽度与高度之比(b/h)不大于 2.5 及宽度不大于 30mm 的小规格扁钢。这种孔型的优点是保证获得四角尖锐不易脱方、形状较正的断面产品;缺点是方孔型的共用性差些,对于孔型的调整要求较高。

平—立孔型系统的主要优点是:

(1) 孔型形状简单,对孔型尺寸的设计要求不高;

(2) 孔型共用性强,轧辊储备量少,一套轧辊能轧多种规格产品;

(3) 调整方便,尺寸容易控制;

(4) 轧辊重车量少,降低轧辊消耗;

(5) 导卫装置较简单;

(6) 利用立轧孔,在具有足够的压下量及立轧的合理位置的条件下,可去除氧化铁皮。

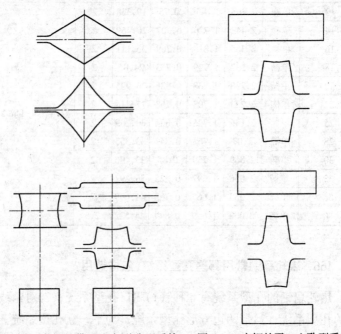

图 5-38　扁钢的带凹边方形孔型系统　　图 5-39　扁钢的平—立孔型系统

167. 怎样设计扁钢成品孔和平轧孔?

扁钢成品孔的设计主要是确定压下系数 η。在横列式轧机中一般 η 不小于 $1.15\sim1.2$,因为小于此值后,在扁钢轧制过程中,容易产生轧件的扭转和镰刀弯。但 η 过大时,因钢温低,轧辊磨损较快,成品的表面质量、尺寸公差的稳定、断面形状的精确会受到一定影响。一般希望 η 不大于 1.25。

在连轧机组,由于间隙时间减少,同时随着轧制速度的提高,变形能转化为热能,因此,η 一般在 $1.15\sim1.65$ 之间。

在平—立孔型系统中轧制扁钢时,各平轧孔型的设计都是按照压下系数来进行的。压下系数为:

200

$$\eta = \frac{H}{h} \qquad (5\text{-}42)$$

当坯料或最后一个轧制方道次一定时,总压下系数 η_Σ 为各平轧孔型的压下系数的乘积,即:

$$\eta_\Sigma = \eta_1 \eta_2 \eta_3 \cdots\cdots \eta_n \qquad (5\text{-}43)$$

上式中,由于立轧道次形成的轧件厚度增量很小,对于设计计算影响极小,因此,一般可以忽略不计。通常 $\eta = 1.15 \sim 1.8$。

在横列式轧机中压下系数的平均值大致可取以下数值:

粗轧机组 $1.4 \sim 1.45$;

中轧机组 $1.25 \sim 1.35$;

精轧机组 $1.15 \sim 1.23$。

在连轧机组中,由于有高压水除鳞装置,以及变形能转变为热能、轧制间隙时间短等原因,压下系数在中、精轧已不受上述限制。某厂连轧机组轧制扁钢,其中、精轧机的压下系数在 $1.157 \sim 1.47$ 之间波动。

168. 怎样选取扁钢立轧孔的压下系数和展宽系数?

由于扁钢在立轧道次形成的轧件厚度增量很小,因此立轧孔的压下系数用压下量来表达。精轧立轧孔中的压下量不宜取得过大,一般 $\Delta h_{k2} = 3 \sim 8\text{mm}$,$\Delta h_{k4} = 4 \sim 10\text{mm}$。

粗、中轧立轧孔压下量的大小,应根据总的立轧孔压下量 $\Delta h_{立\Sigma}$ 来定。立轧孔的总压下量为:

$$\Delta h_{立\Sigma} = B_坯 - b_成 + \Delta b_\Sigma = \Delta h_{k2} + \Delta h_{k4} + \Delta h_{k6} + \cdots\cdots \qquad (5\text{-}44)$$

式中 $B_坯$、$b_成$——分别为坯料和成品扁钢的宽度;

Δb_Σ——平轧道次总的宽展量,$\Delta b_\Sigma = \Delta b_1 + \Delta b_3 + \Delta b_5 + \cdots\cdots$;

Δh_{k2}、Δh_{k4}——各立轧孔的压下量,mm。

因此,当采用共用立轧孔来调整扁钢的宽度时,由于其值的变化较大,这时对采用的几个立轧孔的压下量采用平均分配的办法。

当用较小的坯料轧制较宽的扁钢时,如 $B_坯/b_成 = 0.8$ 时,应在平轧道次中采用强迫宽展的孔型,这样才能用小坯轧较大的扁钢,见图 5-40。

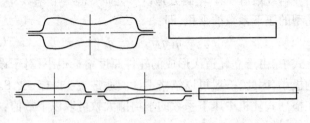

图 5-40　用强迫宽展孔型轧制扁钢孔型示意图

立轧孔的宽展系数很小,特别是宽扁钢的 $\beta_立$ 值更小,近于 0,但对断面较小的扁钢,还需适当考虑。立轧孔的宽展系数经验公式为:

$$\beta_立 = 0.02 \sim 0.05 \tag{5-45}$$

对式中的 $\beta_立$,精轧孔采用下限,粗轧孔采用上限,在连轧机上轧制时,由于受到张力的影响(套量轧制时),其值可取 0.1~0.2。

169. 怎样设计扁钢立轧孔?

立轧孔型的构成见图 5-41,其构成参数的关系见表 5-26。

设计时一般取 $b_k = B$(来料宽度),而生产时通过调整平轧孔

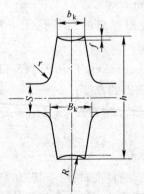

图 5-41　扁钢的立轧孔型构成

厚度来达到 B 略小于 b_k。若 B 大于 b_k 1~1.5mm 时,则在轧制时会使立轧孔轧出的轧件四角不易充满而呈圆角,见图 5-42a,严重的会因轧件和孔型侧壁相对滑动而造成小鳞层、折叠等缺陷;而 b_k 过大于 B 时,则使侧壁失去对轧件的夹持作用,造成轧件断面脱矩和对角线超差(图 5-42)。

立轧孔槽底采用凸度 f 的作用是保证成品扁钢侧边平直,而槽底凸度逆轧制方向增大的目的在于使扁钢四

角得到加工。

立轧孔的压下量可参考第 168 题进行选取。

表 5-26　扁钢立轧孔型构成参数的关系

构 成 参 数	关 系 式	说 明
槽阶宽度/mm	$b_k = B(1 \sim 1.05)$	B:来料厚度;
轧槽深度/mm	$h_p = h\left(\dfrac{1}{3} \sim \dfrac{1}{5}\right)$	h:来料高度,按共用孔型中最小高度设计,扁钢宽度大的取小值;
侧壁斜度/%	K_2孔: $y = 5 \sim 15$ K_4孔: $y = 8 \sim 20$ K_6孔: $y = 14 \sim 25$	一般可有 $f = (0.5 \sim 1)\Delta b$, Δb 为下一道平轧道次宽展量,当 $B <$ 5mm 时, $f = 0$;
槽口宽度/mm	$B_k = b_k + 2h_p y$	有时为了方便,圆角半径取 $r = 0$
槽底凸度/mm	K_2孔: $f = 0.2 \sim 0.6$ K_4孔: $f = 0.5 \sim 0.8$ K_6孔: $f = 0.8 \sim 1.2$	或倒小角
槽底圆弧半径/mm	$R = \dfrac{f}{2} + \dfrac{b_k^2}{8f}$	
槽口圆角半径/mm	$R = 2 \sim 10$	

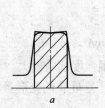 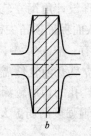

a　　　　　　　　　b

图 5-42　扁钢立轧孔 b_k 与 B 配合不当的轧制情况

a—B 过大于 b_k;b—B 过小于 b_k

170．常用角钢孔型系统有哪些,怎样选择角钢孔型系统?

常用角钢孔型系统主要有直腿式和蝶式(弯腰)两种孔型系统,蝶式孔型系统又可分为开口带立轧孔和闭口式两种,参见图 5-1。

角钢直腿孔型系统具有轧制过程稳定、能精确地控制腿部尺寸等优点。但该孔型切槽深,削弱了轧辊的强度,并且还具有速度差大、孔型磨损快、能耗大等缺点,所以国内基本上不采用这种孔型系统。

对于多品种、小批量的角钢生产,常采用带立轧开口蝶式孔型系统。对于大号和专业性较强的角钢车间往往采用闭口蝶式孔型系统,这是由开口蝶式孔型系统和闭口蝶式孔型系统的特点所决定的。

开口蝶式孔型系统的优点是:

(1) 简化孔型设计,当宽展量估计不准时,可以通过调整立轧孔高度灵活地控制轧件宽度,并给轧机调整带来方便;

(2) 开口蝶式孔轧辊车削较容易,轧制时不存在出耳子的危险;

(3) 孔型系统的共用性好,一套孔型通过调整可轧制数种相邻规格的角钢;

(4) 孔型系统中带有立轧孔型,可对轧件腿端进行加工,并起一定的校正轧件不对称的作用以及去除轧件表面氧化铁皮的作用;

(5) 合理设计角钢立轧孔型,促使在立轧孔中角部位置挤出肥大耳子,从而保证顶角尖锐。

其缺点有:

(1) 进立轧孔前轧件需要翻钢 90°;

(2) 立轧孔的切槽较深,对轧辊强度削弱较大,特别是轧制大号角钢时轧辊强度削弱更大,限制了立轧孔的变形量,增加了轧制道次;

(3) 采用开口切分孔,轧件在孔型内位置完全靠导卫控制,往往由于控制不严而造成轧件在孔型中左右移动而引起角钢腿长波动,又因立轧孔压下量受到限制对腿长往往起不到校正作用,从而使轧机调整频繁,影响产品质量的稳定,因此,带立轧开口蝶式孔型系统目前仅用于轧制小号角钢,而且是用在多品种、小批量车间,对于大号角钢和专业性的角钢车间则不易采用。

闭口蝶式孔型系统(图5-1c)的优点是:

（1）全部采用平轧道次，不需要翻钢，便于实现机械化操作；

（2）孔型开口位置上、下交替，可使角钢腿端得到良好的加工，保证腿端形状良好；

（3）在闭口孔型中，两腿易控制，调整方便，轧制稳定。

这种孔型系统的缺点是孔型设计时必须较精确地估算轧件的宽展，共用性差，但对于专业性角钢车间和随着孔型设计与调整技术的不断提高，这些缺点的影响减小，因此这种孔型系统应用范围不断扩大。图 5-43 为某厂实际使用的一些角钢孔型系统，供参考。

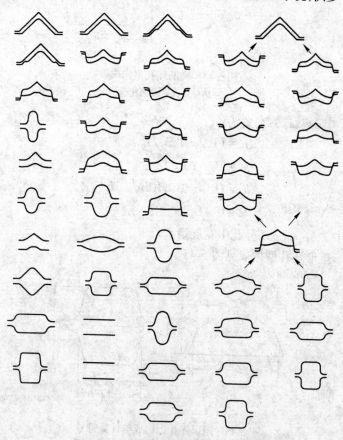

图 5-43　某厂实际使用的角钢孔型系统

171. 轧制角钢时切分孔前的立轧孔有哪两种结构?

在轧制中小型角钢的轧机上,进入切分孔的红坯常用椭圆坯和矩形坯两种。椭圆坯孔型构成见图 5-44。

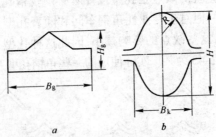

图 5-44　椭圆坯孔型构成

a—切分孔;b—椭圆孔型

其参数计算公式为:

$$B_k = (1.2 \sim 1.3) H_g$$
$$H = B_g - \Delta b_g$$
$$\Delta b_g = (0.4 \sim 0.6)(B_k - H_g)$$
$$R = 0.4 B_k$$

(5-46)

式中　Δb_g——切分孔中宽展量。

矩形坯孔型构成见图 5-45。

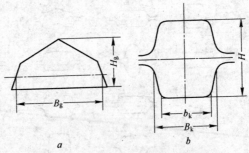

图 5-45　矩形坯孔型构成与计算符号

a—切分孔;b—矩形孔型

其孔型参数计算公式为：

$$B_k = (1.3 \sim 1.4)H_g$$
$$b_k = (0.95 \sim 1.0)H_g$$
$$H = (0.85 \sim 0.9)B_g$$

$$(5\text{-}47)$$

式中　H_g、B_g——分别为切分孔高度和宽度。

172. 角钢切分孔有什么作用，为什么常采用二次切分？

角钢切分孔是轧制角钢的关键孔型，它的作用是将矩、方或椭圆断面的红坯切分出两腿，如果切分不准，角钢的两腿长度就很难保证。

由于切分孔内的压下系数比一般孔型的大（为保证顶角充满良好），所以往往受到轧机能力的限制，常常采用二次切分来完成。

173. 角钢蝶式孔型结构有什么特点？

蝶式孔型结构的特点是其孔型由直线段、弯曲段、水平段所组成，见图 5-46。

直线段 L_H 长，轧件在孔型中轧制比较稳定，顶角容易对正，产生顶角偏斜和塌角的次品少。但孔型切槽深度随直线段长度的增加而加深。直线段短，则情况相反，见图5-47。

图 5-46　蝶形轧件断面组成
1—直线段；2—弯曲段；3—水平段

圆弧弯曲段 L_R 和水平段 L_b 如图 5-47 所示，当直线段 L_H 选定后，L_R 与 L_b 的关系是弯曲段圆弧半径 R 大，则 L_R 长且 L_b 短，蝶形孔窄而高，轧件在孔型内轧制稳定，但切槽较深；当 R 和 L_H 取得较小时，轧件形状扁平，在辊道上输送平稳，轧槽较浅，有利于扩大轧机轧制的产品范围，但轧件在成品孔中的变形较急剧，容易引起腿端形状不良及腿的表面皱折等缺陷。为解决此问题，可以通过采用半闭口成品孔和适当增大成品孔内的压下量来克服。

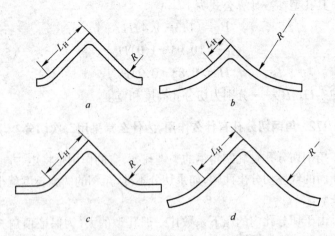

图 5-47　不同直线段 L_H 和弯曲段 L_R 对孔型形状的影响

a—L_H 太长；b—L_H 太短；c—R 太小；d—R 太大

174. 角钢成品孔孔型结构有哪两种形式?

角钢成品孔有开口式和带台阶的半闭口式两种,见图 5-48。

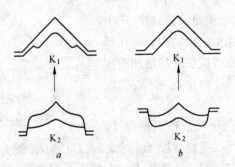

图 5-48　角钢成品孔型的形式

a—半闭口式；b—开口式

(1) 半闭口式成品孔。当采用半闭口式成品孔时,成品前孔 K_2 孔应采用下开口蝶式孔(图 5-48a)。半闭口式成品孔对角钢腿端进一步加工,使腿端形状正确美观。其缺点是共用性差,使轧辊储备增多,孔型加工也较开口孔型麻烦。因此,半闭口式成品孔一般适用于生产批量大的专业性轧机。轧制腿厚 $d < 3mm$ 的角钢时,多不采用此种孔型,因为腿厚薄,对腿端加工与否意义不大。

(2) 开口式成品孔。与其相配合的 K_2 蝶式孔应采用上开口(图 5-48b),此时角钢腿端加工在 K_2 孔进行。开口式成品孔的共用性好,可减少轧辊储备,孔型车削比较容易,没有出耳子的危险,应用广泛。如果在开口式成品前 K_2 孔配下开口蝶式孔,将造成成品腿端成"反 R",严格要求是不符合标准的。

175. 怎样确定角钢腿部压下系数?

设计角钢孔型时用压下系数或压下量来分配变形量。变形量的大小决定于电机能力、设备能力、金属塑性、咬入能力和孔型磨损等因素。一般按顺轧制方向变形量逐道减少,表 5-27 给出我国某些轧机部分角钢实际选用的压下系数与压下量范围。

表 5-27　部分角钢的压下量与压下系数

孔型序号 (逆轧顺序)	角钢规格、压下量 Δd 及压下系数 η					
	2~3.6 号		4~6.3 号		7.5~12 号	
	Δd /mm	η	Δd /mm	η	Δd /mm	η
K_1	0.5~1	1.115~1.25	1~1.5	1.15~1.3	1~1.15	1.15~1.25
K_2	1~2	1.25~1.35	2~2.5	1.2~1.35	2.5~3.5	1.2~1.4
K_3	2~2.5	1.3~1.5	2.5~3.5	1.25~1.4	4~7	1.35~1.45
K_4	2~3	1.3~1.4	3~4	1.3~1.4	8~10	1.4~1.5

各蝶式孔的腿厚由下列各式计算:

$$\left.\begin{aligned}
d_2 &= d_1 \eta_1 & d_2 &= d_1 + \Delta d_1 \\
d_3 &= d_2 \eta_2 & d_3 &= d_2 + \Delta d_2 \\
d_4 &= d_3 \eta_3 & d_4 &= d_3 + \Delta d_3 \\
&\cdots\cdots & &\cdots\cdots \\
d_{n+1} &= d_n \eta_n & d_{n+1} &= d_n + \Delta d_n
\end{aligned}\right\} \quad (5\text{-}48)$$

式中 d_1、d_2、d_3、$\cdots$、d_n、d_{n+1}——K_1、K_2、K_3、$\cdots$、K_n、K_{n+1}各孔的腿厚；

η_1、η_2、η_3、$\cdots$、η_n——K_1、K_2、K_3、$\cdots$、K_n 各孔的压下系数；

Δd_1、Δd_2、Δd_3、$\cdots$、Δd_n——K_1、K_2、K_3、$\cdots$、K_n 各孔的压下量。

176. 怎样保证角钢孔型顶角充满?

GB9787—88 规定,等边角钢的成品顶角为 $90° \pm 35'$,所以常规成品顶角一般为 $90°$。但在实际生产中,由于轧件离开成品孔型时,其顶角部分和腿端部分冷却不一致,顶角部分的里、外表面冷却不一致,导致成品角钢在冷却过程中因外部冷却快、内表面冷却慢而同时伴随有顶角收缩现象。据某厂统计,顶角收缩量在新槽孔时为 $11' \sim 25'$,随着成品孔轧制吨位的增加,其顶角收缩量增加到 $29' \sim 56'$。所以一般在轧制大规格或厚腿角钢时,顶角度数可按 $90°30' \sim 90°45'$设计。

177. 怎样确定切分孔、蝶式孔和成品孔的宽展系数及宽展量?

角钢切分孔的宽展系数不仅与压下量有关,而且与切分孔的形式有关,常用的切分孔的宽展系数范围见表 5-28。

表 5-28　切分孔的宽展系数 β

切分孔类型	变形情况	宽展系数
开口式自由宽展切分孔		0.7~1.0
开口式自由宽展切分孔		0.4~0.7
闭口式切分孔	(无水平段)	0.4~0.7

切分孔类型	变形情况	宽展系数
闭口式切分孔	（无水平段）	0.6~1.0
闭口式切分孔	（较长水平段）	0.6~1.0
起限制作用的 开口式切分孔		0.2~0.4

　　角钢蝶式孔型内的宽展不单纯与压下量的大小有关,而且还与腿弯曲造成中心线的拉长以及接触区外的变形有关。其展宽系数的选取见表 5-29。宽展系数确定后,其宽展量按下式求得:

$$\Delta b = \beta \times \Delta h$$

表 5-29　部分角钢孔型中的宽展系数 β

孔　　型	角 钢 规 格		
	2~3.6 号	4~6.3 号	7.5~12 号
成品孔	0.7~1.5	1~2	0.7~1.0
蝶式孔	0.6~0.8	0.3~0.6	0.2~0.7

178. 怎样确定角钢的轧制道次?

　　角钢孔型设计一般是由成品孔型开始逆轧制顺序进行。当孔型系统选定后,就可确定蝶式孔和切分孔的数目。蝶式孔一般轧制小号角钢时取 3~4 个,轧中号角钢时取 4~7 个。切分孔的数目视轧机能力而定,一般为 1~2 个。根据第一个变形孔(切分孔)确定其轧制的红坯形状和尺寸,同时根据轧机能力和供坯条件来选定坯料。由坯料进入切分孔的红坯之间的孔型系统按照延伸孔型的设计方法进行。综合以上方法，就可以求出角钢的轧制道次。

179. 怎样确定角钢的成品孔尺寸?

角钢的成品孔有开口与半闭口两种，参照前面图 5-48。开口式成品孔型的参数构成见表 5-30 和图 5-49。

表 5-30　角钢开口式成品孔型构成参数关系(mm)

构成参数名称	关系式	说明
腿长	$L = \beta_t L_0,\ L = \beta_t(L_0 + \Delta^+)$	L_0:成品标准腿长，按最长规格计算;
腿厚	$d = d_0$	
腿长余量	$C = 2d + (2\sim7)$	β_t:线膨胀系数，为 $1.011\sim1.016$;
顶角	$\phi = 90°\sim90°45'$	Δ^+:成品腿长正偏差;
上轧槽高度	$H = (L + C)\cos\dfrac{\phi}{2}$	d_0:成品标准腿厚，按共用规格最薄值计算;
上轧槽宽度	$B = 2(L + C)\sin\dfrac{\phi}{2}$	K_2 水平段长取上限，大规格取大值;
下轧槽高度	$H' = (H + S) - d/\sin\dfrac{\phi}{2}$	B 应大于来料轧件宽度;
下轧槽宽度	$b = 2H'\tan\dfrac{\phi}{2}$	大规格 S 取大值;
辊缝	$S = 1\sim8$	大规格 r' 和 r'' 取大值
槽口圆角半径	$r' = 3\sim15\quad r'' = 3\sim10$	

半闭口成品孔型除以下孔型参数外其他均与开口式成品孔相同。

腿厚:$d = d_0 + \Delta_-$(Δ_- 为腿厚部分或全部负偏差);

辊缝:$S = 3\sim6mm$;

锁口宽度:$t = 1.5\sim2mm$;

下轧槽宽度:$b = 2(H + S - \sqrt{2}t)$;

腿端圆弧半径:$r > d$;

槽口圆弧半径:r',$r'' = 3\sim6\ mm$。

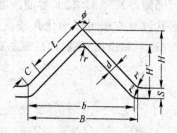

图 5-49　角钢开口成品孔型构成

180. 怎样确定角钢的假想蝶式成品断面尺寸？

为了确定各蝶式孔型的尺寸，将成品断面按其腿长和腿厚绘制成蝶形断面(称假想蝶形断面)。然后按照蝶形断面依次确定各道蝶形轧件断面尺寸，最后根据蝶形轧件断面构成各个蝶式孔型。如图 5-50 所示，各道次蝶形轧件断面形状尺寸有两种过渡方法。

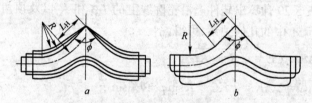

图 5-50　蝶形轧件断面形状过渡方法

a—第一种方法；*b*—第二种方法

（1）第一种方法如图 5-50*a* 所示。此种方法在轧件断面腿厚中心线上各道的 L_H、R 保持不变，而其顶角 ϕ 逆轧制方向逐道增加。结果各道蝶形轧件的上沿轮廓线上的直线段、弯曲圆弧半径和顶角均是变化的，这给角钢孔型设计和轧辊加工带来麻烦，使轧件在成品孔型中不太稳定。另外各蝶式孔型中在顶角处均存在弯折变形，往往造成顶角充满不良，必须采用辅助措施(如像方钢那样在顶角处戴假帽)来弥补。

（2）第二种方法如图 5-50*b* 所示。所有蝶形轧件上沿轮廓线的顶角、直线段和弯曲圆弧半径均与假想蝶式断面相同。腿厚中

213

心上的直线段长度随腿厚减薄而增加,弯曲段圆弧半径随腿厚减薄而减小。这种形状过渡方法可以简化孔型设计计算,方便轧辊加工,并使轧制过程稳定和顶角充满,而且成品腿长波动也相对稳定。

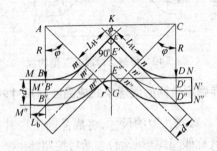

图 5-51　角钢假成品孔的设计

假想蝶形断面以上沿轮廓线为基准,其设计方法如下。首先根据表 5-29 计算出轧件上沿轮廓线上的 L_H 和 R 以及顶角 ϕ,根据图 5-51 中的几何关系,可得:

$$\overline{AE} = \overline{CE} = \sqrt{R^2 + L_H^2}$$

$$\overline{AC} = 2\,\overline{AK} = 2\,\overline{KC} = R\sin\varphi + L_H\sin\frac{\phi}{2}$$

$$\varphi = 90° - \frac{\phi}{2}$$

$$\overline{EG} = L_H\cos\frac{\phi}{2} + R(1 - \cos\varphi)$$

$$L_b = L_C - \left(L_H - 0.5d\cot\frac{\phi}{2}\right) - (R + 0.5d)\frac{\varphi}{57.32} \qquad (5\text{-}49)$$

$$B = 2(\overline{AK} + L_b) \qquad (5\text{-}50)$$

式中　L_C——成品腿厚中心线长度;

　　　　d——成品腿厚。

当 $\phi = 90°$、$\varphi = 45°$ 时:

$$\overline{AK} = \sqrt{2}(R + L_H) \qquad (5\text{-}51)$$

$$\overline{EG} = 0.293R + 0.707L_H \qquad (5\text{-}52)$$

$$L_b = L_C - (L_H - 0.5d) - (R + 0.5d)\frac{\pi}{4} \qquad (5\text{-}53)$$

其他尺寸同上,求出上述各基本尺寸,便可确定 A、B、C、D、E、G 6 点。由于各蝶式孔具有相同的基本参数 ϕ、L_H 和 R,所以各蝶式孔具有相同的 6 点。6 点位置确定后,即可绘制出轧件(即孔型)上轮廓线图形,与上轮廓线保持 $d/2$ 的等距离曲线 $M'B'm'E'n'D'N'$ 即为蝶式孔腿厚中心线,与上轮廓线保持 d 的等距离曲线 $M''B''m''E''n''D''N''$ 即为孔型的下轮廓线。因此,其他蝶式孔型设计主要是确定各道腿厚和水平段长度以及合理选择其他构成尺寸。

181. 怎样确定角钢切分孔和切分前孔尺寸?

角钢切分孔有开口和闭口两种,见图 5-52。

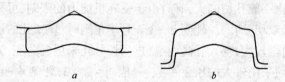

图 5-52　切分孔型的形式
a—开口切分孔;b—闭口切分孔

开口式切分孔的特点有:

(1) 共用性好,可借助于更换导卫装置、调节辊缝等手段适用于多种规格角钢的切分;

(2) 孔型形状简单,轧辊车削方便,轧槽深度较浅,对轧辊强度削弱较小;

(3) 轧件在孔型中处于自由宽展状态,轧制力较小,孔型磨损较轻;

(4) 不易正确切分轧件,两腿长度不易保证,常需要借助于设置若干道立轧孔来加以校正,同时对导卫安装、调整要求高,以保证轧件在孔型内稳定和切准。

闭口式切分孔的特点有：

(1) 轧件在孔型中稳定性较好,能正确地把两腿切分出来,为轧件在以后蝶式孔内稳定轧制创造了条件,对导卫的安装和调整的要求较低;

(2) 省去了立轧孔型,给操作带来方便;

(3) 共用性差,并需要采用大直径轧辊,从而增加轧辊的消耗;

(4) 轧制压力大,孔型磨损较不均匀。

由于闭口切分孔具有能保证产品质量、操作方便等好处,所以不仅在中、大号规格角钢轧制时大多采用,而且在小号角钢的生产中也乐意采用这种切分孔。

切分孔型设计方法如下:

(1) 选择压下系数。为了保证顶角充满良好,切分孔内的压下系数比一般孔型的大,有时由于受轧机能力的限制,可采用两道次切分(双切分孔)。轧制 2~3.6 号小角钢时,蝶式孔的水平段较短,弯曲段较大,蝶式孔高而窄,进入切分孔采用椭圆坯,为了顶角充满必须采用较大的压下系数,一般 $\eta = 2 \sim 3$;轧制 4~6.3 号角钢时,蝶式孔的水平段较长,蝶式孔扁平,则切分孔的压下系数可取小些,一般取 $\eta = 1.35 \sim 2.2$(常取 2);在轧制 7.5~12 号角钢时,进入切分孔坯料采用矩形断面,虽然也采用较短水平段的蝶式孔,但受轧机能力和断面的限制,也采用较小的压下系数,一般取 $\eta = 1.4 \sim 1.9$。

(2) 选择切分孔的宽展系数。切分孔型内的宽展系数 β 与切分孔的形式有关,常用的切分孔内的宽展系数范围见前面的表5-27。

(3) 开口切分孔设计。开口切分孔用在小号角钢的立轧孔型系统中,一般采用双切分孔(图 5-53),凸底切分尺寸根据立轧孔尺寸确定(计算符号见图 5-53)。

凸底切分孔尺寸按下式确定:

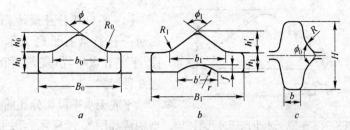

图 5-53　开口切分孔的构成与计算符号

a—平底切分孔；b—凸底切分孔；c—立轧孔

$$h_1 \geqslant b$$
$$h'_1 = (1.43 \sim 1.67) h_1$$
$$\phi_1 \geqslant \phi_0$$
$$b_1 = 2h'_1 \tan \frac{\phi_1}{2}$$
$$f = \left(\frac{1}{3} \sim \frac{1}{2}\right) h_1 \tag{5-54}$$
$$b' = \left(\frac{2}{3} \sim 1\right) b_1$$
$$R_1 = R + 0 \sim 5\text{mm}$$
$$B_1 = H + \Delta H$$

式中，ΔH 为立轧孔中的压下量，其他符号参见图 5-53。

平底开口切分孔尺寸根据凸底开口切分孔确定，即：

$$H_0 = h_1 + \Delta h_1, \Delta h_1 = 3 \sim 12\text{mm}$$
$$H'_0 = (1 \sim 1.11) h_0$$
$$\phi = 100° \sim 105°$$
$$b_0 = 2h_0 \tan \frac{\phi_0}{2} \tag{5-55}$$
$$R_0 = R_1 + 0 \sim 5\text{mm}$$
$$B_0 = B_1 - \Delta b_1$$

式中，Δb_1 为凸底切分孔中的宽展量，$\Delta b_1 = \beta \Delta h_1$、$\beta$ 在表 5-27 中

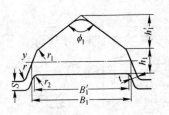

图 5-54　平底无水平段切分孔型构成

选定。

(4) 闭口切分孔设计。闭口切分孔通常有平底无水平段、平底有水平段(蝶式)和凸底 3 种形式。

平底无水平段切分孔的孔型构成如图 5-54 所示。用于轧制 3.6~6.3 号角钢的切分孔,采用扁平的矩形坯,切分孔外形一般较扁平,由于难于一次非常准确地切分出两腿,故需要在后面蝶式孔中进一步加工。

该孔型构成尺寸确定方法如下:

$$
\left.
\begin{aligned}
& B_1 = B' - \Delta b' \\
& h_1 = d'\eta' \quad \text{或} \quad h_1 = d' + \Delta d' \\
& \phi_1 = 110° \sim 115° \\
& h'_1 = (1.2 \sim 1.43)h_1 \\
& B'_1 = 2h'_1 \tan\frac{\phi_1}{2}
\end{aligned}
\right\}
\tag{5-56}
$$

式中,B'、d'、$\Delta d'$、η' 分别为切分孔进入第一个蝶式孔(顺轧制方向)的孔型宽度、腿厚、腿厚压下量和压下系数。孔型其他尺寸分别取 $t = 1.5 \sim 2\text{mm}$,$S = 4 \sim 5\text{mm}$,$r_1 = 10 \sim 15\text{mm}$,$r_2 = 0 \sim 2\text{mm}$,$r = 2 \sim 3\text{mm}$,$y = 10\% \sim 20\%$。

蝶式切分孔的孔型构成如图 5-55 所示,用以轧制中、小型角钢。其 h_1、B_1 确定方法同公式 5-56,其他尺寸确定方法为:

$$
\left.
\begin{aligned}
& h' = (0.48 \sim 0.77)h_1 \\
& b = 2h'_1 \tan\frac{\phi_1}{2} \\
& \phi_1 = 110° \sim 120° \\
& R_1 = R + 0 \sim 5\text{mm}
\end{aligned}
\right\}
\tag{5-57}
$$

式中,R 为蝶式孔弯曲段圆弧半径。其他尺寸取 $S = 6 \sim 8\text{mm}$,t

218

$=2\sim 3\text{mm}, r_1 = \left(\dfrac{1}{3}\sim\dfrac{1}{2}\right)h_1, r_2 = 1\sim 3\text{mm}, r = 3\sim 6\text{mm}, y = 10\%\sim 20\%$。

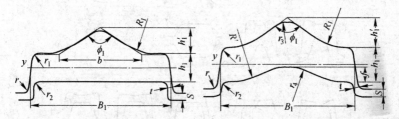

图 5-55　蝶式切分孔型构成　　　图 5-56　凸底切分孔型构成

凸底切分孔型构成如图 5-56 所示,此孔型用于轧制 7.5～12 号角钢,采用接近于方的矩形坯,利用轧件高温进行剧烈的切分变形,一下子就切分出两腿。为了提高咬入能力,采用下部为凸底的形式。当轧制较大号数角钢(如 12 号角钢)时,为防止切分变形过分剧烈,应采用两道切分以便准确地进行切分。凸底切分孔的 h_1、B_1 的确定方法同公式 5-56,其他尺寸确定方法为:

$$
\left.
\begin{aligned}
h'_1 &= (0.34\sim 0.8)h_1 \\
\phi_1 &= 100°\sim 110° \\
R_1 &= R + 0\sim 5\text{mm} \\
R' &= R_1 + h_1 \\
f &= \left(\frac{1}{4}\sim\frac{1}{5}\right)h_1 \\
r_1 &= \left(\frac{1}{4}\sim\frac{1}{2}\right)h_1
\end{aligned}
\right\} \tag{5-58}
$$

其余尺寸取 $S = 8\sim 10\text{mm}, t = 2\sim 3\text{mm}, r = 3\sim 6\text{mm}, r_2 = 1\sim 3\text{mm}, r_3 = 20\sim 30\text{mm}, r_1 = 30\sim 40\text{mm}, y = 15\%\sim 30\%$ 。

182. 槽钢孔型系统有哪些类型,怎样选择槽钢孔型系统?

槽钢孔型系统通常有直轧孔型系统、弯腰式孔型系统、大斜度孔型系统及工字钢轧制系统,见图 5-57。

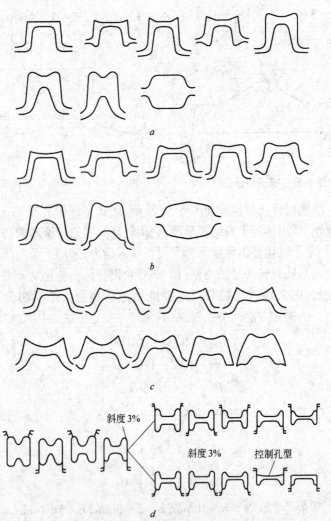

图 5-57 槽钢孔型系统

a—直轧孔型系统；b—弯腰式孔型系统；c—大斜度孔型系统；
d—共用粗轧孔型的槽钢的工字钢轧制系统

直轧孔型系统一般只用于生产小规格槽钢或在没有矫直设备
的情况下使用。

弯腰式孔型系统可采用较大的腿部侧壁斜度,成品孔为5%~10%,其他各孔为10%~20%;孔型磨损后的轧辊重车量小,轧辊使用寿命长;轧件容易脱槽,减少了对卫板的冲击和缠辊事故。

大斜度孔型系统即孔型的侧壁斜度比弯腰式的还要大,其成品孔可达12%,其他各孔的斜度可达30%以上,因而在轧辊的重车次数、轧件易脱槽、减少各类轧制中的生产事故等方面这种孔型系统都优于弯腰式系统。同时由于轧辊上各点的直径差小于上述两种系统的直径差,因此由于速度差而产生拉缩腿部的现象比上述两种有所改善,所以还可适当减小坯料的高度。

工字钢轧制系统的实质就是在粗轧孔型系统采用共同的孔型。其主要优点是当工字钢和槽钢相互转换时,可减少换辊次数,起到提高轧机作业率和减少轧辊储备量的作用。但由于假腿的作用是牵制腰部对腿部的拉缩作用,而粗轧共用孔型就必须大大压缩假腿,从而产生不均匀变形的程度增加,轧槽磨损增加。

上述4种孔型系统中,弯腰式和大斜度的孔型系统比较适合于连轧机组。但是当矫直能力不足时,就必须采用直轧孔型系统。

183. 怎样选择轧制槽钢所用的坯料?

在横列式轧机中,轧制槽钢一般都选择矩形坯和异形坯。以矩形坯为例,进入第一个切分孔的矩形坯尺寸(方度)比成品腿长要大,一般为:

$$\left.\begin{array}{l} H_0 = (1.5 \sim 2.4)H \\ B_0 = B - \Sigma\Delta B \end{array}\right\} \tag{5-59}$$

式中　H_0、B_0——分别为矩形坯料的高度和宽度;

　　　　H、B——分别为成品槽钢的腿高和腰宽;

　　　　$\Sigma\Delta B$——各道次中腰部宽展量的总和,一般小号槽钢取

　　　　　　　　5~10mm,中号槽钢取10~25mm,大号槽钢取

　　　　　　　　20~50mm。

在连轧机上由于切分孔前的轧件要有较正确的断面,因此一般都尽量采用方断面坯料。某厂连轧机组轧制5~16号槽钢时,

其采用的连铸坯断面为 100mm × 100mm、130mm × 130mm、140mm×140mm 3 种,其连铸坯断面的原始尺寸 H_0、B_0 与成品断面尺寸(H_c、B_c)之间的关系是:

$$\left.\begin{array}{l} H_0 = (2.15 \sim 3.1)H_c \\ B_0 = (0.875 \sim 2)B_c \end{array}\right\} \tag{5-60}$$

式中　B_c、H_c——分别为槽钢的高度(腰宽)和腿的长度。

采用矩形坯的好处是不会出现较大的负宽展现象,轧槽磨损相对稳定。

184. 槽钢断面形状有什么特点?

槽钢断面形状见图 5-58。槽钢断面上金属的分配随其号数的增加而变化,见图 5-59。号数增加,腰部面积与腿部面积之比增大。因此轧制小号槽钢和大号槽钢时,其腰部和腿部金属流动关系是有区别的。由于大号槽钢腰部面积占总面积比例较大,如果腰部延伸大于腿部延伸,则容易引起腿长的剧烈收缩。

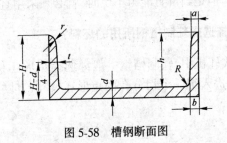

图 5-58　槽钢断面图

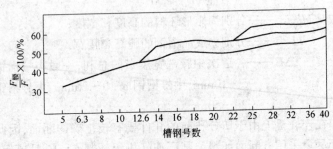

图 5-59　普通槽钢号数与 $F_{腰}/F$ 的关系

185. 槽形轧件断面面积应怎样划分?

一般把槽形轧件断面划分为腰部、腿部及假腿 3 个部分,见图 5-60。

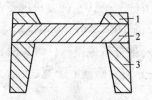

图 5-60 槽钢断面划分
1—假腿;2—腰;3—腿

186. 怎样分配槽钢孔型系统的延伸系数?

槽钢各孔的延伸系数分配一般逆轧制方向逐步递增。各道次腰部延伸系数 μ_y、腿部延伸系数 μ_t 和假腿延伸系数 μ'_t 之间的分配关系为:

(1) 接近成品孔型的道次应该力求变形均匀,即腰部延伸系数 μ_y 与腿部延伸系数 μ_t 基本相等,以保证成品尺寸精度,一般 $K_1 \sim K_3$ 孔有:

$$\mu_t = \mu_y - (0 \sim 0.03) \tag{5-61}$$

K_4 孔后的孔型可以逐渐采用较大的不均匀变形,即 $\mu_y > \mu_t$ 逐道增大。一般成品孔 $\mu_{y1} = 1.05 \sim 1.1$,成品前孔 $\mu_{y2} = 1.15 \sim 1.18$ 左右为佳,以后道次逐渐增大,但控制孔的变形量要适当小些。

在考虑 μ_y 与 μ_t 之间的关系时,要注意槽钢成品腰部面积与腿部面积的关系,切勿生搬硬套。

(2) 假腿延伸系数 μ'_t 应大于腿部和腰部的延伸系数,以保证槽钢角部充满和腿部有所增高。另外由于假腿面积小,不会拉缩腰和腿,因此 μ'_t 可取大一些,一般 $\mu'_t = 1.3 \sim 1.7$。

187. 怎样设计槽钢成品孔?

根据 GB707—88,由图 5-61 可知:

$$B_1 = (B - 部分负公差) \times (1.011 \sim 1.013) \tag{5-62}$$

$$d_1 = d - (0 \sim 部分负偏差) \tag{5-63}$$

$$h_1 = \{[H + (0 \sim 部分正偏差)] - [d + (0 \sim 部分正偏差)]\} \times (1.011 \sim 1.013) \tag{5-64}$$

式中 B、d、H——分别为槽钢的腰宽、腰厚及腿长的标准尺寸。

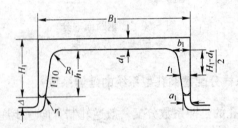

图 5-61 槽钢成品孔

计算 h_1 时,应考虑到腰厚 d_1 调整到最大正偏差时,腿长 H 不超出最大正偏差;当腰厚 d_1 调整到最小负偏差时,腿长 H 不小于最小负偏差。锁口余量及其他尺寸如下:

$$\begin{aligned} \Delta &= 5 \sim 10\text{mm} \\ t_1 &= (0.96 \sim 1)t \end{aligned} \tag{5-65}$$

式中 t——腿厚的标准尺寸。

$$\left. \begin{aligned} a_1 &= t_1 - \left(\frac{h_1}{2} \times \frac{1}{10} \right) \\ b_1 &= t_1 + \left(\frac{h_1}{2} \times \frac{1}{10} \right) \end{aligned} \right\} \tag{5-66}$$

为防止槽孔磨损后腿部太厚,腿厚 a、b 可取部分负偏差,但不能过大,否则在装辊及导卫安装不当、调整不当时,易使一条腿厚超出负偏差。

腿部斜度不能取得太小,只有在矫直能力不足时,才取 1°左

224

右,一般在 $3°\sim5°$ 左右,如果矫直能力有富余,则可以适当放大。

μ_y 与 μ_t 之间的关系前面已有介绍,这里不再另述。

188. 怎样设计槽钢成品孔前各弯腰槽式孔型?

弯腰槽式孔型见图 5-62,其尺寸构成如下:

(1)腿部斜度 y 的确定。当成品孔的腿部斜度不大于 5% 时,一般希望成品前孔腿部斜度 y 小于 10% ,其他各孔可依次增大 5%~10%,同时希望相邻两个孔型的 Δy 不易过大,以防止发生腿端刮伤或鳞层等缺陷。另外控制孔前的弯腰孔腿斜度应比控制孔腿斜度小 2%~4%。

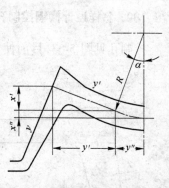

图 5-62 槽钢弯腰槽式孔型构成

(2)腰部斜度 y 一般等于腿部斜度或略小 1%~2%,即尽可能保持腰部与腿部基本垂直,以保证成品形状正确。

(3)腰部直线段长度 L''。成品前孔 $L'' = \dfrac{\bar{B}}{4} \sim \dfrac{\bar{B}}{8}$,$\bar{B}$ 为成品前孔的平均宽度,小规格取大值,大规格取小值。在以后各孔 L'' 可依次增大,到 K_4 孔可增大到 $\dfrac{\bar{B}}{3} \sim \dfrac{\bar{B}}{5.5}$。

(4)腰部弯曲段。取腰部弯曲段相对应的张角 α 为:

$$\tan\alpha = y'' \tag{5-67}$$

腰部弯曲段腰厚中心线长度 L' 为:

$$L' = \frac{B - 2L''}{2} \tag{5-68}$$

腰部弯曲段圆弧半径 R' 为:

$$R' = 57.3L'/a \tag{5-69}$$

腰部水平投影长度为:

$$y' = R'\sin\alpha \quad \Big\}$$
$$y'' = L''\cos\alpha \quad \Big\} \tag{5-70}$$

腰部垂直投影长度为:

$$x' = L''\sin\alpha \quad \Big\}$$
$$x'' = R'(1-\cos\alpha) \quad \Big\} \tag{5-71}$$

189. 怎样设计槽钢控制孔型?

控制孔见图 5-63,目前使用的以半闭口为主,设计中要注意以下几点:

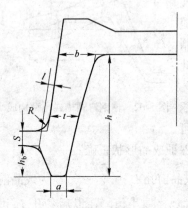

(1) 轧件进入控制孔时腿端不能给予侧压,以防止楔卡或出耳子。轧件腿根可给侧压,但侧压系数比腰部的小,以免腿长被压缩得太多。

(2) 控制孔的侧壁斜度要比来料孔型的斜度大 1% ~ 3%,以避免轧件的腿尖插在控制孔的开口缝里。

控制孔型的构成只是腿部独特,其他同槽形孔一样。腿端距开口的距离 h_b 一般取 7 ~

图 5-63 槽钢的控制孔构成

20mm(小号取小值,大号取大值),其他尺寸和圆弧半径按经验选取。生产号数大和位置在较前面的控制孔以及腿部垂直压下的控制孔,一般采用较大的 h_b、R、l 和 S 值。小号槽钢使用的经验数据为:

$$h_b = 7 \sim 10\text{mm}; S = 4 \sim 6\text{mm}; l = 2 \sim 4\text{mm}; R = 15 \sim 25\text{mm}$$

190. 怎样设计槽钢切分孔型?

槽钢的切分孔有开口式和闭口式两种。一般当用较小的轧机轧较大规格时,往往采用开口式。目前用闭口式较多,主要是轧件在孔型内具有良好的稳定性,使腿部获得较大的增长,调整方便。

轧制槽钢一般有 2~3 个切分孔。

逆轧制顺序第一个切分孔的设计原则是:

(1) 切分孔型外侧壁斜度应比控制孔的斜度小 1%～3%,但要使轧件的腿部内侧壁斜度与控制孔的内侧壁斜度相同。

(2) 应考虑控制孔的腿高拉缩量及控制孔对腿高的调整量,即要求从切分孔出来的轧件腿长,除去在控制孔的拉缩量外,还能保证腿端得到一定的直压加工。

(3) 根据电机功率、咬入条件及轧辊强度等因素,确定腰部压下量与腿部的侧压量,并预留腰部宽展量。

根据以上原则作出切分孔型草图,进行对光修改,最后量出图中各部分尺寸。

其他切分孔的设计原则是,后面切分孔设计均以前面设计出的切分孔为基础,其具体设计的原则是:

(1) 孔型的外侧壁斜度大体保持不变,或逆轧制方向逐道递减 0.5%～1%,因为侧壁斜度不变,会增加摩擦力,从而增加能耗。

(2) 各切分孔的楔子宽度逆轧制顺序逐道变窄,但相邻两孔的切分楔子宽度变化不能太大,否则会对腿部金属拉缩过多,有碍腿高增高,甚至会出现楔卡现象。

(3)相邻两孔互相对应的圆弧部位形状要求接近,这是保证轧制稳定和变形均匀的重要因素,要求来料的两腿端内侧与下轧槽有一段线接触,而且来料的腰部圆弧与孔型的腰部圆弧形状相近,如图 5-64 所示。

(4)钢坯进入第一个切分孔时,要估算腿部的拉缩量,一般槽钢顺轧制方向的第一个切分孔内的拉缩量为该孔腰部压下量的 30%～40%。孔型两侧壁与来料也要求有一段线接触或是给予一定的侧压量,以起夹持轧件的作用,使轧件在孔型中不会转动,以保证准确切分出两腿。侧压量的大小可采用作图法确定(图 5-65),如当轧件与上辊接触时,使坯料与上轧槽间保持 5～10mm

的间隙。这样根据来料的宽度和孔型侧壁斜度就可定出第一个切分孔的宽度。

(5)所选取的压下量不能超过咬入条件和电机允许负荷范围。

(6)作出各孔草图后,还应逐道对光修改。

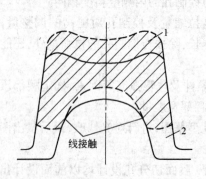

图 5-64　轧件进入切分孔接触情况
1—轧件；2—孔型

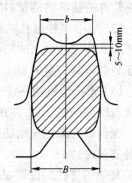

图 5-65　切分孔内侧压
确定方法图示

191. 钢轨有哪几类孔型系统,怎样选择钢轨孔型系统?

钢轨有直轧和斜配两种孔型系统,见图 5-66。

由于直轧孔型系统中轨形孔的侧壁斜度小(仅为 1.5% ～ 2%),轧槽磨损严重,轧件脱槽困难,轧辊重车量大,因此已不使用。

由于在斜配孔型系统中轨形孔全部采用斜配孔,它可以用轧辊的轴向调整和高度的压下而给予侧压,使调整容易并能获得质量较好的产品,因此目前斜配孔型系统已取代了直轧孔型系统。

192. 怎样选择轧制钢轨所用的坯料?

首先根据本厂工艺装备、调整技术状况,结合钢轨的规格来确定轧件进入帽形孔的方式。

坯料进入帽形孔的方式有图 5-67 所示的 3 种。

为减轻帽形孔头部侧壁局部严重磨损,常采用梯形坯或带槽

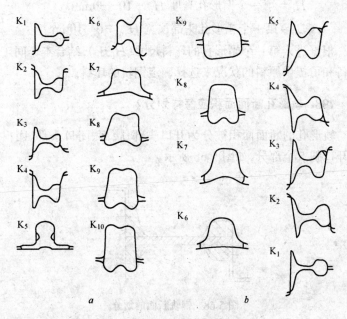

图 5-66 普通轧机上轧制钢轨的孔型系统

a—直轧孔型系统；*b*—斜配孔型系统

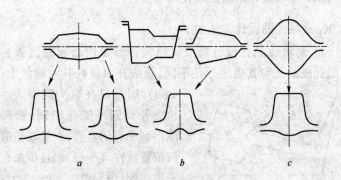

图 5-67 坯料进入帽形孔的方式

底斜度的矩形坯。坯料高度 H_0 在咬入条件允许时适当取大,其具体值为：

$$H_0 = 第一个帽形孔高度 \; H_m + 10 \sim 30mm$$
$$B_0 = 第一个帽形孔头部顶宽 \; H'_m + 0 \sim 10mm \qquad (5\text{-}72)$$

根据进入第一个帽形孔的坯料尺寸$(H_0 B_0)$,结合本车间工艺装备和可提供原料的状况来选择确定钢轨的坯料。

193. 轨形孔断面面积应怎样划分?

轨形孔的断面面积被分为开口头部、腰部、闭口头部、闭口腿和开口腿 5 个部分,如图 5-68 所示。

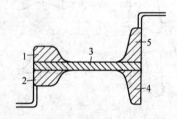

图 5-68　钢轨断面的划分
1—闭口头部;2—开口头部;3—腰部;4—闭口腿;5—开口腿

194. 怎样设计钢轨成品孔?

K_1 成品孔的设计方法如下:

(1) 钢轨成品孔设计特点。轨头顶部是由凸起的圆弧构成的,因此成品孔与其他轨形孔不同,轨头开口应在其对称线上(图 5-69),即开口在轨头的中央。但轨底开口则不能在中间,否则不能得到平直的轨底,一般将轨底开口位置放在其一侧,而且成品孔应采用斜配(图5-69)。

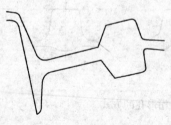

图 5-69　钢轨成品孔开口位置与配置

由于成品孔斜配,当轨底开口在上时,轨头在轧制线之上,轧件出孔后由于轨头自重的影响产生向下扭转,而造成上腹高超出公差。当轨底开口在下时,则会减轻因自重扭转的影响,同时,为了减轻轨头扭转,可以采用下压力配置。对于轻轨轧制,由于轨头扭转不是主要问题,采用上压力配置以减轻轨底上卫板的负荷。

(2) K_1 成品孔尺寸计算。成品孔的尺寸根据产品尺寸和公差(参见图 5-70)及线膨胀系数确定。各部位尺寸计算方法如下:

1) 腰部。成品孔轨头的开口在中央,腰宽(轨高)B 只能由成品前孔调整控制。腹高 B' 处是安装鱼尾板的地方,为使孔型与鱼尾板吻合好,故尺寸要求严,由于楔子两侧面磨损较快,为保证 B' 和延长轧槽寿命,B' 按正偏差设计,即:

$$\left.\begin{array}{l} B_1 = B(1.013 \sim 1.015) \\ d_1 = d \\ B'_1 = (B' + 正偏差) \times (1.012 \sim 1.015) \end{array}\right\} \quad (5\text{-}73)$$

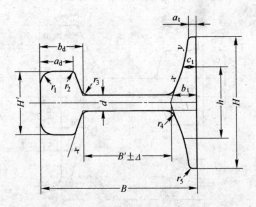

图 5-70　钢轨成品断面各部分尺寸

2) 轨底(腿部)。轨底各尺寸如下:

$$\left.\begin{array}{l} H_1 = [H + (0 \sim 部分正偏差)] \times (1.012 \sim 1.05) \\ h_1 = h(1.012 \sim 1.015) \\ a_{t1} = (a_t - 0.5\,负偏差) \times (1.012 \sim 1.015) \end{array}\right\} \quad (5\text{-}74)$$

c_{t1}、b_{t1} 可由斜度 x、y 求出。

3) 轨头。轨头各尺寸如下：

$$H'_1 = [H' + (0\sim\text{部分正偏差})] \times (1.013\sim1.015)$$
$$a_{d1} = (a_d - 0.5\text{负偏差}) \times (1.013\sim1.015)$$
$$b_{d1} = a_{d1} + \frac{H'_1 - d_1}{2} \times y$$

$$\left.\right\} (5\text{-}75)$$

腰厚 d_1、头总高 H'_1 和腿总高 H_1 三者应配合好,当腰厚调整至最大正偏差或最小负偏差时,头总高和腿总高皆不应超出公差范围。各处的圆弧半径按标准尺寸确定。

195. 怎样设计钢轨成品孔前各轨形孔?

轨形孔构成和尺寸符号如图 5-71 所示,具体孔型尺寸计算方法与工字钢设计相同,由 K_1 孔尺寸和 K_1 孔中的变形量,逆轧制顺序逐道确定各轨形孔尺寸。

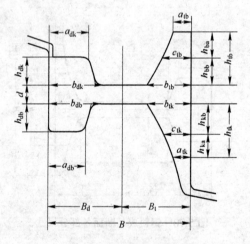

图 5-71 轨形孔构成尺寸

(1) 各部分延伸系数的分配。全部轨形孔(4~6 个)的总延伸系数为 2.7~3.2,平均延伸系数为 1.19~1.21。成品孔 K_1 中整个断面的延伸系数 $\mu_1 \leqslant 1.06\sim1.08$,其他轨形孔则按设计顺序增加,第一个轨形孔(即切分孔)中的延伸系数为 1.3~1.42。至于轨形孔断面各部分延伸系数分配，则是不均匀的。

对于钢轨来说，腰部占的断面面积少，不怕腰拉腿。因此，除了成品孔保持腰部、头部和腿部的延伸系数接近相等外，即 $\mu_y \approx \mu_d \approx \mu_t$，其他各孔均采用 $\mu_y > \mu_d > \mu_t$。其中 $\mu_d = \mu_t + (0.01 \sim 0.03)$。当轨形孔采用斜配时，为减小轴向力，防止轧辊轴向窜动，使 $\mu_{tk} < \mu_{tb}$、$\mu_{dk} < \mu_{db}$，以减小开口腿部、开口头部的侧压。

各种型号钢轨轨形孔各部分的延伸系数分配实例见表 5-31。

当得到各部分延伸系数后，即可求得后一道对应部分的面积，即：

$$
\left.
\begin{aligned}
F_{y2} &= F_{y1}\mu_{y1}; & F_{y3} &= F_{y2}\mu_{y2}; \cdots\cdots \\
F_{db2} &= F_{dk1}\mu_{dk1}; & F_{db3} &= F_{dk2}\mu_{dk2}; \cdots\cdots \\
F_{dk2} &= F_{db1}\mu_{db1}; & F_{dk3} &= F_{db2}\mu_{db2}; \cdots\cdots \\
F_{tb2} &= F_{tk1}\mu_{tk1}; & F_{tb3} &= F_{tk2}\mu_{tk2}; \cdots\cdots \\
F_{tk2} &= F_{tb1}\mu_{tb1}; & F_{tk3} &= F_{tb2}\mu_{tb2}; \cdots\cdots
\end{aligned}
\right\}
\tag{5-76}
$$

表 5-31　各种型号钢轨轨形孔各部分的延伸系数分配实例

型号	各部分延伸系数		K_1	K_2	K_3	K_4	K_5	K_6
P65	闭口头	μ_{db}	1.113	1.1	1.12	1.13	1.16	1.12
	开口头	μ_{dk}	1.108	1.07	1.09	1.075	1.1	1.09
	闭口腿	μ_{tb}	1.07	1.1	1.12	1.13	1.12	1.12
	开口腿	μ_{tk}	1.05	1.07	1.095	1.105	1.1	1.09
	腰部	μ_y	1.07	1.115	1.16	1.21	1.26	1.275
P50	闭口头	μ_{db}	1.087	1.081	1.141	1.133	1.13	1.116
	开口头	μ_{dk}	1.078	1.04	1.08	1.09	1.087	1.081
	闭口腿	μ_{tb}	1.08	1.112	1.113	1.131	1.13	1.115
	开口腿	μ_{tk}	1.055	1.064	1.078	1.09	1.09	1.08
	腰部	μ_y	1.08	1.17	1.236	1.255	1.295	1.286
P43	闭口头	μ_{db}	1.04	1.1	1.119	1.134	1.122	1.11
	开口头	μ_{dk}	1.04	1.126	1.092	1.118	1.09	1.085
	闭口腿	μ_{tb}	1.11	1.12	1.12	1.132	1.13	1.104
	开口腿	μ_{tk}	1.05	1.05	1.085	1.092	1.092	1.086
	腰部	μ_y	1.089	1.11	1.275	1.286	1.34	1.335

型 号	各部分延伸系数		K_1	K_2	K_3	K_4	K_5	K_6
P38	闭口头	μ_{db}	1.07	1.1	1.12	1.128	1.113	1.122
	开口头	μ_{dk}	1.075	1.068	1.09	1.1	1.1	1.11
	闭口腿	μ_{tb}	1.085	1.102	1.12	1.13	1.125	1.12
	开口腿	μ_{tk}	1.055	1.072	1.09	1.1	1.1	1.11
	腰部	μ_y	1.05	1.12	1.16	1.222	1.412	1.45
P18	闭口头	μ_{db}	1.09	1.13	1.16	1.16	1.2	
	开口头	μ_{dk}	1.055	1.12	1.15	1.14	1.18	
	闭口腿	μ_{tb}	1.09	1.13	1.13	1.18	1.2	
	开口腿	μ_{tk}	1.07	1.12	1.12	1.16	1.17	
	腰部	μ_y	1.06	1.15	1.2	1.24	1.27	
P15	闭口头	μ_{db}	1.078	1.14	1.22	1.225		
	开口头	μ_{dk}	1.078	1.12	1.193	1.203		
	闭口腿	μ_{tb}	1.108	1.115	1.205	1.21		
	开口腿	μ_{tk}	1.078	1.116	1.19	1.206		
	腰部	μ_y	1.105	1.215	1.228	1.565		
P11	闭口头	μ_{db}	1.1	1.15	1.18	1.212		
	开口头	μ_{dk}	1.1	1.14	1.165	1.196		
	闭口腿	μ_{tb}	1.092	1.135	1.176	1.21		
	开口腿	μ_{tk}	1.074	1.13	1.167	1.195		
	腰部	μ_y	1.12	1.21	1.345	1.49		
P8	闭口头	μ_{db}	1.098	1.203	1.208	1.281		
	开口头	μ_{dk}	1.098	1.112	1.123	1.12		
	闭口腿	μ_{tb}	1.166	1.2	1.222	1.21		
	开口腿	μ_{tk}	1.122	1.143	1.21	1.203		
	腰部	μ_y	1.11	1.272	1.359	1.617		

(2) 腰部尺寸确定。腰部尺寸确定如下：

1) 腰部宽度取决于腰部宽展量 ΔB，一般成品孔中 $\Delta B_1 = 2 \sim 3mm$，其他各孔可取 $\Delta B = 3 \sim 4mm$，亦可按以下经验公式确定：

$$\Delta B_y = 0.01B + (i - 1)mm$$

式中　　B——成品腰部宽度(轨高)，mm；

　　　　i——设计顺序孔型的序号。

帽形孔轧件进入第一个轨形孔(切分孔)时,腰部宽展量应取大些,因此孔中腰部压下量大,且存在强迫宽展,如宽展量取得小了,第一个轨形孔侧壁的磨损将十分严重,轧件容易产生鳞层。第一个轨形孔中的宽展量一般取 $6\sim11$mm。由此可得各孔腰部宽度为:

$$B_2 = B_1 - \Delta B_1; \quad B_3 = B_2 - \Delta B_2; \cdots\cdots$$

2) 腰部厚度取决于各孔中腰部压下量 Δd,一般各孔中腰部压下量的经验值如表 5-32 所示。各孔腰部厚度 d 和延伸系数 μ_y 为:

$$\left.\begin{aligned}
d_2 &= d_1 + \Delta d_1; d_3 = d_2 + \Delta d_2; \cdots\cdots \\
\mu_{y1} &= \frac{B_2 d_2}{B_1 d_1}; \mu_{y2} = \frac{B_3 d_3}{B_2 d_2}; \cdots\cdots
\end{aligned}\right\} \quad (5\text{-}77)$$

表 5-32 轨形孔中腰部压下量范围

孔　型		K_1	K_2	K_3	K_4	K_5	K_6
Δd/mm	重轨	1.5	$2\sim3$	<5	$6\sim8$	$10\sim11$	$15\sim18$
	轻轨	1	$1.5\sim2.5$	$3\sim6$	$4\sim9$		

(3) 头部尺寸确定。头部尺寸确定如下:

1) 头部高度尺寸的确定。闭口进开口时,闭口头部高度 h'_{db} 按下式确定:

$$h'_{db} = h_{dk} - [(-0.5)\sim(+0.5)]\text{mm} \quad (5\text{-}78)$$

闭口进开口时,在开口头部处垂直压下量不能太大,以防止在开口处产生耳子,有时将闭口孔头端 r 放大,也可防止产生耳子。

开口进闭口时,开口头部高度 h'_{dk} 按下式确定:

$$h'_{dk} = h_{db} + (1\sim3)\text{mm} \quad (5\text{-}79)$$

2) 头部厚度尺寸的确定。当闭口头部进开口头部时,闭口头部厚度,按照头端侧压量小于头根侧压量、头端侧压压下系数大于或等于头根侧压压下系数的原则来确定,即:

$$a'_{db} - a_{dk} < b'_{db} - b_{dk}$$

$$\frac{a'_{db}}{a_{dk}} \geqslant \frac{b'_{db}}{b_{dk}}$$

在假定 a'_{db} 及按照前面的公式求得 F'_{db} 及 h'_{db} 后,按下式计算 b'_{db}:

$$b'_{db} = \frac{2F'_{db}}{h'_{db}} - a'_{db} \tag{5-80}$$

当开口头进闭口头时,头部不给或少给侧压量,以防止楔卡,故开口头端部及根部厚度按下式确定:

$$a'_{dk} = a_{db} - [(-1) \sim (+2)] \text{mm} \tag{5-81}$$

$$b'_{dk} = \frac{2F'_{dk}}{h'_{dk}} - a'_{dk} \tag{5-82}$$

(4) 腿部尺寸的确定。腿部尺寸的确定如下:

1) 腿部高度尺寸的确定。闭口腿进开口腿时,开口腿高的增长量取 $0 \sim 1$mm,则:

$$h'_{tb} = h_{tk} - (0 \sim 1) \text{mm} \tag{5-83}$$

开口腿进闭口腿时,闭口腿拉缩量取 $3 \sim 6$mm,则:

$$h'_{tk} = h_{tb} + (3 \sim 6) \text{mm} \tag{5-84}$$

2) 腿部厚度尺寸的确定。当闭口腿进开口腿时,确定腿端及腿根侧压量的原则与确定头部侧压量的原则相同,即:

$$a'_{tb} - a_{tk} < c'_{tb} - c_{tk} < b'_{tb} - b_{tk}$$

$$\frac{a'_{tb}}{a_{tk}} > \frac{c'_{tb}}{c_{tk}} \leqslant \frac{b'_{tb}}{b_{tk}}$$

当开口腿进闭口腿时,为防止闭口腿内发生楔卡,造成冲出口导卫和绕辊等事故,开口腿腿端厚度应比闭口腿腿端厚度小 $0.2 \sim 1$mm,腿中间厚度方向上不给或少给侧压量,故腿部厚度按下式确定:

$$a'_{tk} = a_{tb} - (0.2 \sim 1) \text{mm} \tag{5-85}$$

$$c'_{tk} = c_{tb} - [(-0.2) \sim 1] \text{mm} \tag{5-86}$$

$$b'_{tk} = \frac{2F'_{tk} - (a'_{tk} + c'_{tk}) h'_{tka}}{h'_{tkb}} - c'_{tk} \tag{5-87}$$

(5) 孔型各圆弧半径从成品孔往前可逐步增加。

(6) 开口处锁口高度,腿部为 7~15mm,头部为 5~10mm。

(7) 各轨形孔采用斜配法,斜率取 8%~15%。

196. 怎样设计帽形孔?

帽形孔的设计内容主要有:坯料进入帽形孔的方式、帽形孔的配置、进入第一个轨形孔的帽形孔设计、其他帽形孔设计以及进入帽形孔坯料的确定。

(1) 坯料进入帽形孔的方式。帽形孔的作用是加工轨底和轨头。轨底加工是依靠帽形孔切深楔以及扩张和局部大压下所产生的强迫宽展,而形成宽而薄的轨底和提高轨底质量。轨头加工是帽形孔内除对轧件进行垂直压下外,还有一定的侧压,以提高轨头质量。但轨头的侧压量不宜太大,以免造成咬入困难,轧槽磨损加快和造成产品缺陷。坯料进入帽形孔的方式有图 5-67 所示的 3 种:

1) 矩形坯立进帽形孔(图 5-67a),当坯料偏小、轨底宽度不够时,帽形孔采用凸底;当坯料偏大时,帽形孔采用凹底。

2) 异形坯立进帽形孔(图 5-67b),适用于小机轧大材或小坯轧大材。采用闭口孔是为了增大辊环,防止轧件侧弯和出耳子。

3) 方坯对角进帽形孔(图 5-67c),适用于轧制小规格轻轨。

(2) 帽形孔配置问题。由于最后一个帽形孔进入第一个轨形孔时需要翻钢,同时第一个轨形孔中的腰部压下量大,因此孔型配置时最好将此两孔配置在咬入条件较好的同一机架的上、下轧制线上,以便实现自动翻钢操作。帽形孔在轧辊上的配置有正配和倒配两种:

1) 帽形孔在轧辊上的正配(图 5-72a),轧件在辊道上运行平稳,帽形孔进帽形孔可以自动进钢。但孔型侧压不宜太大,否则轧件出孔时轧件上翘,容易造成冲出口事故,而且由帽形孔进第一个轨形孔时需要人工或机械翻钢喂钢。

2) 帽形孔在轧辊上的倒配(图 5-72b),可以简化出口导卫装置,不用上卫板;可以使用较大的侧压,有利于轨底宽度的增长;轧件进入第一个轨形孔时,可通过出口下卫板的适当调整和辊道的配合,实现自动喂钢。但轧件在辊道上运行不稳,帽形孔进帽形孔时需要人工扶正操作。以上两种配置方式,各有利弊,所以各厂配置也不一样,这由其具体设备工艺条件及操作习惯而定。

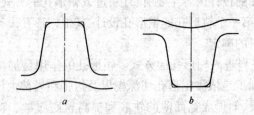

图 5-72　帽形孔在轧辊上的配置

a—正配;b—倒配

（3）进入第一个轨形孔的帽形孔设计。按轧制顺序最后一个帽形孔尺寸应满足第一个轨形孔的需要,两者的尺寸关系如图 5-73所示。

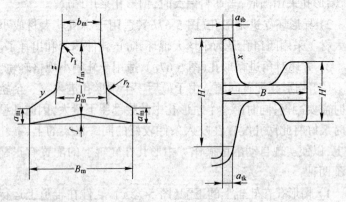

图 5-73　第一个轨形孔与帽形孔的尺寸关系

1）确定帽形孔高度 H_m：

$$H_m = B + \Delta B \tag{5-88}$$

式中　ΔB——第一个轨形孔中的宽展量,重轨取 9～11mm,轻轨

238

取 5~8mm。

2) 确定帽形孔底宽 B_m。取第一个帽形孔中腿高拉缩量为 15~25mm，则：

$$B_m = H + (15\sim25)\text{mm} \tag{5-89}$$

3) 确定帽形孔顶宽 b_m。第一个轨形孔头部采用 0~6mm 压下量，当腰部切入大时，甚至可用负压下(此时帽形孔中的 r_1 采用较大值)，故 b_m 一般为：

$$b_m = H' + (0\sim6)\text{mm} \tag{5-90}$$

4) 确定帽形孔腿厚 a_m, a'_m。为了使第一个轨形孔型中闭口腿不产生楔卡，而开口腿有一定侧压，最后一个帽形孔两边的腿厚 a_m、a'_m 不应相等，即 $a_m < a'_m$，一般：

$$\left. \begin{array}{l} a_m = a_{tb} - [(-0.2) + (+1.0)]\text{mm} \\ a'_m = a_{tk} + (0.5\sim2.5)\text{mm} \end{array} \right\} \tag{5-91}$$

对于其他帽形孔的两侧腿厚可设计成相同厚度。

5) 确定帽形孔腿部斜度 x。为使第一个轨形孔闭口腿充满较好，取帽形孔腿部斜度 x 近似等于轨形孔腿部斜度 y，一般取 $x = 8\% \sim 15\%$。

6) 确定帽形孔头部侧壁斜度 z。一般帽形孔取 $z = 5\% \sim 14\%$。当 x、z 斜度确定后，则可用作图法得到帽形孔头部底宽 B'_m。

7) 确定帽形孔底部凸度 f。最后一个帽形孔采用底部凸度的作用是减轻第一个轨形孔轨底侧壁的磨损。一般取 $f = 3\sim5$mm。

(4) 其他帽形孔的设计。帽形孔的数目根据坯料的大小、设备性能、压下量的大小以及操作条件来确定，一般轻轨有 2~3 个，重轨有 3~4 个。

1) 确定帽形孔的高度。帽形孔中高度压下量在咬入条件下，视帽形孔的数目和位置可以适当取大些。一般帽形孔高度上压下 $\Delta H_m = 10\sim35$mm，则第二、第三、第四个帽形孔高度为(逆轧制方向)：

$$H_{m2} = H_{m1} + \Delta H_{m1}; \quad H_{m3} = H_{m2} + \Delta H_{m2}; \cdots\cdots \tag{5-92}$$

2) 确定帽形孔的顶宽。一般取帽形孔顶部侧压 $\Delta H'_m = 0 \sim 10\text{mm}$,则各帽形孔顶宽为(逆轧制方向确定):

$$H'_{m2} = H'_{m1} + (0 \sim 10)\text{mm}; \quad H'_{m3} = H'_{m2} + (0 \sim 10)\text{mm}; \cdots\cdots \tag{5-93}$$

3) 确定帽形孔的腿部厚度。为了获得较宽的腿部,帽形孔腿部的压下系数 η 取得很大,可取到 2.0 以上,边部压下系数可比中间垂直压下系数大一倍,这样利用强迫宽展使腿增长。

4) 确定帽形孔底部楔子凸度 f。第一个帽形孔的 f 值,根据使用帽形孔的数目选定,以后逐道次逐渐减小。一般用 2 个帽形孔时,$f = 15 \sim 30\text{mm}$;用 3 个帽形孔时,$f_{max} = 40\text{mm}$;用 4 个帽形孔时,$f_{max} = 60\text{mm}$。其他各孔轨底楔子主要是把底部逐渐扩张,其尺寸一般通过作图法确定。

(5) 确定进入帽形孔的坯料。进入帽形孔的坯料有几种,如图 5-63 所示。为了减轻帽形孔头部侧壁局部严重磨损,常采用梯形坯或带槽底斜度的矩形坯。坯料高度 H_0 在咬入条件允许时适当取大值,具体取值为:

$$\left.\begin{array}{l} H_0 = \text{第一个帽形孔高度 } H_m + (10 \sim 30)\text{mm} \\ B_0 = \text{第一个帽形孔头部顶宽 } H'_m + (0 \sim 10)\text{mm} \end{array}\right\} \tag{5-94}$$

197. 什么是轧辊名义直径、最大直径和最小直径?

所谓轧辊名义直径是指在型钢轧机中,带动该轧辊转动的齿轮机座的齿轮节圆直径。

轧辊最大直径和最小直径一般指在确定的传动连接轴和机架中,在接轴的允许倾角内和机架安装的允许范围内轧辊辊环的最大直径和最小直径。也就是新辊的辊环直径和经过多次车削后报废前的最后一次的轧辊辊环直径。

198. 什么叫轧辊工作直径,怎样选用上压力和下压力?

型钢轧机中,轧辊一般都是有槽的。轧辊的槽底直径通常称为轧辊的工作直径。

上压力的含意是上轧辊工作直径比下轧辊工作直径大多少(mm);下压力是指下辊工作直径比上辊工作直径大多少(mm)。

在孔型设计中,人为的给一定压力,即上下工作辊径差,以按需要控制轧件离开轧辊的弯曲方向,以达到安全生产的目的。采用上压力时轧件出轧辊向下弯,采用下压力时轧件出轧辊向上弯。

一般都采用上压力并安装下卫板,使轧件轧出后能贴着下卫板较平直地出来,因为安装上卫板比安装下卫板复杂。

在粗轧机中,由于轧件断面大,一般不会发生缠辊事故,所以粗轧机多采用下压力,这样能减小轧件前端对轧机后第一个辊道的冲击力。

轧制异形型钢(如工字钢、槽钢、钢轨),当闭口腿部的轧槽车削在下(上)辊时,采用下(上)压力,以保证轧件能顺利地脱离闭口轧槽。

总之,上、下压力要根据实际生产情况而定。上压力应该力求不超过轧辊平均直径的 2%～3%。最后几道的上压力要减少到 1% 以下,精轧孔型的辊径差最好为零。

199. 怎样设计辊环宽度?

轧辊的辊环有边辊环(辊身两侧的辊环)和中间辊环之分,见图 5-74。

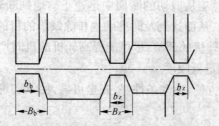

图 5-74　轧辊辊环的宽度确定

中间辊环的宽度主要决定于轧辊的材质和轧槽深度 h_p,对钢轧辊,则宽度 $b_z \geqslant 0.5 h_p$;对铸铁轧辊,则 $b_z \geqslant h_p$。当孔型侧壁斜度较大、槽底圆角半径较大时，b_z 可取小些。

边辊环宽度 B_b 在初轧机上要考虑推床的最大开口宽度和夹板的厚度，型钢轧机上要为导卫装置与调整留出足够的位置。大中型轧机一般取 100～150mm，小型轧机一般取不小于 40mm。

200．连续式轧机孔型设计有何特点？

连轧机孔型设计的主要特点有：

（1）选择合理的变形道次和各道次合理的延伸系数。机组和机架无论是奇数或是偶数，每个机架的延伸系数都尽可能地相对平均分配，以力求在轧制过程中各机架的轧槽磨损相对均匀，从而在连轧过程中各机架的金属秒流量达到较长时间的相对稳定，尽可能在接近的时间内做到集中更换较多的轧槽，以提高轧机的作业率。

（2）轧件在孔型中的状态是稳定的。只有稳定的状态才能保证在整个轧制过程中轧件断面始终保持同一相对稳定的面积，达到稳定轧制的目的。

（3）尽可能采用共用性广的孔型，以便在更换品种或同一品种更换不同规格时，力求更换较少的机架，有利于技术经济指标的提高。

（4）各事故剪或回转式飞剪应尽可能剪切方、圆或控制孔轧件，以利于调整工从剪切的断面中迅速正确地判断轧件产生各种缺陷的可能性，从而达到及时准确地排除缺陷的目的。

（5）便于轧机的调整，尽可能提高轧机的机时产量，使轧制的单位成本降到最低限度。

（6）操作方便，劳动条件好，安全可靠，便于实现高度机械化、自动化操作。

201．什么是轧辊孔型设计，主要有哪些内容？

轧辊孔型设计是指将已经设计好的一套断面孔型合理地配置在各架轧机的轧辊上，又叫孔型配置或配辊。

轧辊孔型设计的主要内容有：

（1）孔型沿轧制面水平方向的配置。要考虑辊身长度的有效利用和各架轧机轧制节奏的均衡。在横列式轧机上，从粗轧到精轧，各架轧机的轧制道次随轧件的延伸而逐渐减少，成品机架一般只轧一道，以便于调整和控制产品尺寸精度。为了便于咬入和轧出轧件平直，第一道和成品道次安排在中下辊的下轧制线上。轧槽磨损后为了减少换辊次数，对成品孔型、成品前孔型和过渡孔型设置备用孔。另外，在各机架上配置孔型时还要考虑各轧机前后的辅助设备条件，如升降台、翻钢机和移钢机等。

孔型布置在轧辊上，孔型之间的距离要考虑辊环的宽度和安装导卫装置的位置。

在轧辊上配置左右不对称孔型时，可以采用无轴向力配置，使孔型在轧辊轴向上投影相等。另外还有轴向力配置和斜配孔加止推环配置3种方式，如图5-75所示。

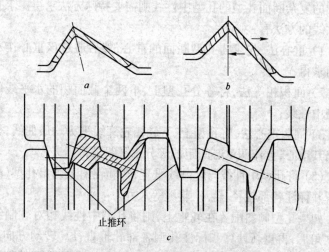

图 5-75　左右不对称孔型在轧辊上的配置
a—无轴向力配置；b—有轴向力配置；c—斜配孔加止推环配置

对复杂断面型钢斜配置时将产生轴向力，为防止轧辊轴向窜动,造成厚度不均,要配置止推环(或叫止推工作斜面)。

(2) 孔型在轧制面垂直方向上的配置。首先确定是否采用下压力或上压力轧制及其压力值的大小(参见第 198 题)。

其配置步骤如下:

(1) 根据轧机的条件,画出轧辊的原始直径,上、下辊的轴线和轧辊中线。

(2) 画出辊身长度,确定各孔位置和辊环宽度。

(3) 根据所采用的上压或下压值(ΔD),根据轧辊中线来确定轧制线的位置,二线的间距为 $x = D/4$。当采用上压时轧制线在轧辊中线的下方 x(mm)距离处;当采用下压时,轧制线在轧辊中线的上方 x 距离处。最后画出平行于轧辊中线的轧制线。

(4) 在孔型图上确定孔型中性线。孔型中性线是指在一个孔型图上,上下轧辊对其作用力矩相等的一条水平线。

上下对称孔型的孔型中性线就是孔型的水平对称轴线;而非对称的复杂断面孔型的孔型中性线则需要特殊方法求得。求孔型中性线的方法有:

1) 重心法,先求得孔型断面的重心,然后通过该重心作水平线而求得;

2) 面积相等法,将等分孔型上、下两个截面积的水平线作为孔型中性线;

3) 周边重心法,将孔型上、下轧槽轮廓线视为均质曲线,分别求出其重心,再作两重心间距的等分水平线求得。

(5) 将孔型中性线与轧制线重合,在轧辊图上画出孔型(配辊图),并标注各部辊径、辊环、辊缝等尺寸。

如果孔型倾斜配置在轧辊上,则将孔型中性线相对轧制线转动 θ 角后,再重新计算和标注孔型各部轧辊直径。转动方向和 θ 角的大小,要考虑孔型闭口轧槽侧壁不产生内斜,以便于轧件脱槽和轧辊重车。

(6) 根据轧辊孔型设计的结果(配辊图),再进行进、出口导板和卫板形状和尺寸的设计。

202. 什么是计算机辅助孔型设计？

计算机辅助孔型设计就是利用电子计算机辅助进行孔型设计，简称孔型设计 CARD 或 CAD。它利用计算机系统高速计算及快速绘图等特点来帮助孔型设计人员完成各环节中的计算工作和绘图工作，包括利用计算机逻辑判断能力及计算能力来选择孔型系统；确定轧制道次；完成各道次孔型和轧辊各结构要素几何尺寸的选定和计算；计算各道次轧件的宽度、前滑、轧制力及轧制力矩；进行设备能力及塑性条件的校核；选择轧制最优程序；绘制孔型图和配辊图；并可直接指挥数控机床进行加工。

要利用 CARD，必须有 CARD 系统，系统包括硬件及软件两部分。硬件是指主机及其外围设备，软件是指所需的计算机程序的集合。

采用 CARD 的特点是：速度快，可以进行优化，设计结果精确，可以利用现代计算方法得到轧制过程较精确的理论解，并可进行模拟轧制。这个软件将能完成优化设计、制图、修改和过程模拟等功能。建立这套软件一般有 4 个问题需要解决：

(1) 问题定义及目标函数建立。如在连轧型钢孔型中，保证各机架金属秒流量相等、机架间无张力或微张力是孔型设计及确定各架速度的依据。同时要考虑约束条件，如电机能力、轧机能力、轧件的咬入条件、轧件的稳定性条件、充填条件和孔型延伸能力等。

(2) 数学模型的选定和建立。根据目标函数和约束条件的要求，需要确定参数之间的宏观规律，即数学模型，如宽展模型、前滑模型、轧制力模型、轧制力矩模型、变形温度模型、最大咬入角模型、轧制速度模型等等。

(3) 孔型设计方法及优化。在进行孔型的计算机辅助设计 CAD 之前，尚要解决孔型设计方法和它的优化问题。

孔型设计方法根据不同孔型系统来选择。例如，小型连轧机组的中轧和精轧机组圆钢孔型系统，一般采用椭—圆系统。其设计方法可先设计圆孔,然后设计中间椭圆孔。在确定设计方法后,还要确定孔型的构成。

孔型的优化,例如,当圆孔确定后,两圆孔间的椭圆孔可以有很多个,即不同的 B 和 H。如何确定最好的,这就需要优化。为了简化优化过程,先进行约束条件的检验,将不符合约束条件的椭圆去掉,对符合约束条件的进行优化,优化可采用不同的方法。

(4) CARD 软件。一般包括系统结构及功能、模型库、绘图模块、打印结果模块和程序设计框图等。

第六章

轧辊和导卫装置

203. 轧辊按材质可分为哪几种,对轧辊材质有什么要求?

轧辊按材质可分为铸铁轧辊、铸钢轧辊、锻钢轧辊、特种轧辊等。轧辊的主要性能指标是轧辊的心部强度和工作层(表层)的韧性及耐磨性。

(1)耐磨性。磨损是轧辊最常见的损伤形式,它影响了轧件的表面精度和尺寸精度。由于在辊缝中轧件与轧辊的磨损机制比较复杂,至今还没有一种耐磨性指标能表征轧辊磨损抗力,所以轧辊的耐磨性只能间接地根据成分和硬度来判断。

选择轧辊硬度的依据是轧件、轧机和轧制条件,也要考虑成本,有时更为重要的是操作习惯和用辊经验。硬度愈高韧性愈差,必须综合考虑。轧辊的硬度一般用肖氏硬度来衡量,因为肖氏硬度机有便携式的,可在轧辊上使用,而只在轧辊上留下很小的压痕。

(2)韧性指标。韧性指标将根据辊面的主要损伤来选择,可以选择的韧性指标有屈服强度、冲击韧性、冷热疲劳、断裂韧性、接触疲劳强度等。根据轧辊的具体使用条件和主要损伤机制,一般只需选择其中之一项作为轧辊韧性指标即可。

轧辊在铸造、热处理、堆焊以及切削过程中都有可能因变形不协调而留下残余应力。使用时残余应力与工作应力叠加,共同引发不同的损伤现象。

(3)心部强度。轧辊的工作层和心部对强度的要求是不一样的。一般说的轧辊强度应为心部强度,用以抵抗弯扭应力,避免断辊。

轧辊工作层有时也直接要求强度,如抗压强度可以代表辊面抗压裂的能力。由于韧性指标的测试费用很高,有时也会用强度

247

粗略地表示辊面抗各种裂纹的能力。

204. 常用的铸铁轧辊有哪几种?

在我国的现行标准中,铸铁轧辊又分为冷硬铸铁轧辊、无限冷硬铸铁轧辊、球墨铸铁轧辊和高铬铸铁轧辊 4 大类。由于成分、孕育、冷速、热处理等的不同,铸铁已形成了一个庞大的体系。各种铸铁轧辊具有不同的组织结构和性能,可用于不同的轧机。

(1) 冷硬铸铁轧辊。工作层组织为基体加碳化合物,心部为灰口铁组织。其间的过度位置(即过度层)在断口上明确可辨。冷硬铸铁轧辊以耐磨著称。根据牌号不同,冷硬铸铁轧辊的硬度可达 55～85HSD。

(2) 无限冷硬铸铁轧辊。工作层组织为基体加碳化合物和细片状石墨,心部为灰口铁组织。其间为逐步过度(过度层很宽),在断口上无明确可辨位置。由于石墨的出现,硬度下限低于冷硬铸铁轧辊,但加入合金后硬度提高,也可达到 50～85HSD。无限冷硬铸铁轧辊硬度过度平缓,抗热裂性能好。

(3) 球墨铸铁轧辊。由于镁或稀土元素对碳的球化作用,球墨铸铁轧辊的组织为基体加球状石墨,工作层内有数量不等的碳化合物。球墨铸铁轧辊的硬度范围很宽,达 42～80HSD。可依靠合金元素和热处理,获得基体为针状组织的球墨铸铁轧辊,使硬度可达 55～80HSD。还可以采用金属型衬砂的方法制成半冷硬球墨铸铁轧辊,硬度下降到 35～55HSD,到心部无明显落差,以适应某些深孔型轧辊的需要。

(4) 高铬铸铁轧辊。一般铸铁轧辊组织中的共晶碳化物 M_3C 形成连续相,因此较脆。高铬铸铁中的共晶碳化物 M_7C_3 形成断续相,减少了脆性,提高了韧性。随着铬含量和热处理工艺的不同,高铬铸铁轧辊的硬度范围也很宽,为 55～95HSD。

205. 常用的铸钢轧辊有哪几类?

铸钢轧辊又分为普通铸钢轧辊、合金铸钢轧辊、半铸钢轧辊和石墨钢轧辊 4 大类。普通铸钢轧辊由优质碳素钢铸成,含碳 0.6% ~ 0.8%(质量分数),有时含 1%(质量分数)的锰。合金铸钢轧辊可含 1.8%(质量分数)以下的锰、1.2%(质量分数)以下的铬、0.5%(质量分数)以下的镍、0.45%(质量分数)以下的钼。半铸钢轧辊含碳 1.3% ~ 1.7%(质量分数),以提高硬度,改善耐磨性。石墨钢轧辊因经过硅钙和硅铁的孕育作用,组织中有游离石墨生成,从而改善了轧辊的抗热裂性。铸钢轧辊的硬度上限只能达到铸铁轧辊的硬度下限,但强度很高,可以开深孔型。

206. 特种轧辊有哪几类?

特种轧辊有以下几类:

(1) 硬质合金轧辊。它用碳化钨粉和钴粉压制和烧结而成,适用于高速轧制。高速线材轧机精轧机上广泛使用这种轧辊。由于优异的耐磨性,尽管其价格昂贵,小型及棒材轧机精轧机尤其是成品轧机上也广泛使用这种轧辊。为了节约硬质合金,一般做成复合轧辊,孔型部分为硬质合金,内部为一般材料,如球墨铸铁。

(2) 高速钢轧辊。比硬质合金轧辊便宜,目前,开始用于小型棒材轧机上。

(3) 合金工具钢轧辊。如半高速钢轧辊、高铬钢轧辊以及其他特殊成分的合金工具钢轧辊。

其他还有喷铸轧辊、复合碳化合物增强轧辊、硬面堆焊轧辊等。

207. 怎样选择小型型钢轧机的轧辊材质?

一般来说,变形量在开始道次最大,从开始道次到成品道次变形量逐渐变小,但轧制速度越来越高。因此,一般的选择原则是:粗轧辊以强度和抗热裂性为主,兼顾耐磨性;精轧辊以耐磨性为主,兼顾抗热裂性和强度。此外,轧制异形断面钢材的轧辊强度要比一般的高。

下面分别叙述各机组轧机的轧辊选择:

（1）粗轧机组轧辊的选择。一般可选铸钢轧辊。大负荷粗轧机组，如连轧方坯尺寸大，孔型太深，槽根应力集中，使轧辊弯扭应力过大，铸钢轧辊强度不够，可采用锻钢轧辊，如碳的质量分数为0.5%～0.6%的 Cr、Mn-Mo 或 Cr-Ni-Mo 系列锻钢轧辊。热负荷大的粗轧机架，如热裂的产生和扩展过快，致使热裂现象过于严重，则可采用石墨轧辊。热负荷较小的粗轧机组可采用半铸钢轧辊。半铸钢轧辊热裂严重时，可改用碳的质量分数为0.7%左右的合金铸钢轧辊。另外，粗轧机的轧制速度较低，有时低于0.2m/s，使用普通铸钢轧辊时容易发生严重热裂，因此，只要强度允许，一般采用球墨铸铁轧辊。

（2）中轧机组轧辊的选择。一般都采用肖氏硬度在55～65左右的珠光体球墨铸铁轧辊。在架次较多的中轧机组可分组选，如前面几架的肖氏硬度选在55左右，后面几架选在肖氏硬度65左右。

（3）精轧机组轧辊对耐磨性要求较高，有许多耐磨的品种可供选择。大多数小型轧机的精轧机组，轧辊采用球墨铸铁轧辊，如硬度较高的珠光体球墨铸铁轧辊（60～70HSD）、硬度更高的针状组织（贝氏体＋马氏体）球墨铸铁轧辊（70～75HSD）和合金含量较高的无限冷硬铸铁轧辊（70～80HSD）。也有用高速钢和硬质合金做辊环，用球墨铸铁做辊心的复合轧辊。

208. 加工轧辊用的样板有哪几种，各有什么用途？

一般来说，加工轧辊用的样板可分为两大类，即孔型加工样板和孔型定位样板。孔型加工样板是带槽轧辊加工过程中的必备工具之一。其主要用途是协助轧辊加工人员将轧钢工艺设计的孔型的形状和尺寸准确地加工在轧辊上面。用于带肋钢筋、圆钢、方钢等简单的对称断面的孔型加工样板比较简单，一般一个道次的一套样板由一块"公板"和一块"母板"匹配组成，见图6-1，"公板"用于检查轧辊孔型加工质量，"母板"用于校验成形刀具。而对角钢、槽钢等断面较复杂的钢材生产系统而言，孔型加工样板亦比较复杂,一般从预成品道次开始往后的每个道次的每套样板均由两块以上组合而成,见图6-2,以确保各种复杂形状加工精确。

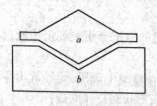 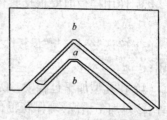

图 6-1　简单断面的样板　　　　　图 6-2　较复杂断面的样板

　　　a—"公板";b—"母板"　　　　　　a—"公板";b—"母板"

　　孔型定位样板是带槽轧辊加工过程中的辅助工具之一,主要用于在一架轧机上同时轧制两根及两根以上轧件的轧辊孔型加工的精确定位。随着科学技术的发展,目前很多企业都在轧辊车床上安装了专门用于孔型定位的机电或光电型数显装置。由于这种数显装置简化了操作过程,提高了加工效率,大有取代孔型定位样板的趋势。

209．怎样设计及制作样板,怎样使用和管理样板?

　　孔型样板的设计主要考虑 3 个方面的因素:确保按样板加工出的轧辊孔型符合孔型设计要求;车辊工使用方便;容易制作。采用手工制作孔型样板时,一般由专业的样板钳工负责,要按照图纸上规定的形状和尺寸,先在铜板上划出校对基准图,再参照基准图在钢板上划线、下料、加工,在加工过程中还要不断地与铜板上的校对基准图进行校对。制作顺序一般是先"公板"后"母板",制作好的样板要在专用灯箱上进行检查,"公板"与"母板"应相互吻合,间隙偏差符合有关规定。目前样板制作已大多采用数控线切割设备,按编好的程序自动加工,加工精度和加工效率都有明显提高。

　　孔型样板在孔型加工中的重要性决定了必须使用和管理好样板。使用当中应当注意:

(1) "母板"要妥善保管,因为它是校准"公板"和磨削车刀的基准;

(2) 使用样板前要根据具体加工任务,仔细核对孔型样板编号;

(3) 确认"公板"与"母板"之间的间隙符合相关规定才能投入使用;

(4) 在孔型加工过程中,尤其是在精加工阶段,要经常用样板检查、核对加工情况,确保轧辊孔型的形状和尺寸准确;

(5) 使用样板过程中,要注意爱护使用,尽量减少样板与其他物体之间的摩擦。

孔型样板的管理工作是一项非常精细的工作,应建立相应的管理制度并明确专人负责。管理内容包括:质量验收、样板编号、登记建账、新增注册、报废删除、填空补缺、定期送检和领用登记等。

210. 轧辊孔型如何加工,有哪些步骤?

轧辊孔型的加工一般在专用的轧辊车床和轧辊铣床上进行,加工步骤可分为:

(1) 根据加工任务单,领取孔型样板;

(2) 核对样板编号是否与加工任务相符,样板精度是否符合有关规定;

(3) 根据孔型样板领用或制备刀具;

(4) 将被加工轧辊装卡在机床上,分别对轧辊两端的辊颈进行找正;

(5) 依据轧辊的配辊图在辊身上划线(如果是修复已有孔型的旧轧辊,则不需划线。而应先检测孔型磨损情况和轧辊直径,确定合理的修复加工量);

(6) 选择合理的切削速度,进行粗孔型的粗加工;

(7) 再次对轧辊两端的辊颈进行找正,完成孔型的精加工;

(8) 对加工完毕的轧辊,在从机床上卸下之前应按有关标准进行全面检查验收。

211. 怎样检查轧辊加工质量?

轧辊加工质量的检查主要包括以下内容:

(1) 轧辊孔型在辊身横截面上对应的圆心与轧辊本身的同心度检查。在轧辊加工前和精加工后,用百分表分别测量两边辊颈与轧辊轴心线的同心度,测量值不得超过允许偏差。

(2) 轧辊孔型表面质量检查。用肉眼检查孔型表面,不得有针孔、砂眼等铸造缺陷;不得有麻面、裂纹等轧钢使用后的残留缺陷;不得有明显的纵向和横向刀痕。

(3) 轧辊孔型几何形状检查。面向机床照明灯,手持孔型样板,检查轧辊孔型形状与样板的吻合情况是否达到相关规定要求。

(4) 轧辊孔型加工定位精度的检查。对有此项要求的轧辊,可使用专用的孔型定位样板或加工机床上的数显装置进行检查验收。

212. 怎样选择大、中型型钢轧机的轧辊材质?

大、中型型钢轧机的轧辊辊身开槽较深,槽底部分是辊身的薄弱断面。轧制时反复弯曲应力很大,尤其是操作事故引起的过压下容易导致槽底的辊身断裂。轧制时的扭转应力和咬入时的冲击力使轧辊传动端破坏。因此轧辊必须具有好的反复弯曲强度、抗拉强度和冲击韧性。由热应力引起的辊面热裂纹易导致辊面剥落和辊身断裂。此类轧辊还应有好的热疲劳性能、高温组织和必要的耐磨性。根据轧机要求可选用锻钢轧辊、铸钢轧辊、石墨钢轧辊或铸铁轧辊。

213. 修复轧辊有何意义,有哪些修复方法?

修复轧辊可以使已经达到报废辊径的轧辊重新具备使用价值。由于修复部位主要针对轧辊辊身,而加工制作费用较高的辊颈及其他有装配要求的部位可无需修复而继续使用,因此如果修复得当,与订购新轧辊相比可降低生产成本中的轧辊费用。

目前主要的修复方法有轧辊表面堆焊和轧辊表面喷焊两种。值得注意的是,无论采用堆焊还是喷焊修复轧辊,均要有专门的焊接设备、适宜的修复焊料、成熟的工艺规范和经验丰富的操作人员。

214. 什么是导卫装置,有何作用,型钢生产常用哪些导卫装置?

安装在轧辊孔型入口和出口处的引导装置称为导卫装置。其作用是正确地将轧件导入轧辊孔型,保证轧件在孔型中稳定地变形,并得到要求的几何形状和尺寸;顺利、正确地将轧件从孔型中导出,防止缠辊;控制或强制轧件扭转或弯曲变形,并按一定方向运动。导卫装置由机架前后的诱导装置和机架间的导槽所组成。由于机架的结构、孔型配置、轧制线数、导卫装置在机架上和机架间的固定方式及使用部位不同,导卫装置的结构、外形尺寸也各不相同。

用于型钢生产的导卫装置包括有:导板梁、导板、卫板、夹板、导板箱、托板、扭转导板、扭转辊、扭转管、围盘和导管等。

(1) 导板梁。导板梁用于安装固定出入口导卫装置部件。导卫装置应能对准轧槽,稳定、牢固、方便地安装在导板梁面上。导板梁本身安装固定在机架牌坊上,当轧件冲击和通过时不应发生松动和移位现象。

(2) 导板。导板安装在型钢和线材轧机入口处导板梁上,用以引导轧件正确进入孔型。型钢生产用的导板有滑动导板和滚动导板之分,也有的称为滑动入口装置和滚动入口装置。滑动和滚动导板又分为入口滑动和滚动导板及出口滑动和滚动导板。

1) 滑动入口装置,多用于轧件进入孔型中变形比较稳定的轧制,如圆、方轧件进入椭圆孔的轧制;或轧件断面尺寸比较大、轧制速度比较低的道次,如连轧小型轧机的粗轧机组和中轧机组前几道次的椭圆轧件进入圆形孔型或方形孔型的轧制。

滑动入口装置按其结构又可分为两种,一种是死导板,另一种是活导板。死导板多用于粗轧机组前几道次，用来引导方坯或扁箱形轧件进入箱形或椭圆形孔型中轧制，轧件断面比较大，在孔型中又比较稳定。死导板有单槽的和多槽的，槽底的形状与所引导的轧件形状相吻合，槽子的两侧顺轧制方向一般由大变小呈喇叭状，一段为平直的工作段，以便引导扶正轧件进入孔型。活导板由导板箱(或称导板匣)和夹板组成。夹板的内侧形状与所引导的轧件形状和尺寸相吻合。入口夹板的设计主要是确定共用部分的尺寸，其余尺寸根据装配形式和孔型配置情况选取。

滑动导板和夹板采用的材质有铸铁或合金铸铁、铸钢和高锰、高铬、镍铬合金、镍铬钨等高合金铸铁。

2) 滚动入口装置，多用于引导椭圆轧件进入圆或方孔型变形不稳定的、轧制速度较高的中轧、精轧机组，可保证得到几何形状良好、尺寸精度高和表面无刮伤的轧件。滚动导板盒使用寿命长，可减少导板调整和更换时间，提高轧机的作业率，减少导板消耗，能满足连轧机对导卫装置的使用要求。

滚动入口导板的主要部件有导板盒、导辊(轮)、导轮支架、喇叭口、水冷和润滑系统。

导板盒是滚动导板的主框架，用于安装滚动导板的零部件。夹板由耐热耐磨不锈钢制成，用以承受轧件头部撞击，顺利平稳地引导轧件进入导辊(轮)槽内。导轮支架是支撑导轮的主要部件，支架装配在导板盒上，用调整螺丝进行水平方向的间隙调整。

导轮是滚动入口导板的关键部件。它对轧件起夹持作用。滚动导轮不仅可将对称断面(椭圆、六角、扁平、菱形、蝶形等)的轧件正确地送入轧槽中，而且能弥补滑动导卫在某些方面的不足，如由于导板尺寸收得太紧而引起轧件在导板内卡钢，轧件的头部不正或尺寸调整不当而轧卡，这些问题由于滚动导轮作旋转运动和弹簧板的调节作用都能得到较好的解决，从而避免发生轧制事故。导轮可减少磨损、提高轧机作业率。为改善导轮与轴承的工作条件，用水进行冷却，并对其轴承进行油润滑。导轮材质的好坏直接关系到其使用寿命。其材质有高铬合金铸铁、45 号钢、Cr12MoV

合金锻钢、X-G180CrWV20 钢等。

导轮的形状根据使用部位的不同、产品品种的不同,一般有椭圆形孔槽、菱形孔槽和异形孔槽 3 种。椭圆形孔槽与椭圆轧件相吻合,因此轧件对导轮的磨损相对比较均匀,寿命也比较长,其缺点是共用性差;菱形孔槽可以提高导轮的共用性,能减少备件的数量;异形孔槽主要用于在等边角钢的成品机架上,其主要作用是保证轧件由 K_2 的蝶形孔中正确并且没有表面擦伤地进入 K_1 成品孔内。

3) 滑动出口装置,由卫板或导管与卫板箱、导管箱或出口组合导板梁的卫板或导管箱组成。

卫板或导管多用于轧件出轧机后不需要扭转的道次。其前端外形尺寸应与轧辊轧槽相吻合,其内侧形状尺寸应与所引导的轧件相适应。卫板多用于粗轧机组或中轧机组的前几个道次。卫板的材质多为锻钢经机械加工或合金钢精密铸造而成。

出口导管可用于中轧或精轧机组,也可用于粗轧机组的后几道次,可作为铸钢件,其形状可根据孔型形状而定。圆钢轧件出口导管的技术要求是:表面光滑,不得有影响强度的裂纹、砂眼存在。

4) 滚动出口装置。当粗、中轧机组的轧辊呈水平布置,轧件需扭转 90°进入下一道次时,轧机的出口需设扭转装置。为提高出口扭转装置的寿命,避免轧件表面刮伤,减少事故,通常以滚动扭转装置来代替滑动扭转装置。

辊式扭转装置即滚动扭转装置,根据在同一框架内可通过轧件线数的不同,辊式扭转装置可分为单体的和多线的。而多线的由于框架结构的不同,又可分为半整体的和整体的。

用于连轧小型中轧机组的单体辊式扭转器(箱)的主要部件有:扭转辊支架,用以支撑扭转辊;卫嘴,它即是轧机的出口导板也是扭转装置的入口导板,使轧件顺利地离开轧槽,准确稳定地进入两个扭转辊之间;框架,是辊式扭转装置的骨架,两个扭转辊支架用销轴装配其中;扭转辊,由高合金钢等材料制成,是扭转装置中的重要部件,也是主要的消耗部件。

多线半整体辊式扭转器用在粗轧机组前几架。由于轧件断面大且多线同时轧制,框架受力大,上辊轴易变形,导致轧件位移、扭角变化而造成拱钢事故,但处理事故方便。多线整体辊式扭转器固定牢靠,但处理事故不方便,一线出问题,多线受影响。多线整体辊式扭转器用于粗轧机组开始几道。

(3)卫板。卫板安装在轧机出口的横梁上,其作用是防止轧件出孔型时向上或向下弯曲或缠辊,使轧件顺利脱离轧槽并沿轧制方向平直前进。卫板有上、下之分,下卫板安装在下横梁上,上卫板常用弹簧或重锤吊装在上横梁上。

215. 设计导卫装置有哪些要求?

导卫装置应具有结构合理、坚固耐磨、固定牢靠、装卸方便安全、调整灵活等特点。因而导卫装置的设计要求是:

(1)根据孔型形状、尺寸及在轧辊上的配置使用情况,正确设计导卫装置的形状和尺寸,以保证导卫装置实现其作用。

(2)确定合理的导卫装置结构和外形尺寸,使其安装拆卸简便、位置准确、固定牢靠,使用中不移动、不变形,调整灵活、安全。

(3)根据使用的部位需要选用合适的材质,以达到耐磨损、寿命长、消耗小、成本低的目的。

(4)尽量使导板装置标准化、系列化,简化制造工艺,减少机械加工量,以利于实现制作专业化,提高制作水平和导卫装置的质量;尽可能采用通用件、标准件,减少加工量,减少备件的储备量。

216. 如何设计滑动导板?

型钢轧制用的滑动入口装置按其结构分为两种,一种是死导板,另一种是活导板。

(1)滑动死导板的设计。死导板多用于粗轧机组前几道次,用来引导方坯或扁箱形轧件进入箱形或椭圆形孔型中轧制,轧件断面比较大,在孔型中变形比较稳定。死导板有单槽和多槽之分。

滑动导板的形状、尺寸和固定方法如图6-3所示。

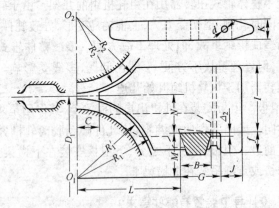

图 6-3　型钢轧制用滑动导板的形状、尺寸和固定方法

滑动(平面)导板的设计是先画出轧辊的圆心 O_1 和 O_2,它们之间的距离等于轧辊平均直径 D_p。根据卫板的设计定出的横梁位置,L 和 M 取值不变。上辊与下辊的辊环半径分别为 R_1' 和 R_2' 时,导板前端的圆弧半径 R_1、R_2 可按下式确定:

$$R_1 = R_1' + \Delta R; \ R_2 = R_2' + \Delta R \tag{6-1}$$

式中　ΔR——辊环与导板的间隙值,一般取 $15\sim20$mm。

当 M 值确定后,决定导板位置的 N 值亦可求出,N 为横梁上表面至轧制线的距离,即:

$$N = \frac{D_1}{2} - M \tag{6-2}$$

式中　D_1——下辊的原始直径;

　　　M——横梁上表面与轧辊水平中心线之间的距离。

导板前端与轧制面的间距为 C,在有效地引导轧件的前提下,C 值可取大些。

一副导板由左右两块组成,轧件从它们中间通过。为使两者共用,可将导板两侧都做成斜面。

导板的下列尺寸根据使用条件确定:

1) 导板高度 I 应超过孔型上槽底,出口导板的高度 I 等于出

口轧件高度与卫板厚度之和再加 20~40mm;

2）导板尾部是导板强度最薄弱处,为使其有足够的强度,导板尾部长度 J 不能取得太小,一般视轧机的大小不同取 40~120mm。

导板的下列尺寸根据固定方法确定:

1）为使梯形横梁磨损后仍能牢固地挤住导板,在确定导板固定槽槽底宽度 G 时,应使固定楔铁与横梁上表面保留有 $\Delta_2 = 20$ ~30mm;G 值等于横梁宽度与楔铁顶部宽度之和减去 4~6mm;

2）导板的宽度 K 主要根据导板在横梁上能否牢固固定来确定;

3）为了保证导板在横梁上固定稳定,导板固定槽深度 f 一般不小于横梁宽度的一半;

4）为了顺利地装卸导板,固定螺栓孔直径 d' 应比常规按螺栓直径配的孔径适当大些。

（2）滑动活导板的设计。活导板由导板箱(也称导板盒或导板匣)和夹板所组成。夹板的技术要求是:凡未注明的圆角 R 均为 4~6mm;夹板的内侧形状与所诱导的轧件形状和尺寸相吻合。

入口夹板的设计主要是确定工作部分的尺寸,其余尺寸根据装配形式和孔型配置情况选取。相关尺寸可由图 6-4 和下面公式得出:

$$a = (0.005 \sim 0.01)R \tag{6-3}$$

$$S_1 = \frac{h_0}{2} + 5 \sim 15\text{mm}; \quad d = 4\sqrt{R} \tag{6-4}$$

$$S_2 = (1 \sim 3)h_0; \quad L = (5 \sim 10)h_0 \tag{6-5}$$

$$f_2 = b_0 + 2\varepsilon; \quad \varepsilon = 2 \sim 6\text{mm} \tag{6-6}$$

式中及图中　h_0——轧件轧前高度;

　　　　　　R——轧辊最大半径;

　　　　　　b_0——轧件轧前宽度;

　　　　　　B_2——夹板宽度。

入口夹板的设计主要是确定工作直线段的长度、夹板孔槽宽

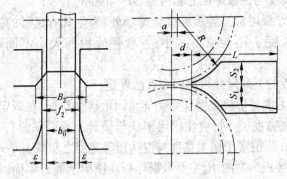

图 6-4　入口夹板尺寸示意图

度和深度。

工作直线段越长，入口夹板扶持轧件的作用越大，轧件运行也越稳定，但阻力也越大。根据经验，直线段的长度为轧件高度的 2～10 倍，小轧件取上限。

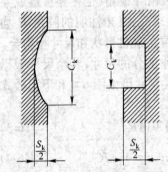

图 6-5　夹板孔槽的宽度和深度

夹板孔槽的宽度和深度如图 6-5所示。

对于引导圆形或方形轧件的方形轧槽，孔槽宽度 C_k 为圆轧件直径或方轧件边长的 1.5～2.2 倍，但又不能大于进入道次的轧槽宽度；对于引导椭圆轧件的椭圆孔槽，C_k 为椭圆轧件宽度的 1.3～1.5 倍。

孔槽深度为 $S_k/2$，对于圆形孔槽：

$$S_k = (1.1\sim1.2) \times 圆轧件直径 \tag{6-7}$$

对于椭圆形轧槽：

$$S_k = (1.1\sim1.2) \times 轧件厚度 \tag{6-8}$$

夹板用楔铁固定在导板箱或组合梁的夹板箱内。夹板工作面直线段的槽孔宽度应比所引导的轧件直径或宽度稍大。间隙的大小取决于断面尺寸和轧件在轧辊孔型中变形的稳定性，一般在粗轧机组中为 3~12mm,在中轧机组中为 2~6mm,在精轧机组中为 1~3mm。夹板尖端应尽量向前深入而又不和轧辊接触,两者之间留有 5~20mm 的间隙。

217. 如何设计滚动入口装置?

型钢生产用的滚动入口装置主要由导辊(也称滚动导板)和导板盒组成。导板盒是滚动导板的主框架,用于安装滚动导板的零部件。

导辊(导轮)是滚动入口导板的关键部件。在滚动入口装置中主要是导辊对轧件起夹持作用,因而导辊在导卫装置中占有重要的地位,而且愈来愈重要。随着连轧机向无扭转方向发展,椭—圆孔型系统得到愈来愈广泛的应用,采用滚动导辊的轧制道次也愈来愈多。一般在连轧机中,当采用 120mm×120mm 连铸坯轧制 ϕ20mm 钢筋时,滚动导辊至少要使用 4 架,甚至多达 5~6 架。

滚动入口装置的设计主要是导轮(辊)的设计,基于使用部位的不同和产品品种的不同一般有下列 3 种孔槽的设计:

(1) 椭圆形孔槽的设计。孔槽与椭圆轧件形状相吻合,根据导轮所引导的断面尺寸大小可将滚动导轮分为:用于粗轧机组的大型滚动导轮;用于中、精轧机的中小型滚动导轮。这种导轮的椭圆半径 R_1 与所引导的椭圆轧件圆弧半径 R_2 从理论上讲应相同。导轮槽底的最大间距 h(如图 6-6 所示)为:

对于粗轧机组: $h = H + 1$

对于中轧机组: $h = H + 0.5$

式中 H——轧件厚度。

但在实际使用中,发现 $R_1 = R_2$。这种取法有 3 点不足:一是共用性特别差,不同的椭圆有不同规格的导轮,备件规格太多;二是磨损较快;三是由于方向调整余量小,因此安装滚动导卫的高低和前一轧制道次的出口在同一轧制中心线上的难度较大,调整滚动导板相当困难。某厂在连轧机组上采用 $R_1 = R_2 + 2~10mm$ 较为合适,便于调整。

(2) 导轮菱形孔槽的设计。为了提高导轮的共用性,减少备

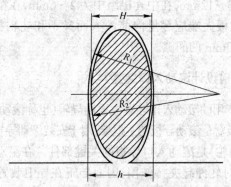

图 6-6　粗、中轧导轮孔槽间距

H—上道次轧件高度；h—两导轮槽底的最大间距；

R_1—椭圆槽的半径；R_2—椭圆轧件的半径

件的数量，精轧机组或成品机架的导轮采用菱孔形状，一般菱孔形状大多采用顶角为 140°的形状，如图 6-7 所示。

从图 6-7 中看出：

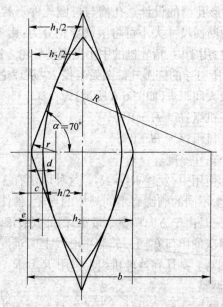

图 6-7　精轧机组的菱形导轮槽构成图

262

$$\sin\alpha = \frac{R}{b}; \quad b = \frac{R}{\sin\alpha}$$

$$c = b - R; \quad e = d - r$$

$$\frac{h_1}{2} = \frac{h}{2} + c$$

$$\sin\alpha = \frac{r}{d}; \quad d = \frac{r}{\sin\alpha}$$

$$\frac{h_2}{2} = \frac{h_1}{2} - e = \frac{h}{2} + c - e$$

$$h_2 = h + 2(c - e) = h + 2\left[\frac{R}{\sin\alpha} - R - \left(\frac{r}{\sin\alpha} - r\right)\right]$$

$$= h + 2\left(\frac{1}{\sin\alpha} - 1\right)(R - r) \tag{6-9}$$

式中　h_2——两导轮槽底的最大间距;

　　　h——椭圆形轧件高度;

　　　R——椭圆形轧件圆弧半径;

　　　r——导轮孔槽槽底的圆角半径;

　　　α——二分之一菱形槽底顶角, $\alpha = 70°$。

实际上,菱形槽底间距在精轧机组前两架较计算值适当增加 0.2～0.5mm。

某厂采用的菱形导轮(辊)尺寸和形状如表 6-1 和图 6-8 所示。

表6-1　某厂采用的菱形导轮(辊)的尺寸和情况

使用情况 /mm	使用部位	B/mm	H/mm	R/mm	α/(°)	备　　注
$\phi 20\sim 22$	K_1	43.5	9	1	135.04	原始
$\phi 20\sim 22$	K_1	45	9	1	136.4	第一次修改
$\phi 20\sim 22$	K_1	45	7.5	1	143.1	第二次修改
$\phi 20\sim 22$	K_3	48.3	10	1	135	原始
$\phi 20\sim 22$	K_3	52	10	1	137.9	第一次修改
$\phi 18$	K_1	33.8	7	1	135	原始

注:B、H、R、α 见图 6-8。

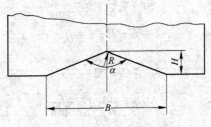

图 6-8　菱形导轮的有关尺寸

(3) 滚动导轮的异形孔槽设计。异形孔槽主要用于在等边角钢的成品孔机架上,其主要作用是保证轧件由 K_2 蝶式孔正确进入 K_1 成品孔内。导轮蝶式孔孔槽如图 6-9 所示。

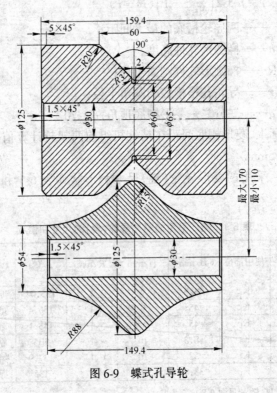

图 6-9　蝶式孔导轮

某厂连轧机组用于圆钢、带肋钢筋、等边角钢的滚动导卫情况如表6-2所示。

施洛曼 ΔⅡ、ΔⅢ 为用于成品机架滚动导卫入口前的引导滚动入口装置。ΔⅡ 为 6 轮，ΔⅢ 为 4 轮。

表 6-2　某厂连轧机组采用的滚动导卫情况

项　目	施洛曼	摩尔卡尔	阿希洛	克虏伯
产　地	德国	瑞典	英国	德国
规　格	ERⅡ～ERⅤ， ΔⅡ,ΔⅢ	MK60，MK85， MK125,MK155	RE4，RE5A	4/80，6/10
轧制品种	圆钢，带肋钢筋	圆钢,带肋钢筋, 角钢	圆钢,带肋钢筋	扁钢
使用位置	中轧,精轧	粗轧,K₁	精轧	中轧,精轧
导轮形状	椭圆	椭圆,菱形,异形	菱形	平辊
轮子数量	4 轮,2 轮	2 轮	2 轮	2 轮

218. 如何设计滚动扭转装置？

滚动扭转装置即叫辊式扭转装置,也叫辊式翻钢装置,是滚动出口装置的重要部件,装在水平连续式的钢坯轧机、型钢轧机和线材轧机上,用于翻转机架间轧件。扭转辊安装在孔型出口处,将轧机轧出的轧件扭转一定角度（45°～90°）后送入下一架轧机轧制。水平连续式型钢轧机和线材轧机粗轧机组机架间翻钢用的扭转辊有一个斜配的孔型,做成导板箱的形式,安装在横梁上,如图6-10a所示。小断面轧件的翻钢常同轧件出口的导卫功能结合起来,由出口滚动导卫装置完成。它的导轮既起引导轧件的作用,又起扭转辊的作用使轧件翻转。导辊安装角度可以随轧件所需的扭转角度而调整。水平连续式钢坯轧机翻钢用的扭转辊则有若干个斜配的孔型,直接安装在机架的牌坊上,如图 6-10b 所示。

为使大断面轧件的翻钢更为可靠,钢坯连轧机除了安装出口

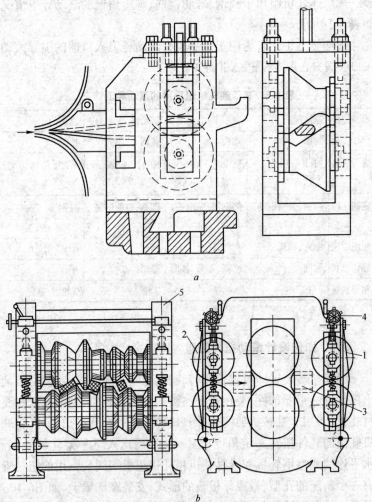

图 6-10 轧制型钢用的扭转辊

a—型钢和线材水平式连轧机的扭转辊；b—水平式钢坯连轧机的扭转辊

1—出口侧的扭转辊；2—进口侧的扭转辊；3—导槽；

4—扭转辊的调整装置；5—机架的牌坊

扭转辊外,还要安装进口扭转辊,以协助夹持扭转的轧件进入下一
道孔型轧制,同时还可保证轧件尾部得到最终的翻转。

266

而正确地确定扭转辊或称扭转器的扭转角度对于设计、安装、调整扭转器是十分重要的。扭转辊对轧件的理论扭转角度可根据图 6-11 和图 6-12 按下列公式计算：

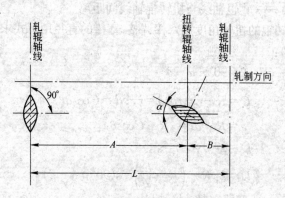

图 6-11　轧件扭转角度示意图

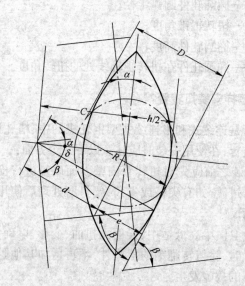

图 6-12　塞棒直径 D 公式推导图

$$\alpha = 90° \times \frac{B}{A+B} = 90° \times \frac{B}{L} \qquad (6\text{-}10)$$

式中　α——扭转辊使轧件扭转的理论扭转角度；

　　　　B——轧辊轴线与扭转辊轴线间距；

　　　　L——前后两架轧机轧辊轴线间距；

　　　　A——轧辊轴线与扭转辊轴线间距离。

扭转辊的扭转角度用塞棒调整，塞棒的直径用下式求得（参见图 6-12）：

$$\beta = 90° - \alpha - \delta$$

$$C = R - \frac{h}{2}; \cos\delta = \frac{d}{C}; d = C\cos\delta$$

$$e = R - d = R - C\cos\delta$$

$$D = 2e$$

$$D = 2\left[R - \left(R - \frac{h}{2} \right)\cos(90° - \alpha - \beta) \right] \tag{6-11}$$

式中　D——塞棒直径；

　　　　R——椭圆轧件圆弧半径；

　　　　β——扭转辊锥角度；

　　　　h——椭圆轧件高度；

　　　　α——椭圆轧件在扭转辊轴线处的扭转角度。

219. 怎样安装扭转管？

扭转管是连续式和半连续式型钢轧机的中、精轧机组常用的出口导卫装置，在使用安装时应注意以下几个方面：

（1）安装之前应先对扭转管内壁表面质量进行检查，表面各部位要圆滑过渡，如有尖棱或尖角，要打磨处理后使用，以防止划伤钢材表面。

（2）导卫横梁高低适中，梁面无扭曲、变形，以确保轧件在扭转管内通过时，除扭转翻钢的阻力外，不再增加其他阻力，避免将扭转管带掉的故障发生。

（3）扭转管引入轧件一端的上下两部位必须尽可能地同步贴近轧槽，避免轧件头部将扭转管顶掉。

（4）扭转翻钢的角度要控制得当。如果翻钢角度偏小，当轧件温度下降时,容易产生"卡钢"故障;而相反如果翻钢角度偏大,则扭转管内表面常常"挂蜡",有时还会造成下一轧制道次的轧件产生扭转。

220. 怎样设计出口导管?

设计出口导管要考虑以下几个因素:

(1)选择的导管材料既要有较好的耐磨性,又要有较好的耐冲击性,以保证较长的使用寿命。因此,可以采用钢与铁的复合材料。

(2)导管的内孔形状与通过的轧件形状相吻合,根据断面大小不同,其内孔尺寸应比轧件尺寸大 $6 \sim 10$ mm 为宜。

(3)尽量做到:工作可靠、调整方便、制造简单。

221. 导卫装置的冷却与润滑如何?

为减少导卫装置工作中的故障,延长其使用寿命,除精心设计、精心调整维护外,在工作中进行合理的冷却与润滑也是很重要的。

(1)导卫装置的冷却多采用压力为 0.6MPa 以上的水进行喷淋式冷却,冷却的部位是轧件与导卫装置经常接触的位置,如入口导卫装置滑动导板夹板的内孔槽、滚动导板辊子的辊面、出口导卫装置滑动导板的尖端、扭转管、卫嘴和辊子的辊面等。

(2)导卫装置的润滑,由于导卫装置的形式不同和安装位置不同,其润滑方式也不同。滑动导卫装置不采用人工润滑方式;而滚动导卫装置的轴承不同,必须采用人工润滑,原则上对粗、中、精轧机组采用干油润滑,用人工或采用油泵人工加油。

222. 怎样做好导卫装置管理工作?

导卫装置的管理工作分为导卫装置图纸资料的管理和导卫装置实物管理两部分。

图纸资料的管理内容包括:

（1）导卫装置分类图纸目录的建档及管理；

（2）导卫装置与孔型系统配置目录的建档与管理；

（3）图册、加工图、底图、档案图的管理；

（4）建立严格的图纸借阅、修改、报废和补充制度。

导卫装置的实物管理又分为在库导卫管理和在用导卫管理。在库导卫装置的管理环节有：入库验收、分类码放、入库登账、出库发放、定期清查和按储备定额及时补充等。在用部分的管理环节包括：领用后的登账和分类码放保管，按实际生产的工艺要求提供质量良好、数量充足的导卫装置，组织导卫装置的清理、检修等。

以上提到的各个环节是对导卫装置日常管理的起码要求，而做好导卫装置的管理工作还需要各有关单位和人员的密切配合，最终达到图物相符、账物相符、供需相符的目标。

223. 活套装置的作用是什么，有几种形式？

现代小型连轧机为保证产品尺寸精度，采取微张力及无张力轧制，以消除轧制过程中各种动态干扰引起的张力波动和由此引起的轧件尺寸波动。为了减少张力变化而引起的成品尺寸波动，在精轧机组和精轧机组前，甚至在中轧机组设置若干个活套，以消除连轧各机架的动态速度变化的干扰，保证轧件的精度。

连轧用的活套形成器有 3 种形式：下活套器、侧活套器和立活套器。

（1）下活套器，由一个带活动底槽的导槽及进出口导辊组成。通常槽底能迅速打开及关闭，当轧件进入下一机架时槽底打开，轧件因自重下垂形成悬挂式活套。有的下活套也采用固定导槽，其导槽的一侧壁比较矮小，当轧件在下一架咬入后，产生活套由矮侧壁脱出然后靠自重下垂形成悬挂式下活套。这种活套器的应用受轧机距离、轧制速度、轧件尺寸大小及形状的限制，没有带活动导槽的下活套器应用范围广泛。下活套器通常用于精轧机组前。下活套器的套量控制比较困难，因为下方活套的光电扫描器工作环境恶劣，难以实现自动控制。

（2）侧活套器,由水平活套台、推套器及进出口导向辊组成。推套器是由气缸操作的导轮。精轧机前的侧活套一般不能自由脱套产生,而需要一个轧机的速度变化、推套动作、扫描反馈的控制过程。侧活套的套量及套区的大小可以根据轧机布置及控制需要而定。

侧活套装置出套靠导辊推出,出套以后活套沿斜盘底自由下滑,其套量靠光电活套检测器控制。

（3）立式活套器,立式活套器是现代小型连轧机的主要配套技术设备之一,用以使相邻两架间保持适当套量实现无张力轧制。在整个轧制过程中,从轧件在下一架轧机咬入后的起套,到后尾收套都由计算机控制。在精轧机和中轧机上采用立活套布置。推套气缸设在轧制线的下方。活套量通常为 300mm,气缸气压为0.6MPa。在某些厂轧制异形断面轧件时,其活套推杆上升250mm,活套量可在 1m 左右。

224. 围盘有几种类型,如何选用?

围盘是在横列式轧机上引导轧件回转 180°并使之正确地进入下一个孔型用的半圆形导向装置。使用围盘操作可代替体力劳动;提高轧制速度,缩短间隙时间,从而提高轧机的生产能力;减小轧件温降;降低轧件头尾温差,提高轧件的尺寸精度。

根据用途和作用,围盘可分为立围盘和平围盘。根据同时传递轧件的根数,围盘又可分为单槽围盘和多槽围盘。另外还有交叉传递轧件的交叉围盘。

（1）立围盘,在同一机架的上下轧制线各孔型之间传递断面较大的轧件,一般用于三辊式小型型钢轧机的粗轧机架上。

（2）平围盘,在两个机架间传递断面尺寸小于 40mm×40mm 的轧件,多用于横列式线材轧机的中轧和精轧机上。

立围盘和平围盘都有正、反之分。正围盘的作用是在轧件传递过程中,将轧件翻转 45°,使之由不稳定状态变为稳定状态进入孔型轧制,例如方轧件进椭孔型。而反围盘则是在轧件传递过程中,将轧件翻转 90°,使之由稳定状态变为不稳定状态进入孔型轧制,例如椭圆轧件进入方孔型轧制。

各种围盘都是由入口导卫装置、盘体、出口导卫装置和底座 4 部分组成的。

(1) 入口导卫装置,即前一孔型的出口导卫装置。设计正围盘时对入口导卫没有特殊要求,与一般导卫板的设计原则相同。反围盘上的入口导卫装置由一个固定的出口导管与一个可使轧件扭转的扭转导管组成。反围盘入口导卫装置的扭转角度为 $\varphi \approx 90°(l/L)$,式中 L 为轧件由第一架轧机至第二架轧机所经路线长度;l 为第一架轧机至扭转导管的距离。由于轧件与扭转导管内孔之间需留有较大的空隙,故扭转导管的实际扭转角度为 15°~30°。除了靠扭转导管的作用外,还要正确选择轧件的扭转方向,以便借助轧件运动时的离心力,使轧件在围盘的导槽内继续扭转前进。

(2) 盘体,它是围盘的主要组成部分,由 3 部分组成:入口端直线区段、后部的出口端直线区段和中间由 1~3 个不同半径圆弧构成的曲线区段。曲线区段靠近入口端处的曲率较小,以减缓轧件对盘体的冲击力;靠近出口区段部分曲率较大,以使轧件急速转向,增加轧件进入下一孔型的冲力。为了防止轧件过早跳出导槽,曲线部位的外侧壁向内有一倾角,有的部位侧壁上还另设一向内倾斜角度更大的折缘,以控制轧件在适当的时机脱槽形成活套。

(3) 出口导卫装置,即下一孔型的入口导卫装置。它与不使用围盘时的导卫装置没有多大区别,只是夹板的尺寸留得稍宽些,以便于轧件通过时顺利地进入下一孔型。在围盘出口还需多设一个大出口喇叭嘴子,以引导轧件正确进入夹板。

(4) 底座,用于固定盘体。它应有足够的稳定性,并且要求它在轧辊中心距变化和换孔时,为垂直和水平方向调整围盘位置提供可能。

第七章

钢 的 轧 制

225. 什么是轧制工艺制度,它包括哪些内容?

为了得到所要求的产品质量包括精确成形及改善组织和性能,在轧机机组上所采用的一切生产工艺制度称之为轧制工艺制度,其中包括轧制变形制度、轧制速度制度、轧制温度制度。

(1)轧制变形制度,即一定轧制条件下从坯料到成品的总变形量和轧制总道次、各机组的总变形量、各道次变形量、轧制方式等。

对于型钢,轧件在孔型中轧制,并且在每个孔型中轧制一道,故型钢的变形制度是以孔型的形式表示的,孔型设计确定后变形制度也就确定了,因此确定型钢轧制的变形制度就是进行孔型设计。孔型设计包括道次确定、延伸系数分配、断面孔型设计、轧辊孔型设计。

(2)轧制温度制度,即轧件在轧制过程中开轧或终了温度的具体规定。在现代轧机上,由于控制质量要求,要求控制各阶段的温度,一般设置中间水箱进行控制。对型钢轧制来说,要控制开轧温度、终轧温度、变形温度、开冷温度、终冷温度、下冷床温度等。

温度制度的确定在目前的连轧机上有很大的意义。不仅是开轧、终轧温度的控制,轧制道次的温度控制也很重要。

(3)轧制速度制度,即轧制时对各道次轧辊的线速度以及每道中不同阶段的轧辊速度(转数)的具体规定,也叫速度规程。不同类型的轧机有不同的速度要求和规定。连轧机组的速度制度更为重要,要保证各机架的金属秒流量相等,就应控制和调整各架轧机的轧制速度。

226. 什么是轧制速度,怎样选择轧制速度?

轧制速度是轧制过程中各道次的轧辊线速度,即轧辊与金属接触处(工作辊径处)的轧辊圆周速度。其计算式为:

$$v = \frac{\pi D n}{60} \qquad (7\text{-}1)$$

式中　v——轧制速度,m/s;

　　　D——轧辊工作直径,m;

　　　n——轧辊转数,r/min。

通常轧制速度高时,轧机产量就高。这时的轧制速度是指最后一架轧机的轧制速度。对型钢轧机来说,由于轧机布置不同,其轧制速度规律也不同。对于横列式轧机,其每一列的轧制速度,由于每一列轧机由一个电机拖动,各架的轧辊转数相同,而线速度仅决定于工作直径的大小。对于纵列式轧机,则每架轧机轧制速度不同。对于连续式轧机,不仅仅每架轧机轧制速度不同,而且要保证连轧关系,保持各架之间张力要求,例如在轧制小圆钢时在精轧机组保持微张力。

选择轧制速度主要受到轧制设备、电机、自动控制设备各方面的发展水平及产品质量的限制。对于横列式轧机,还要考虑人工操作的限制。对于连续式轧机来说,轧制速度各架不同,小型连轧机一般可达 18m/s,最高可达 20m/s。各个品种的轧制速度不同,轧件尺寸大轧制速度低,轧件尺寸小轧制速度高。其第一架的轧制速度不能低于 0.1m/s,以避免因轧件与轧辊接触时间过长而使表面龟裂。目前,在小型连轧机上采用切分轧制轧制小规格产品,轧制速度可大大降低,产量则提高很多。

227. 什么是钢的开轧温度,如何确定钢的开轧温度?

开轧温度是第一道次钢的轧制温度。过去,热轧型钢的开轧温度一般在奥氏体区的较高温度范围,比加热温度低 $50 \sim 100℃$。在不产生过热、过烧的条件下,温度越高塑性越好,变形抗力越低,轧制压力也越小。但需要高的加热温度,能耗增加。同时,高的开轧温度将使钢材性能变坏,表面氧化铁皮增加。因此,为了降低能耗,改善钢材性能,目前,广泛推广低温轧制和控制轧制,尽可能降低开轧温度。在连轧机上,轧制速度高,在轧制过程中各道还可能逐渐升温,因而都采用较低的开轧温度。

228. 什么是钢的终轧温度,确定终轧温度应考虑哪些因素?

终轧温度是指终轧道次或终轧阶段的轧件温度。终轧温度的高低对产量及质量有显著影响。它根据轧件性能要求、设备能力、材料塑性等条件而确定。终轧温度过低,变形抗力增高,塑性降低,尺寸容易超差和出耳子、折叠等缺陷。终轧温度过高,造成钢的实际晶粒尺寸增大,降低钢的力学性能,同时影响钢的显微组织,如生成碳化物带状组织等。一般情况下,亚共析钢的终轧温度应高于 Ac_3 线 $50\sim100℃$,以防止带状组织产生。但目前采用控制轧制工艺,终轧不仅仅在 Ac_3 以下,甚至在 Ar_1 以下轧制。过共析钢的终轧温度一般在 $A_{cm}\sim A_1$ 之间。若温度过高,冷却后则会形成网状碳化物,温度过低则有较多的带状碳化物析出,两者都影响钢材的力学性能。此外,终轧温度的确定还要考虑钢种与产品形状及大小。如为了保证高速钢有足够的塑性,其终轧温度应在 $900℃$ 以上;无相变的铁素体不锈钢 Cr25 终轧温度应为 $750\sim800℃$,以保证晶粒细小。

229. 换辊换槽后为什么要进行试轧,试轧时应注意哪些事项?

换辊换槽后进行试轧是降低轧机故障、减少轧钢废品的一项有效措施。试轧时应注意以下几点:

(1)试轧顺序为先试轧小样,再试轧短坯;

(2)无论是试轧小样,还是试轧短坯,都必须保证轧件温度符合工艺规定;

(3)试轧小样之后,轧钢调整工应全面掌握各轧制道次的料型、尺寸情况;

(4) 从保护轧槽角度考虑,对带肋钢筋的成品道次和采用切分轧制工艺的切分道次,一般用压辊缝的方式代替试轧小样来确定孔型的实际高度;

(5) 在试轧之前,轧钢操作工应根据换辊换槽情况,对轧制速度进行修正;

(6) 各岗位之间要加强沟通,密切配合,防止发生人身和设备事故。

230. 怎样按孔型设计要求调整轧机?

按孔型设计要求调整轧机主要应做好以下工作:

(1) 根据孔型系统和工艺要求,核对全线各道次孔型及导卫装置配置是否正确;

(2) 按照轧制程序表的要求精确调整各道次孔型高度;

(3) 精调各道次入口、出口导卫装置、轧机水冷装置及轧机间的辅助导向装置;

(4) 对中轧、精轧机组,应采用试轧小样的方法确认各轧制道次的料型尺寸;

(5) 按照轧制程序表的要求准确设定各道次的轧制速度、活套使用个数及相应的活套参数;

(6) 开轧前要对轧机供水情况和机座、轴向及导卫横梁固定情况进行检查、确认。

231. 哪些不正常的钢不能喂入轧机,为什么?

不能喂入轧机的钢包括:

(1) 低温钢,低温钢喂入轧机会造成设备负荷严重超载,损坏轧辊及机电设备;

(2) 黑头钢,黑头钢在咬入时易与轧辊产生打滑现象,造成卡钢事故;

(3) 劈头钢,在轧制过程中,劈裂的轧件头部很可能遗留或卡在入口或出口导卫装置中,造成缠辊等故障;

（4）断面、形状及成分牌号与工艺要求不符的钢，如果这类钢喂入轧机，不但容易发生故障，还会直接造成产品质量问题。

232. 什么叫卡钢、缠辊、打滑、拉钢和堆钢，它们产生的原因是什么，怎样处理？

卡钢是指轧件在正常运行过程中，受周围环境影响卡在轧制线上，而不能向下游方向轧制的一种故障现象。产生的主要原因有：来料轧件尺寸过大、形状失真；本道次压下量过大；入口导卫装置不正、过紧、过松或滚动体损坏；出口导卫歪斜或在导卫内留有异物；轧件温度低；机电设备故障等。

缠辊是指轧件意外地、毫无规则地沿轧制圆周方向缠绕在轧辊身上的一种轧制故障现象。产生的主要原因是：上下辊的辊径差较大，造成较大的上压力或下压力；出口导卫装置与轧辊接触部位间隙过大；入口与出口导卫装置错位安装；轧件意外进入未安装出口导卫装置的孔型中等。

打滑一般是指轧件头部已接触到轧辊有时甚至已局部进入变形区，但轧件最终未能被咬入轧机形成正常轧制的一种故障现象。产生的主要原因有：来料过大，造成实际的咬入角超过允许的咬入角；在咬入角偏大的情况下，轧件断面小，轧机间距大，致使轧件无压下量；轧制线不正，对轧件运行产生阻力等。

拉钢是指连续轧制过程中，下游机架的金属秒流量明显大于上游相邻机架的金属秒流量而对轧件产生较大的拉应力，使轧件中部断面积缩小甚至将其拉断的一种故障现象。

堆钢是指连续轧制过程中，下游机架的金属秒流量明显小于上游相邻机架的金属秒流量而在两机架间产生大量金属堆积，使轧件稳定性遭到破坏，甚至造成轧制废品的一种故障现象。拉钢与堆钢产生的原因基本相同，主要有以下几个方面：轧制速度设定有误；速度与轧制断面不匹配；电气系统有波动；轧件温差过大等。

对于以上轧制故障的处理，首先要分析清楚造成故障的具体原因，采取有针对性的措施。有的时候一种故障的产生，可能同时受到几种因素的影响,要注意综合分析,切忌片面独行、主观臆断。

233. 轧制时轧件为什么会发生扭转?

轧制过程中非扭转翻钢道次的轧件发生扭转是应当尽力避免的,因为它是一种不稳定因素,对轧制工艺和产品质量都有不良影响。产生这种现象的主要原因有:错辊造成上下轧槽未对正,使轧件自然产生力偶(见图7-1);上一翻钢道次的轧件进入本架轧机时的扭转翻钢角度过大或过小;导卫安装不良,如横梁安装倾斜、与轧辊轴线不平行及滚动导卫的孔型错位等(见图7-2);轧件在孔型内充满度不够或过充满;发生扭转的道次压下量偏小等。

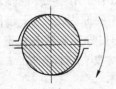 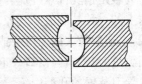

图 7-1　轧辊孔型错位　　　　图 7-2　导卫孔型错位

234. 轧钢工艺监督检查的依据是什么,它包括哪些内容?

轧钢工艺监督检查一般由跟班的工艺监督工负责,检查的依据是技术规程和相关工艺规定,主要包括以下内容:

(1) 各道次孔型是否与孔型系统的要求相一致;

(2) 各道次的导卫装置是否与该系统的配置要求相一致;

(3) 各道次的轧槽是否未超过规定的使用时间;

(4) 通过检查轧件的断面形状、几何尺寸、表面质量,确认变形制度执行情况;

(5) 温度制度执行情况(包括开轧温度、终轧温度等);

(6) 技术规程和工艺规定的其他内容。

235. 轧制时为什么要检查红钢的形状和尺寸,哪些道次最重要?

轧制过程中经常检查红钢的形状和尺寸,是保证轧钢生产工艺过程和钢材产品实物质量稳定的一个非常重要的环节。通过检查,可以使轧钢工全面了解轧制线上各道次的压下量分配情况、孔型充满情况和轧槽磨损情况。当成品钢材尺寸偏大或偏小,需要全面缩料或放料时,可以根据掌握的情况,有目的地调整轧机压下,使各道次变形量更加合理;而当发生钢材表面质量缺陷或发生轧制故障时,则可以快速、准确地判断产生问题的部位,大大缩短调整处理时间。这种工艺检查对每个轧制道次都是同等的重要,并无主次之分。

236. 轧辊的破坏形式有哪些?

在轧钢生产过程中轧辊的破坏主要是指断辊,因为其他形式的破坏如裂纹、掉块等,一般均可以通过重车的方法予以修复。断辊的破坏形式归纳起来有如表 7-1 所示的几种。

表 7-1 断辊的形式及其主要原因

序号	破坏形式分类	断裂位置及断口形状	断辊的主要原因
1	超负荷断辊	一般在辊颈处断裂,断口为扭断状	轧件温度过低;轧机压下量过大;轧制时有异物咬入孔型
2	强度不足断辊	一般在轧槽处断裂,断口呈折断状	孔型切入深度大,造成最小辊径处强度不足;孔型尖角过于锐利;轧辊制造质量存在问题
3	冷却不良断辊	一般在轧槽处断裂,断口呈折断状,沿轧辊直径方向从表面向中心有一定深度的烧蓝层	轧辊冷却水水量不足、水压过低或由于各种原因造成的冷却水中断;换辊或换槽后,冷却水管未对正使用的轧槽
4	疲劳断辊	位置不固定	轧辊的铸造质量或化学成分存在问题

237. 热轧型钢生产中怎样采用控制轧制?

控制轧制是在调整钢的化学成分的基础上,通过控制加热温度、轧制温度、变形温度等工艺参数,控制奥氏体状态和相变产物的组织状态,从而达到控制钢材组织性能的目的。

为了提高低碳钢、低合金钢、微合金化钢的强度和韧性,特别是低温韧性,经过控制轧制可以细化奥氏体晶粒或增加变形奥氏体晶粒内部的滑移带,即增加有效晶界面积,为相变时铁素体形核提供更多、更分散的形核位置,得到细小分散的铁素体和珠光体或贝氏体组织。

采用控制轧制工艺细化铁素体晶粒,既可提高钢材的强度又能改善韧性,这是其他强化方法所不能做到的。

目前,控制轧制主要有 3 种类型:再结晶型,即在奥氏体再结晶区轧制;未再结晶型,即在奥氏体未再结晶区轧制;两相区轧制,即在奥氏体未再结晶区及铁素体区轧制。

下面简单介绍 3 种控制轧制工艺的特点:

(1) 奥氏体再结晶型控制轧制的特点。变形过程在奥氏体再结晶区中进行,一般温度较高,在 1000℃ 以上。在奥氏体变形过程中发生动态再结晶或在奥氏体变形后发生静态再结晶。前者一般要求在温度高而变形速度较慢的条件下产生,而且变形量要超过临界变形量。静态再结晶发生条件是变形量要超过静态再结晶临界变形量。通过反复变形、再结晶,细化奥氏体晶粒,通过相变得到细小铁素体晶粒。其细化晶粒尺寸有一极限值,一般对含铌钢为 $20\mu m$,而碳钢在 $35\mu m$ 左右。

(2) 奥氏体未再结晶型控制轧制的特点。根据钢的化学成分不同奥氏体未再结晶的温度范围在 950℃ ~ Ar_3 温度区间变化。在此区间,奥氏体变形过程中不发生奥氏体再结晶,变形使奥氏体晶粒拉长,在晶内形成变形带和铌、钒、钛微量元素的碳、氮化物的应变诱导析出。相变时奥氏体晶界及晶内变形带是铁素体的形核位置。变形量越大,变形带越多并且分布均匀,相变后铁素体晶粒细小而均匀。

(3) 奥氏体及铁素体两相区控制轧制特点。一般在奥氏体再结晶区、奥氏体未再结晶区进行一定道次的轧制,奥氏体晶粒拉长并形成变形带,有些部位相变形成铁素体。在奥氏体和铁素体两相区的温度上限区域进行一定道次的压下,奥氏体晶粒被进一步拉长,晶粒内形成新的滑移带,并形成新的铁素体晶核,先析出铁素体,经变形后,铁素体晶内形成大量位错,高温时形成亚结构,使强度提高、脆性转变温度降低。

在热轧型钢生产中变形制度难于调整,由于孔型确定后,道次、道次变形量确定,要通过改变各道次变形量来适应控制轧制的要求是极其困难的。因此,对于热轧型钢的控制轧制主要是控制轧制温度。控制轧制用于横列式轧机很困难,主要用于连续式型钢轧机,尤其是连续式小型连轧机。在这种轧机上控制轧制可以有以下两种类型:奥氏体再结晶型和奥氏体未再结晶型两阶段的控制轧制工艺。其特点是选择低的加热温度以避免原始奥氏体晶粒长大,粗轧机上的开轧温度仍在再结晶温度范围内,利用奥氏体再结晶细化奥氏体晶粒;使中轧机组的轧制温度在 950℃ 以下,即处于奥氏体未再结晶区,并给予 60% ~ 70% 的总变形率,在接近奥氏体向铁素体转变温度时终轧。

奥氏体再结晶型、奥氏体未再结晶型和奥氏体及铁素体两相区轧制的三阶段控制轧制工艺,其特点是粗轧在奥氏体再结晶区反复轧制,细化奥氏体晶粒;使中轧机组的轧制温度在 950℃ 以下,即处于奥氏体未再结晶区,总变形率为 60% ~ 70%;然后在奥氏体及铁素体两相区轧制并终轧。这种方法特别适用于结构钢生产。当然,还可以有其他的组合方式。

为实现控制轧制,必须在轧制线上一些位置上设置冷却装置,如图 7-3 所示。控制轧制除了能生产具有细晶粒、强韧性组合好的钢材外,还可简化或取消热处理工序。例如非调质钢,利用控制轧制配合控制冷却,可以生产冷镦用高强度标准件原料,使用这种原料,标准件冷镦后的调质工序可以取消。对于某些轧后要求球化退火的钢材可以节约退火时间。日本某厂将进入精轧机的轧件温度控制到 650℃,然后进行轧制,再进行球化退火,其退火时间可缩短 1/2。控制轧制还可开发新品种,如双相钢等。

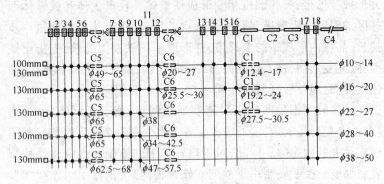

图 7-3　连续小型棒材控制轧制时轧制表和冷却段布置
C1、C2、C3、C4—水冷段；C5、C6—附加水冷段(与钢种有关)

238．什么是切分轧制,切分轧制适用于什么情况?

切分轧制是指在型钢热轧机上利用特殊轧辊孔型和导卫装置等将一根轧件沿纵向切成两根或多根轧件,进而轧出两根或多根成品轧材的工艺。切分轧制技术一般可分为一切二、一切三和一切四等不同类型。

切分轧制的意义是提高小规格产品的产量,主要是小规格带肋钢筋的产量;在不增加轧机数量的前提下,生产小规格与大规格轧材采用相同断面的钢坯,可减少坯料的种类,简化粗、中轧孔型系统;在提高产量的同时,终轧速度并不随之提高,有的规格采用切分轧制后轧速还有所降低;无论是在现有轧机还是新建轧机上采用切分技术,由于生产工艺仅局部变动,而对设备并无太特殊的要求,因此具有投入少、产出高、见效快的特点。但切分轧制在切分部位易带毛刺,切口不规则,轧后易产生折叠,影响轧件表面质量,因此,不适于轧制表面质量要求高的型材。此外,由于切分轧制时同时轧出的几根轧件之间在尺寸上和横断面上始终存在差异,有时差别较大,所以尺寸精度要求高的品种也不适合用切分轧制生产。切分轧制对生产热轧带肋钢筋为主的车间,尤其是小规格占的比例较大的车间是必不可少的工艺措施,对提高产量、降低成本是极为有效的。

切分方法主要有切分轮切分法、圆盘剪切分法、轧辊切分法和火焰切分法等。

（1）切分轮切分法。利用一对从动切分轮（图7-4a）和特殊的导卫装置，将轧出的并联轧件从连接带处沿纵向切分。采用这种切分方法时，对孔型设计参数选择要求精确而且需要增加辅助切分装置，如切分轮和辊式导卫装置，只适于一切二的切分轧制。

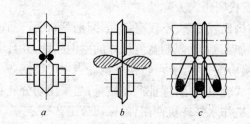

图 7-4　切分轧制的切分方法

a—切分轮切分；b—圆盘剪切分；c—轧辊切分

（2）圆盘剪切分法。与切分轮切分法相似，它是利用圆盘剪将轧出的并联轧件从连接带处沿纵向剖分成单根轧件（图 7-4b）。这种方法用于较大断面轧件的切分亦可用于小断面轧件，安装调整不方便。

（3）轧辊切分法。它依靠轧辊上的切分孔型在轧件变形过程中进行切分（图 7-4c）。这种方法适用于一切二、一切三或一切四，可用于各种布置的轧机，并可用于大、小断面尺寸的轧件。该法不需要增加剪切设备，只要对切分孔导卫进行专门设计。其缺点是孔型设计要求严格，切分孔型磨损快，对轧辊材质要求高。其孔型系统如图 7-5 所示。

（4）火焰切分法。先将钢坯轧成

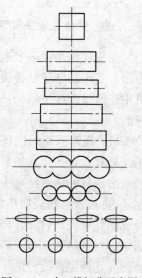

图 7-5　一步四线切分示意图

并联轧件,然后用火焰切割器切分,这种方法因质量差等问题,很少采用。

切分在全水平排列或平/立交替排列的轧机上均可实施。但当设计新轧机时,应结合其投资和产品结构考虑。

产品结构比较单一,基本上是钢筋的专业厂,轧机以水平排列为好,这样可使设备和工艺达到最佳配合,与立/平交替排列的轧机相比,建厂投资可大大降低。

产品结构比较复杂,不仅有钢筋、圆钢等断面产品,还有扁钢、角钢等需要加工侧边、限制宽度尺寸的型钢品种,并且资金比较充裕时,精轧机应配备平/立可转换轧机。当生产型钢产品时可转换轧机作为立式轧机使用,保证产品质量;当采用切分轧制生产钢筋时可转换轧机作水平轧机使用,确保切分工艺稳定。

产品结构也比较复杂,按理想应采用平/立可转换轧机,但资金不足时,只好采用平/立轧机以保证型钢质量。当采用切分轧制时,只通过采用立体交叉导槽精确导向,使双线轧件从水平轧机进入立式轧机,再从立式轧机进入水平轧机,最终完成轧制过程。

239. 什么是无头轧制,它有何意义,其适用范围如何?

无头轧制是在一个换辊周期内,轧件长度上可不间断的轧制方法。实现的办法是必须连续提供坯料。一般有两种方法:一种可用连铸机连续供坯;另一种是将加热好的钢坯用焊接机焊接起来。

(1) 连铸机连续供坯。一般采用大压下量轧机做开坯机,其工艺流程及设备布置如图 7-6 所示。

冶炼好的钢水注入中间罐并在结晶器中凝固,由拉矫机拉出钢坯,再送入电感应加热炉,连续均热后送入大压下轧机开坯,再经成品轧机轧成材。开坯机后设有飞剪及活套储存器,进行事故剪切、分卷剪切、调节连铸和连轧速度。这种供坯方式的关键在于炼钢和轧钢生产能力的平衡及机组故障的消除和作业率的提高。既要保证钢流不断,又要在轧机出现故障和换辊时处理剩余钢水,

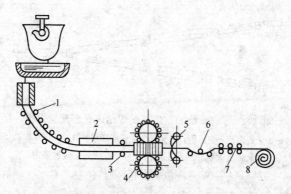

图 7-6　连铸机连续供坯无头轧制工艺流程及设备布置

1—弧形连铸机；2—加热炉；3—送料机；4—万能行星轧机；
5—飞剪；6—活套；7—精轧机架；8—卷取机

因此要求有比较可靠的中间缓冲措施。

（2）钢坯焊接法供坯。钢坯焊接可分为固定焊和飞焊两种。飞焊机可随坯料同步移动，在坯料行进的过程中进行焊接，因此不用活套，其结构如图 7-7 所示。

固定焊机的焊接区平面布置如图 7-8 所示。加热好的钢坯先经清理去除端头的氧化铁皮然后焊接。再用校正装置校正焊接部位，然后进入起保温作用的活套坑。活套坑可起到缓冲作用。为了保住温度，在活套坑后设有直通式感应加热炉。钢坯从炉中出来后，再用刨刀式清除器进一步清除焊瘤。为

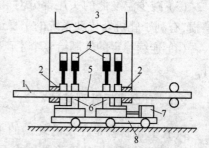

图 7-7　飞焊机的结构图

1—钢坯；2—输电夹；3—变压器；
4—液压缸；5—焊口；6—钳口；
7—压紧缸；8—焊机小车

了能及时处理事故，在第一架粗轧机前设有事故剪。

无头轧制法主要应用于型材、盘条和带材的连续轧制生产。其优点是：

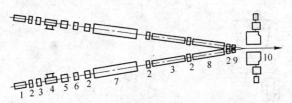

图 7-8 带有双线固定焊机的焊结区平面布置简图

1—炉子辊道;2—夹送辊;3—头部氧化铁皮清理装置;4—固定焊机;

5—毛刺清除器;6—校正器;7—活套坑;8—感应加热炉;

9—毛刺清除器;10—事故剪

(1) 可大幅度提高轧机产量。由于消除了每根轧件在各机架咬入时引起的动态速降,连轧过程稳定,张力波动小,从而为进一步提高轧制速度提供了条件。由于不存在间隙时间,轧机利用系数提高,轧机作业率可达 90% 以上,生产能力提高 10% ~ 12%。

(2) 消除咬入时堆、拉钢造成的断面尺寸超差和中间废品,并减少切头切尾的消耗,使收得率提高 3% ,产品质量也有所提高。

(3) 减少温度低的头尾部分对轧辊和导卫的冲击,减少轧辊磨损,有利于轧机及传动系统的平稳运行。

(4) 连续稳定的轧制给整个生产过程的自动化创造了有利条件。

240. 什么是无孔型轧制?

无孔型轧制就是在没有轧槽的平辊上轧制钢坯和棒材的方法,也叫平辊轧制、圆边矩形轧制或无槽轧制。孔型轧制使轧辊消耗及储备量增加,换辊频繁,严重影响生产率并使生产成本提高。因此,世界上许多国家研究在钢坯和简单断面型钢生产中,用无轧槽平辊代替粗轧机组和中轧机组全部有轧槽轧辊,进行无孔型轧制,仅精轧机组采用常规孔型轧制,取得了一定的成果。目前世界上一些国家的中小钢厂的轧制生产中无孔型轧制得到了推广应用。无孔型轧制正在较为广泛地取代常规的孔型轧制。与常规孔型轧制相比无孔型轧制有以下优点：

(1)节约能源。由于换辊少等原因轧机作业率得到提高，因而减少了停炉时间，降低了燃料消耗。无孔型轧制时变形比较均匀，轧件内部产生的附加应力小，没有轧槽侧壁对轧件的作用和轧槽周边辊径差对轧件引起的摩擦力，因而轧制力降低，可节约能源。

(2)成品质量好。无孔型轧制可避免孔型轧制时轧辊与导卫装置错位、轧偏和过充满所引起的质量缺陷等。

(3)成材率高。无孔型轧制时，由于变形均匀，头部和尾部产生缺陷的长度减少，因此切头切尾减少；无孔型轧制时导卫简单，安装调整要求不严格，轧辊窜动对轧件变形影响不大，卡钢轧废也相应减少；同时由于变形均匀，所以因内部缺陷造成的废品也大大减少。

(4)节约轧辊。轧辊修复简化。由于没有孔型，轧辊直径可以减小且无辊环，辊身利用率提高；无孔型轧制时轧件断面上无速度差，轧辊磨损均匀，轧辊修复量减少，轧辊寿命提高；无孔型的轧辊可适用各个品种，可使轧辊储备量大大减少，也使加工简化。

(5)提高轧机生产能力，降低劳动强度、劳动量和生产成本。

无孔型轧制有很多优点，但仍有一些问题需要解决，如无孔型轧件无侧壁夹持，易造成脱方，严重时不能继续轧制；角部比较尖锐，有可能造成折叠等。应针对有关问题进行解决。

无孔型轧制的设计要点主要是，要使轧件轧制时稳定，轧件不发生翻倒或扭转，轧件横断面的对角线差或轧件横断面侧边的倾斜度不超过一定的限定值。因此需要准确地确定轧件断面形状、尺寸及变形参数，同时也要确定轧辊入口方向导板间距与入口轧件宽度的差值。在采用无孔型轧制时，入口方向导板对轧件进入轧辊和在轧辊间轧制的稳定性起决定性的作用，必须合理确定入口导板与轧件之间的间隙值。

241. 什么是热轧型钢工艺润滑？

在热轧型钢时,对轧辊孔型喷射润滑剂以改善摩擦情况的工艺技术称之为热轧型钢工艺润滑。由于轧件在孔型中变形极不均匀,尤其是在轧制复杂断面型钢时,高温、高压、高摩擦的恶劣变形条件集中在孔型内壁和角部,使孔型磨损不均而直接影响轧件形状和尺寸精度。热轧型钢时采用工艺滑润可以降低轧制压力,减少孔型局部磨损和总磨损量,提高轧件形状和尺寸精度改善表面质量,增加孔型的轧出量。实践证明,最有效的润滑剂是同时具有润滑作用和冷却作用的皂胶乳液和油—水乳化液,有时也用合成蜡基的固体润滑剂。当它们与旋转的轧辊接触时在轧槽表面涂上一层薄而均匀的油膜。

242. 什么是连铸坯直接轧制技术和热送热装技术,有什么经济效益？

从连铸机送出的连铸坯不经冷却,只进行钢坯的角部补充加热,直接送入轧机中进行轧制称之为连铸坯直接轧制工艺。

从连铸机送出的连铸坯不经冷却,直接送入轧钢车间的加热炉中进行补充加热,达到出炉温度后出炉送入轧机轧制,这种方法称为连铸坯热送热装工艺。

连铸坯直接轧制和热装热送技术有其明显的经济效益,主要体现在以下几个方面:

(1) 降低燃料消耗。连铸坯每提高 100℃ 热装温度,轧钢加热可节约燃料 5% ~ 6%。燃料消耗将随热装温度和热装率的提高而大幅度降低,可节约 50% ~ 80% 的燃料,单耗将减少 0.84 ~ 1.47GJ/t,而我国中型轧钢车间加热炉部颁特等炉的燃耗为 1.59GJ/t。提高加热炉产量,连铸坯每提高 100℃ 热装温度,轧钢加热炉可增产 10% ~ 15%。

(2) 减少加热时间,减少烧损。缩短热装金属的高温在炉时间,使烧损降到 0.5% ~ 0.7%。我国冷装料的金属烧损为 1% ~

1.5%,有的高达 2.5%。

(3)缩短生产周期。冷坯在中间仓库一般滞留 7~15 天,从接受定单到向用户交货,生产周期可缩短至几小时,热装只需 5~10h,直接轧制只需 2h。

(4)减少库存钢坯量,减少厂房面积,减少人员,降低投资和生产成本。减少中间仓库面积,若热装率为 50%~60%,连铸比在 50%,可节约中间仓库面积 25%~30%。

(5)降低运输费用。由于热送热装、直接轧制,炼钢与轧钢可布置成紧凑型,连铸坯可由车间内部的辊道或保温小车运输。运输距离缩短,运输方式简便,企业内部运输费用大大降低(一般占成本的 8%~10%)。

(6)改善钢材的组织和性能。从热塑性变形物理冶金理论来看,连铸坯直接热轧或在轧前稍加热再进行轧制的工艺对改善钢材的组织和性能有重要作用。

(7)提高企业人员和管理人员素质。

243. 连铸坯热送热装轧制工艺有哪些类型,各种类型有什么特点?

根据连铸机和有关轧机的设备布置不同,以及连铸坯温度的不同,可以有不同的连铸—再加热—热轧的不同生产工艺和工艺特点。

连铸坯热送热装的类型有:连铸坯直接轧制、连铸坯热送直接轧制、连铸坯直接热装轧制和连铸坯热装轧制。此外还有连铸坯冷装炉加热后轧制。各种类型的特点是:

(1)连铸坯直接轧制(Continuous Casting—Direct Rolling,简称 CC—DR)。连铸坯温度在 1100℃ 以上,不低于轧机的开轧温度,一般不再在加热炉中进行加热,不需经过补充加热或者只是在辊道上输送过程中通过边角补热装置后进行均温,直接送入轧机轧制。

连铸坯直接轧制由于坯温处于奥氏体再结晶区,钢坯未冷却下来,因此未经过 A→F、A→P 的相变过程,并且也没有进行再加热过程,即经过 F→A,P→A 相变。因此,组织为铸态粗大奥氏体晶粒。微量元素的碳氮化物也不像冷坯那样存在析出和再溶解过程。因此应在奥氏体再结晶区,加大道次变形量,每道次变形量大于再结晶临界变形量,达到再结晶细化和均匀奥氏体晶粒的目的。这就是采用了奥氏体再结晶型控制轧制工艺。之后,采用未再结晶型控制轧制工艺,即在奥氏体未再结晶区进行轧制,累计变形量要大,增加变形奥氏体内的变形带,为铁素体形核创造有利条件,达到细化铁素体的目的。轧后采用控制冷却(快冷)工艺以调整相变和碳化物析出时的冷却速度。钢材温度低于铁素体再结晶温度即可采用空冷。

在高温奥氏体中 MnS、AlN、NbC 和 TiC 都来不及析出即开始热轧,随着轧制的进行,钢温不断降低,这些碳氮化物将不断析出,并阻止晶粒长大,起到细化晶粒的作用。

(2) 连铸坯热送直接轧制(Continuous Casting—Hot Direct Rolling,简称 CC—HDR)。连铸坯的温度已经低于开轧温度以下(一般在 1100℃ 以下)、钢的 Ar_3 温度以上的温度范围。连铸坯可以不通过加热炉而经过辊道上的补热和均热装置达到开轧温度,并直接送入轧机进行轧制。

连铸坯的金属学特征基本与直接轧制工艺的坯料特征相同,这种类型的连铸坯温度在 1100℃ ～ Ar_3 之间,没有发生奥氏体向铁素体转变,仍是铸态、粗大的奥氏体组织,仅有部分 MnS、AlN、Nb 和 Ti 的碳氮化物在奥氏体中析出。为了达到轧制温度,需要重新加热。已经析出的碳化物和氮化物又部分或全部固溶到奥氏体中去。根据奥氏体化温度的不同,残留一部分析出物,可以起到阻止奥氏体晶粒长大的作用。

如果不具备辊道上的补热和均热装置,则可以将连铸坯送入加热炉中加热,可提高加热炉产量40%～50%,节能40%～60%。该工艺要求连铸坯生产序号与连铸坯装入加热炉的序号一致。

(3) 连铸坯直接热装轧制(Continuous Casting—Direct Hot

Charging Rolling,简称 CC—DHCR）。连铸坯温度已经降到 Ar_3 以下、Ar_1 以上,即降到（A＋F）两相区内（700～900℃）。将连铸坯直接送入加热炉内进行加热,达到开轧温度后,出炉送到轧机进行轧制。采用控制轧制和控制冷却工艺。

该工艺的特点是:连铸坯温度已经降到（A＋F）两相区,部分奥氏体已经转变成铁素体,还有部分铸态的奥氏体存在。MnS、AlN、NbC 等从奥氏体中析出。再加热后产生铁素体向奥氏体相变,形成新的奥氏体,未相变的奥氏体晶粒开始长大。一些析出物起到阻止晶粒长大的作用。这样经加热后的连铸坯容易形成混晶组织。为了保证钢材的组织和性能,必须采用相应的控制轧制和控制冷却工艺。

另外,对一些低合金钢和中、高碳钢等,特别是电炉钢,由于氮含量较高,需注意由 AlN 析出而形成的表面裂纹、表面质量变坏,因而妨碍这些钢实现直接热装工艺。

（4）连铸坯热装轧制（Continuous Casting—Hot Charging Rolling,简称 CC—HCR）。连铸坯温度已经低于 Ar_1,在 400℃ 以上,奥氏体全部转变成铁素体和珠光体或贝氏体组织。但坯料不放冷即送入保温设备(保温坑、保温车和保温箱等)中保温,然后再送加热炉中加热,之后进行控轧和控冷。保温设备在连铸机和加热炉之间起缓冲和协调作用。从金属学角度看,其铸坯组织状态与常规冷装炉铸坯组织状态相同。

这种低温连铸坯重新加热时产生相变,由于连铸坯出连铸机后冷却速度快,晶粒细化,因此,加热后奥氏体晶粒也细小,析出的碳化物、氮化物起到阻止晶粒长大的作用。析出物越细越多,细化作用越大。

但对一些低合金钢、中高碳钢易在冷却过程中产生裂纹,而在热装时可能导致表面变坏。

一般将连铸坯温度达 400℃ 作为热装的低温界限,400℃ 以下热装的节能效果较小,且这时坯的表面已不再氧化,故不再称做热装。

244. 采用热送热装轧制工艺需要哪些条件?

为了实现连铸坯直接轧制或热送热装轧制技术,必须实现炼钢—连铸—热轧全流程高水平的一体化和集约化。这一流程不仅需要在节奏、能力和温度方面的严格控制,以保证钢水—连铸坯—钢材产品的外观和内在质量,而且需要实现各工序技术与管理的全面协调。因而必须具备不可缺少的支撑技术,即需要如下的几个条件:

(1) 生产无缺陷连铸坯的技术条件。连铸坯直轧和热送热装工艺实施的前提是炼钢和连铸必须能持续不断地提供质量稳定和良好的连铸坯。所谓无缺陷是指连铸坯的表面质量和内部质量达到标准要求。然而无缺陷是一个相对概念,当连铸坯质量水平达到无清理率大于等于 90% 时,热送热装工艺的实施就有了质量基础。另外应采用热坯检测手段,用好计算机铸坯质量判别系统,以便分离少量需要精整的连铸坯,确保热送连铸坯的质量。

炼钢车间应具备的技术和设备条件主要包括:炉外精炼、无渣出钢、吹氩搅拌、喂丝微调成分、插入式水口、气封中间包、保护浇铸、结晶器液面控制、电磁搅拌、气雾冷却、多点冷却、多点矫直等。特殊钢生产还应有真空脱气、软压下等技术。不合格的连铸坯均在炼钢车间剔出处理。

(2) 高温连铸坯的生产技术。为了在连铸坯热送热装工艺中获得尽可能高的装炉温度,甚至达到直接轧制的目的,必须严格控制好连铸机内的冷却过程,尽量提高连铸坯的出机温度。

高温连铸坯生产技术的主要内容有:

1) 高速浇铸,即提高拉速,缩短铸流在连铸机内的停留时间,减少铸坯的热损失;

2) 采用连铸二次弱冷,即减小连铸时的二次冷却强度,更好地利用凝固潜热,提高铸坯温度,为此而采用气—水冷却进行二次冷却,这样还可以使铸坯的温度更均匀。

(3) 采用过程保温及补热、均热技术。切割后的连铸坯将经过各种方式被运输到加热炉或直接送到轧机,如何减少连铸坯在这一过程中的温度损失是关键问题。根据连铸坯不同运输方式的特点,开发出各式各样的保温、补热和均热技术,如连铸机内保温、切割区域保温、加热及输送辊道保温、火车运输保温以及轧制前的铸坯边角加热等技术。

(4) 连铸机和轧机之间的生产能力要匹配。若轧机小时产量低于连铸机产量,则许多热坯不能进入轧机而脱离轧制线变为冷料;若轧机设计小时产量大于连铸机最大小时产量,则轧机能力得不到充分发挥。因此,原则上轧机小时产量与连铸机最大小时产量应该平衡。轧机设计时各种规格产品的小时产量应尽可能接近。因为连铸机的作业率大于轧机的作业率,而且轧机生产不同规格的产品时小时产量有很大的波动,所以一般设计轧机的小时产量高于连铸机最大小时产量的 15%～20%。

(5) 在连铸与加热炉之间设有缓冲区。为了充分发挥热装效果,希望即使轧机短时间停轧,如更换品种和换辊、换槽时连铸机也能继续生产,则在连铸机与轧机之间设有缓冲区,即存贮台架,其存贮能力为连铸机 30min 左右的产量。热存贮台架有炉内式、炉外式等多种形式。炉内式即加热炉炉尾设一段存贮段。炉外式即在加热炉旁设一存贮架,设绝热保温罩对铸坯进行保温。通过几套轧机的实践证明,即使不加绝热保温罩,在 30min 内,亦可使铸坯温度保持在 650℃ 以上。为了简化操作和维护,最近倾向于取消绝热保温罩。热存贮台有不同的形式,随着采用热送热装厂家的增多,热存贮的方式会不断改进和完善。

(6) 加热炉应能灵活调节燃烧系统。这样才能适应经常波动的轧机小时产量和不同坯温之间的经常转换。

(7) 缩短轧机的停轧时间。为了适应热送热装的设计要求需对轧机作相应的改进,中轧和精轧机组设快速换辊装置,轧辊导卫要进行预调,要采取导卫快速定位技术,机架和导卫进行快速整体更换,各种流体介质设快速接头,尽可能减少换品种和换辊时间。在孔型设计上应尽量增加孔型的共用性,减少换孔型和换辊时间。

在生产组织上也要进行相应的改变,过去轧机是根据尺寸规格组织生产,不同的钢种加热后,一般先轧小规格后轧大规格。热送热装要根据钢种组织生产,一个钢种(至少是一炉钢)可换2~3个规格,最好是2个规格,以目前的水平而论,一炉钢轧制4个或4个以上的规格是困难的。

(8) 适应连铸坯钢温不同引起轧前组织状态变化的轧制技术。不同类型的热送热装工艺,改变了连铸坯装炉、轧制前的组织状态,从而会影响到轧制过程中产品质量的变化,因而必须开发出相应的不同类型的控制轧制工艺和控制冷却工艺。

为此,首先要弄清楚以下几个基本的物理冶金问题:

1) 连铸坯冷却到不同温度后再加热时的组织变化规律及其对奥氏体晶粒大小的影响;

2) 连铸坯冷却和加热过程中微合金化元素碳、氮化合物的析出与溶解行为以及对再结晶规律的影响;

3) "热脆"现象的形成机理。

在搞清以上问题的基础上,再根据不同钢种、不同的连铸坯组织状态,确定其装炉、加热及控制轧制和控制冷却工艺制度,并进行工艺优化。

(9) 炼钢、连铸和轧钢车间统一计划组织生产。连铸坯直接轧制和热送热装使冶炼、炉外精炼、连铸和轧制连成一体,因此,炼钢车间与轧钢车间应按统一的计划组织生产,并尽可能统一安排检修,以保证整个生产线的协调生产。

(10) 完善的计算机系统。利用完善的计算机系统在炼钢、连铸机和轧钢车间进行控制和协调,实现一体化生产计划管理、在线动态调度管理、产品质量管理和有关数据及信息管理等。

第八章

钢材的轧后冷却和精整

245. 什么是钢材的轧后冷却,轧后不同冷却阶段的目的是什么,常用的轧后冷却方式有哪几种?

钢材的轧后冷却是指热轧材终轧以后,在不同阶段,以不同的冷却速度冷却到常温状态。

热轧后的型钢,在各阶段采用不同的冷却制度对其组织和性能、断面形状正确与否都有直接影响。型钢的各部位冷却不均匀将引起不同的组织变化,相变时间不同,所得组织及粗细程度也不同。如果冷却不均,易引起型钢弯曲、变形、扭曲。特别是异形断面材更容易发生弯曲。

为了提高型钢的力学性能,防止不均匀变形而导致扭曲。根据钢材的钢种、形状、尺寸、大小等特点,在轧后的一次冷却、二次冷却和三次冷却的三个阶段按冷却强度和冷却方式的不同,分别采用自然冷却、强制冷却(快冷)和缓慢冷却的工艺制度。按冷却方式可分为空冷、堆冷、风冷、水冷、雾冷和炉冷。

钢材轧后冷却可分为三个阶段:

(1)轧后控制冷却的第一阶段。此阶段是从钢材的终轧温度到奥氏体向铁素体或渗碳体开始相变的温度。根据钢种和冷却目的不同,冷却速度的控制有以下几种:

1)轧后强制冷却(快冷),是为了防止变形奥氏体的晶粒长大,对中高碳钢是为了阻止碳化物在高温下析出、长大和聚集,并为低温相变做组织上的准备而采用的一种快速冷却方法。如棒、线材采用在高效水冷器中进行穿水冷却。对于异形材则采用喷水、喷雾等方法快速冷却钢材,并根据断面形状,对型材的各部位同时或不同时进行冷却,或者采用不同冷却强度的办法冷却各个部位,以此来保证钢材各部位同时发生相变,确保钢材平直和组织均匀。

2) 轧后缓慢冷却,是指以比自然冷却慢的冷却速度进行冷却。对一些易形成温度应力和裂纹敏感性较大的钢种,为防止产生裂纹及表面出现马氏体组织和硬度过高,热轧后要立即进行缓慢冷却。

3) 轧后空冷,是指对于一些普通型钢不需要进行快冷,轧件在冷床上进行自然冷却。

(2) 轧后控制冷却的第二阶段。热轧后的轧件进行一次冷却之后立即进入冷却的第二阶段,即奥氏体向铁素体或渗碳体和珠光体转变阶段。要控制其相变时的冷却速度和相变温度,以获得所需要的相变后的组织和性能。根据钢种和性能的要求,冷却的第二阶段有以下几种冷却方法:

1) 空冷,适用于一些异形断面钢材的冷却,在冷床上自然冷却过程中发生相变。

2) 水冷、雾冷或风冷,不同钢种根据变形条件下连续转变曲线决定采用不同冷却速度的二次冷却制度。

3) 慢冷,其中包括砂冷、箱冷、坑冷或等温相变。经一次冷却后,轧件冷却到相变开始温度后以慢冷、坑冷或等温速度进行相变,控制相变后的组织状态。

(3) 第三阶段的冷却。型钢经一次冷却和二次冷却之后,即完成相变后到室温的冷却制度为第三阶段冷却制度。多数钢种相变以后,由于组织上已经没有变化了,因而采用空冷。但是,对某些含碳量较高的钢种,在冷却过程中仍有碳化物弥散析出,因而仍要控制其冷却速度。为了防止产生温度应力和组织应力,或防止钢中生成白点和裂纹等缺陷,应采用缓冷工艺制度,或立即进行热处理。

246. 什么是型材轧后自然冷却,它有何特点,一般用于何处?

自然冷却是指热轧后钢材放置在自然条件下(如冷床或盘条的运输链上),仅靠自然对流和辐射散失热量,将钢材冷却到室温温度,一般也叫空冷。热轧后钢材自然冷却的冷却速度取决于钢材的排列疏密程度以及气候条件等。盘条的冷却速度是很慢的。普通型钢和不需要进行轧后控制冷却的带肋钢筋在冷床上自然冷却,线材在运输链上的成盘自然冷却。需要轧后快冷的带肋钢筋经过一次穿水冷却,然后在冷床上进行空冷。

247. 什么是加速冷却,其目的是什么,加速冷却有哪些方法?

加速冷却也叫快速冷却,是指热轧后的钢材以大于空冷的冷却速度进行冷却。轧后加速冷却的目的是控制轧制以后细化了的变形奥氏体组织不长大,提高相变的冷却速度,控制相变产物以及钢中析出物的细化、数量增多和弥散分布,从而使钢材的强度和韧性得以提高。例如 Si-Mn 钢经过轧后加速冷却铁素体晶粒细化,珠光体片层间距减小,贝氏体数量增多和碳、氮化合物的析出而引起钢材的进一步强化。型材轧后加速冷却的方法有水冷、雾冷和风冷等。

248. 什么是风冷,一般用于何处?

对热轧后钢材用风进行冷却称为风冷。风冷的冷却强度介于空冷和水冷之间,可利用喷吹的风量大小、喷风的冷却区长度来控制钢材的终冷温度和冷却速度,以达到控制钢材组织和性能的目的。

热轧型材多在冷床上进行强制风冷。热轧盘条多在轧后进行一次快冷后经吐丝机成圈,平放在链式或辊式运输机上进行风冷,以加快盘条的冷却速度。例如标准型斯太尔摩法,是将线卷在运输机上以 0.25～1.3m/s 的移动速度移动,并由布置在运输机下面的数台风机吹风,对散卷线材进行风冷,并通过控制风量和风机个数控制线材相变过程中的冷却速度和冷却温度。在空冷和全风量风冷条件下线材冷却速度分别为 4℃/s 和 10℃/s。线材的二次冷却采用风冷能获得很细的珠光体组织,用以代替铅浴处理。标准型斯太尔摩冷却法适用于高碳钢线材的冷却。

249. 什么是雾冷,一般用于何处?

用具有一定压力的空气使水雾化成雾流,形成雾状,喷射到热

轧钢材表面进行控制冷却,这种冷却方法称为喷雾冷却,简称雾冷。喷雾冷却有以下特点:

(1) 钢材的冷却比较均匀;

(2) 冷却速度可调节的范围比较大,可以从风冷调节到水冷的冷却速度;

(3) 可以节省冷却水;

(4) 由于具有供水和供气两套系统,设备投资比较高;

(5) 有较大的噪声;

(6) 雾气比较大,要有排雾装置。

喷雾喷嘴的型式可分为内混式和外混式两种喷嘴,其原理分别为:

(1) 内混式喷嘴是指空气和水在雾化室内混合雾化后再一起喷射出去,进行雾冷;

(2) 外混式喷嘴是指空气和水从喷嘴分别喷出,在喷嘴外面进行混合雾化,对热轧材表面进行快速冷却。

喷雾冷却作为轧后控制冷却方式之一,已经用于工字钢、槽钢、H型钢和角钢的冷却。由于异形钢材断面各部位体积不同,钢温不均,对各部位的冷却强度和冷却时间也不相同。喷雾冷却也可以用于合金钢的轧后控制冷却。

250. 什么是水冷,其目的是什么,一般用于何处?

水冷是指热轧钢材以水为介质进行冷却,控制钢的组织和性能。水冷的目的是为了在轧制过程中控制钢材的轧制和终了温度,以及控制轧后一次冷却和二次冷却,不使钢材的组织粗化,并可控制相变速度,控制相变产物。

水冷一般用于轧制过程中和轧后的一次和二次冷却。在精轧前一些道次进行水冷是为了控制终轧温度。对于低碳钢、低合金钢和微合金化钢轧后一次冷却是防止变形奥氏体晶粒长大,并为相转变作组织上和转变温度的准备。而对于高碳钢和一些合金钢则轧后一次冷却除了防止奥氏体晶粒长大之外,还阻止碳化物过早析出,形成网状,降低相变温度,细化珠光体组织。

简单断面型钢和棒材、线材终轧前道次及轧后一次冷却一般采用高速冷却装置,例如湍流管式水冷器、单套管式和双套管式水冷器,如图8-1所示。

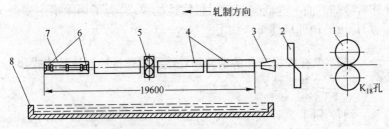

图 8-1　冷却装置示意图

1—精轧机;2—曲柄剪;3—喇叭口;4—冷却器;5—夹送辊;
6—电动喷嘴;7—湍流管;8—水槽

对于异形断面钢材,为了改善组织、提高力学性能、防止不均匀变形和扭曲,冷却方式采用轧后穿水冷却、喷雾冷却和局部高压喷嘴冷却相配合,以保证整个钢材断面上冷却均匀。

251. 什么是轧后缓慢冷却,有哪些缓冷的方法,一般用于何处?

轧材轧后缓慢冷却是指比自然冷却速度慢的冷却方法。缓冷的目的有以下几个:

(1) 防止易产生白点的某些钢种产生白点,如合金结构钢、合金工具钢和重轨钢等在空冷中产生白点;

(2) 避免某些应力敏感性强的钢材,如马氏体不锈钢、高速工具钢等空冷时因热应力与组织应力的作用而产生裂纹;

(3) 避免空冷时钢材(如弹簧钢)表面出现马氏体及钢材表面硬度过硬超标。

缓冷的方法分为缓冷坑(箱)冷却和炉冷两种。缓冷坑和缓冷箱冷是指钢材(坯)在没有加热设备的缓冷坑(箱)中冷却。为了降低钢材(坯)的缓冷冷却速度,将钢材(坯)放入缓冷箱内并用干燥的沙子盖上,将钢材或钢坯与空气隔开,以减慢冷却速度。

炉冷是指在带有加热烧嘴的缓冷坑或保温炉中进行缓冷。由于有可靠的外热源(烧嘴),钢材的冷却速度可以控制,比用缓冷坑(箱)冷却均匀。

缓慢冷却一般用于中碳钢、高碳钢和合金钢的钢坯和钢材的轧后冷却。而一些低碳钢钢材根据性能要求,为了消除钢中残余应力,也采用轧后缓慢冷却工艺制度。

252. 怎样根据产品的钢种和性能要求选择控制冷却方式和工艺参数?

钢种不同,其连续冷却转变曲线(即 CCT 曲线)也不相同,而且热变形温度和变形程度的大小、变形奥氏体状态(组织、晶粒大小、再结晶程度等因素)都对 CCT 曲线的形状和位置有明显影响。同一钢种热变形奥氏体的 CCT 曲线与不变形的 CCT 曲线相比也是不同的,前者都向高温、短时间位置移动,即相变温度提高,相变前孕育时间缩短,这种趋势随着热轧变形量的加大而加大,随终轧温度降低,铁素体转变开始温度 Ar_3 明显提高,并且随变形量增加而加剧。对钢材性能要求不同,应根据钢种的变形条件的 CCT 曲线选择不同的轧后冷却开始温度、终冷温度、冷却阶段和各阶段的冷却速度。这些冷却工艺参数确定之后,结合所采用的冷却装置位置或者选择的水冷器的形式及具体结构尺寸和数量,就可以选择应采用的冷却方式以及控制方法和相应的控制模型。

选择冷却方式和控制冷却工艺参数的具体步骤如下:

(1) 了解该钢种变形奥氏体的组织状态和有关的控轧工艺参数;

(2) 查找有关钢种的变形奥氏体连续冷却转变曲线(CCT 曲线);

(3) 根据产品的性能要求确定轧后控制冷却工艺参数;

(4) 确定轧后冷却方式和冷却阶段,设计冷却装置和结构参数及数量,布置设备位置;

(5) 控制冷却工艺参数的控制方案设计及控制模型的建立;

(6) 进行轧后控制冷却试验,根据所得试验结果对有关参数、控制方案、设备尺寸和有关模型进行修正,达到满意为止。

253. 什么是轧后余热处理,型钢生产中如何应用?

轧后余热处理是指热轧钢材在终轧之后,钢温仍处在奥氏体温度范围,利用其本身热量而直接进行热处理的工艺。在型钢生产中轧后余热处理分为轧后余热淬火、轧后余热表面淬火和自回火,以及轧后余热正火等工艺。轧后余热处理是形变热处理的一种,是变形强化和相变强化的结合,可以进一步改善钢材的综合力学性能,同时减少了一次用于热处理的钢材再加热,而节省能耗。轧后余热淬火是在热轧钢材终轧之后钢温在 Ar_3 温度以上,轧后立即进行快速淬火,淬成马氏体,随后进行回火而达到变形和调质处理相结合的目的。余热淬火前变形奥氏体的组织状态不同也直接影响钢材的强韧化效果。如果变形奥氏体处在完全再结晶状态,晶粒细化、组织均匀条件下进行淬火,仅有相变强化效果。当变形奥氏体处在未再结晶区,保留了或部分保留了奥氏体变形强化效果,淬火后遗传给马氏体,则变形强化和相变强化效果叠加,可以进一步提高其轧后余热淬火效果。轧后余热淬火多用于需要进行调质处理和固溶处理的钢材。

轧后余热表面淬火和自回火则用在热轧带肋钢筋生产中。热轧后利用钢筋的余热经水冷装置进行表面淬火,表面淬成马氏体,心部仍处在奥氏体状态,继续空冷时,心部的热量向外部扩散,使马氏体表层进行自回火,形成回火马氏体。心部由奥氏体转变成铁素体和珠光体。这种复合组织可以提高钢筋的力学性能。

轧后余热正火是指精轧后经过快速冷却,使轧材达到正火温度之后空冷到常温。实际上这是控制轧制和控制冷却工艺的结合,具有控制轧制和控制冷却的特点。其钢材的性能与工艺参数有密切关系。

254. 什么是热轧带肋钢筋轧后余热淬火,其工艺如何?

热轧带肋钢筋的轧后余热淬火是钢材轧后余热处理的一种。其特点是利用钢筋终轧后在奥氏体状态下钢筋余热直接进行表面淬火,表层淬成马氏体,在随后的冷却过程中由其心部传出余热,使表面进行回火,形成回火马氏体,而心部则转变成铁素体和珠光体。这种组织能提高钢筋强度、塑性和韧性,得到良好的综合力学性能。而且工艺简单,节约能耗,钢筋外形美观,条形平直,可收到较大的经济效益,在国内外得到广泛的应用。

热轧带肋钢筋余热淬火工艺可以分为以下 3 个阶段,如图 8-2

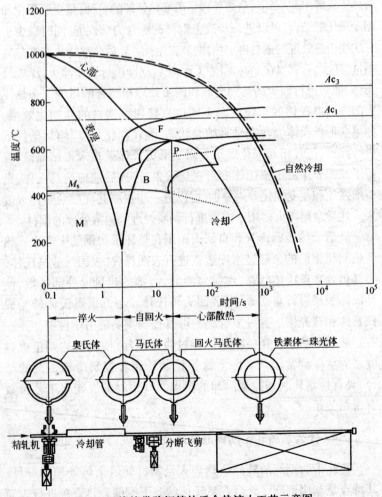

图 8-2 热轧带肋钢筋轧后余热淬火工艺示意图

所示。

（1）第一阶段是钢筋表面淬火阶段（急冷阶段）。钢筋离开精轧机，在终轧温度下立即进入高效冷却装置进行快速冷却。其冷却速度必须大于使表面层达到一定深度淬火马氏体的临界速度。钢筋表面温度低于马氏体开始转变温度（M_s 点），发生奥氏体向马氏体转变。该阶段结束时，心部组织仍在奥氏体状态。表层的马氏体深度取决于强制冷却的时间和快冷终止温度。

（2）第二阶段为钢筋表层马氏体的自回火阶段。钢筋通过快速冷却装置，完成第一阶段后在空气中冷却。此时钢筋各截面内外温度梯度很大，心部热量向外层扩散传至表面的淬火层，使已形成的马氏体进行自回火，根据自回火温度不同，可以转变为回火马氏体或回火索氏体。而心部仍处在奥氏体状态。该阶段的持续时间随钢筋的直径和第一阶段的冷却条件而改变。心部奥氏体经常已经开始转变为铁素体。

（3）第三阶段为钢筋心部的奥氏体向铁素体转变阶段。钢筋在冷床上空冷一定时间后，断面上的热量重新分布，温度趋于一致，并同时降温。此时心部由奥氏体转变成铁素体和珠光体或者转变成铁素体、索氏体和贝氏体。心部产生的组织类型取决于钢的化学成分、钢筋直径、终轧温度和第一阶段的冷却效果和持续时间。

带肋钢筋轧后余热淬火对性能影响的主要因素有：钢的成分、钢筋直径、终轧温度、冷却时间和冷却速度。决定钢筋力学性能的因素主要是马氏体环所占的体积大小、马氏体的抗拉强度及中心部分的抗拉强度。这些参数与轧制和水冷工艺参数有密切关系。

255. 什么是钢轨轧后余热淬火，其工艺如何？

为了保证钢轨轨头具有理想的耐磨性能，轨头踏面必须是细珠光体组织。珠光体片层间距越小，硬度越高，耐磨性能越好。为了得到细小的片层间距，珠光体必须在低温条件下转变。而相变前的冷却速度越快，珠光体转变温度越低，但是，又不能生成贝氏体或马氏体组织。钢轨分为热轧的和热处理的两种。热处理钢轨又分为三种类型:(1)整体热处理钢轨;(2)离线轨头淬火钢轨;(3)在线轨头余热淬火钢轨。

在线轨头余热淬火是指钢轨轧出后,利用其本身余热直接快速冷却轨头的工艺,也称为轨头在线热处理。钢轨在线余热热处理较离线热处理具有以下特点:与轧制节奏相匹配,生产效率高,不用再加热,节省能源,简化工艺,轨头硬化层深和对轨腰、轨底适当的冷却而强化,并且使钢轨收缩、膨胀及相变应力在淬火过程中得到均衡,因而钢轨中残余应力较小。

在线轨头余热淬火有两种冷却工艺:

(1) 用强冷却介质(水)冷却时采用间断冷却方式。喷水冷却时轨头表面温度迅速下降,随后空冷时轨头内部热量传到表面,使表面温度回升,从而降低了轨头表面冷却速度,使其不产生贝氏体转变,同时心部也较快冷却。这种周期性的间断冷却一直进行到珠光体转变开始时才停止,不再快冷,使珠光体在近似等温条件下完成转变,获得细珠光体组织,珠光体片层间距小于 1000×10^{-10} m,然后继续冷却到室温。

(2) 用软介质(压缩空气、水雾、油、热水或添加缓冷剂的水)冷却时则采用连续冷却方式以获得细珠光体组织。

采用软介质连续冷却钢轨时,由于冷速不够,轨头硬度达不到要求(380HB),故在标准碳素钢中适当提高 Mn、Si 含量,并加入少量 Cr、V、Nb 等元素,以推迟珠光体转变,从而在较低冷却速度下(约240℃/min)冷却即可获得要求的轨头硬度。

采用低氢气冶炼、真空脱气、连铸技术使钢质纯净、均匀,可以取消钢轨缓冷,为在线余热淬火工艺的发展创造了条件。

要实现在线轨头余热淬火必须具备以下条件:

(1) 钢质纯净,含氢量小于 $2.7 \times 10^{-4}\%$;

(2) 有合理的和稳定的加热、轧制和在线余热淬火工艺参数;

(3) 具有完整的检测技术;

(4) 具有计算机过程控制技术和相关模型。

256. 轧后控制冷却过程中轧件容易产生哪些问题？

轧件控制冷却过程中由于冷却参数控制不当而造成的各种问题主要有：

（1）棒、线材在水冷器中由于水量不足，水在冷却管中分布不均，冷却水处在水管的下部，而上部为空气，这样就会造成钢材下部冷却快，上部冷却慢，冷却收缩不均和相变的不同时性，引起钢材弯曲。严重者会使钢材卡在水冷器中。

（2）由于轧后快速冷却终止温度过低，而在钢材表面形成低温组织，引起组织和性能不均。相反，快冷终止温度过高，则不会达到轧后快冷改善钢材强韧性的目的。

（3）棒、线材直径与水冷器内径配合不好，会导致不同的冷却效果或冷却不均，钢材的性能达不到要求。

（4）棒、线材直径较大时冷却时间与空冷时间配合不合理，引起钢中内应力增大和组织不均。

（5）线材轧后水冷后在冷却线上空冷、风冷或缓冷时冷却制度不合理，也会引起线材冷却不均和组织、性能不合。

（6）异形材在轧后控冷过程中由于断面上各部位面积和体积不同，而采用不同的冷却强度和不同时的冷却方式，以达到冷却均匀而不发生扭曲和变形。如果对各部位的冷却强度和冷却时间控制不当，则会造成异形材变形和扭曲。

257. 轧后缓冷为什么能消除钢轨中的白点？

白点是由钢中氢气引起的内部裂纹，在钢轨纵向断面的酸浸试样上出现不同长度的细小锯齿状发纹，呈放射状分布或不规则排列。在纵向断口上随形成条件和折断面的不同，呈圆形或椭圆形银白色斑点，多出现在心部。

在钢材内各个方向，特别是垂直于受力方向的白点，明显地降低钢材的力学性能。在反复载荷下裂纹发展扩大，即使在轻微载荷下也会造成钢材的裂纹，因而在钢轨中不允许存在白点缺陷。

白点产生的原因是奥氏体中溶解的氢在轧后冷却过程中,因溶解度降低而大量析出,聚集在空洞和缺陷处,并产生很大压力,同时,与相变组织应力和变形应力相结合,当局部应力大于钢的抗拉强度时,将产生无方向性和规律性的裂纹。钢轨热轧后冷却到$550\sim600℃$立即装入缓冷坑中缓冷或在等温炉内保温,使钢中的氢气慢慢地扩散出来,这样可以消除钢轨中的白点。

世界上一些钢轨生产厂家采用低氢冶炼、真空脱气的方法,使钢中氢含量小于产生白点的临界氢含量$2.7\times10^{-4}\%$(体积分数),就可以取消热轧钢轨缓冷工艺。如果钢中氢含量较高,也可以采用钢坯缓冷工艺来取代钢轨缓冷工艺。

258. 型钢控制冷却工艺设计步骤和内容是什么?

热轧型钢和线材需要采用轧后控制冷却工艺时,其设计步骤和内容如下:

(1)确定轧后控制冷却方案。根据轧钢车间的设备布置条件和钢材生产过程及控制冷却的要求和目的,确定控制冷却方案、冷却方式及冷却设备的布置位置。

对异形断面钢材,为了改善组织、提高力学性能、防止不均匀变形和扭曲,采用轧后穿水、喷雾与局部高压喷嘴冷却相配合的冷却方案。

简单断面型钢和棒材轧后快冷装置都采用高速水冷装置,其水冷器分为套管式和湍流管式,冷却水喷嘴形式也各不相同,有窄缝式、直喷式和旋转式等,可以根据水冷器的特点和用途加以选择。大断面钢材多采用间断式冷却方式。快速冷却后在冷床上进行空冷、风冷或喷雾冷却。

线材因断面小和轧制速度高,为了减少氧化铁皮、降低卷取温度和改善线材的性能,轧后控制冷却比其他钢材显得更重要。根据不同钢种、不同的性能要求来确定一次冷却和二次冷却的冷却装置。

轧后一次冷却一般采用高速冷却装置,如套管式、湍流管式水冷器。二次冷却由于钢种和规格不同,相变时对冷却速度要求不同,分别采用空冷、风冷、缓冷或等温等冷却方式。目前经常采用的控冷方法有斯太尔摩控制冷却法(标准型、慢冷型和延迟型)、ED法、EDC法、S-EDC法、阿希洛法和施劳曼法等。

(2)冷却装置的结构设计及系统设计。高速冷却装置的结构设计主要有以下内容:

1)水冷器的结构及主要尺寸、喷头型式和喷头缝隙大小的确定;

2)水压和水量的确定;

3)冷却时间及冷却器节数的确定;

4)开始快冷温度、各水冷器间钢材的空冷时间、终冷温度和钢材最高返红温度的设定;

5)供水管路系统、排水系统、冷却系统和排污过滤系统的设计;

6)仪表的选择;

7)计算机控制系统的设计和有关控制模型的建立。

(3)制定控制冷却工艺参数的依据和原则。控制冷却工艺参数要根据该钢种的工艺要求和组织性能要求来确定,其中主要有:

1)根据变形奥氏体组织状态、晶粒大小和变形奥氏体的连续冷却转变曲线确定开始快冷、终止快冷温度和冷却速度,以确保获得所要求的组织状态;

2)选用的冷却器和水量、水压、水质及流速要具有高效热交换能力,但又不要引起钢材表面与心部的温差过大,防止产生不需要的组织;

3)保证钢材各部分冷却均匀,获得均匀的组织和平直、无扭曲的钢材;

4)控制、调节方便,便于改变品种和规格,适用范围较大;

5)充分利用水的热交换能力,节省用水。

259. 如何对 H 型钢、工字钢和角钢等复杂断面型钢进行控制冷却,其目的是什么?

H 型钢、工字钢和角钢等型钢由于形状比较复杂,成形过程基本确定,道次变形变化不大,因而大多采用控制轧制温度及轧后控制冷却工艺。

复杂断面型钢轧后控制冷却的目的主要是:

(1) 节约冷床面积;

(2) 防止或减轻型材的翘曲及扭转等变形;

(3) 降低钢材内部的残余应力;

(4) 提高型材的力学性能及改善组织状态;

(5) 简化生产工艺。

复杂断面型钢进行控制冷却的原理及方法如下。

H型钢在粗轧和精轧万能轧机上热轧成形时,H型钢的上缘易冷却,下缘不易散热,引起上、下缘有一定的温度差。这种温度差在缘宽方向产生内应力,发生变形,产生翘曲。为了改善下缘的冷却条件,在轧制过程中对下缘进行局部冷却,尤其是对下缘的内侧面冷却。喷嘴的位置可沿工字钢缘宽的方向上下自由运动并可沿与缘宽的垂直方向左右运动。同时有一套测量宽度及测量温度装置,根据温度和宽度测量值控制喷嘴的位置,以得到均匀的温度分布,不产生翘曲。

轧后的H型钢根据各部位测量的温度值进行不同部位、不同冷却强度的强制冷却,使通过 Ar_1 点时翼缘和腰部的温度差保持在 $50\sim100℃$ 以下,以防止H型钢腰部快冷,保证腰部不起浪形、平直。热轧工字钢时为了控制终轧温度,在中轧机组上粗轧和精轧道次间采用加速冷却措施。在精轧道次前工字钢断面上的温度分布是缘和梁腰连接处的温度比缘边部高 $50\sim80℃$。为了得到断面均匀的温度,利用机架间的冷却器对工字钢的缘和腰部连接处的外侧进行加速冷却。

角钢控制冷却的目的是保持角钢截面各部位的温度均匀,获得均匀、细小的组织,小的内应力,不形成扭曲。而控制冷却的关键是冷却器的结构、冷却方法和控制冷却工艺。

角钢控制冷却所采用的冷却器和冷却方式有:

(1)角钢射流冷却装置,如图8-3所示。这种冷却装置的特点

是冷却宽度和冷却的可调范围比较大,结构简单,工艺能力强,能
满足不同角钢的冷却要求。

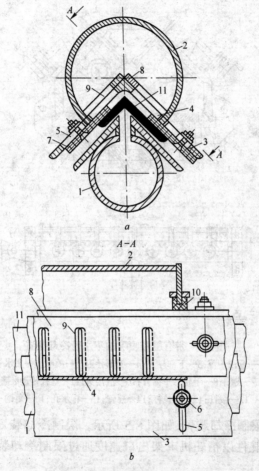

图 8-3　角钢射流冷却装置

a—集水管的横向剖面;b—图 a 的 A—A 剖面

1— 喷水装置;2—集水管;3—角铁;4—冷却槽;5—固定孔;6—螺栓;
7—定位器;8—调节挡板;9—槽;10—密封器;11—轧件

(2) 带有缝隙喷嘴的集水管冷却装置,如图 8-4 所示。本装置

是通过控制水流方向及控制角钢的重点部位局部冷却的宽度来保证沿角钢断面冷却的均匀性。

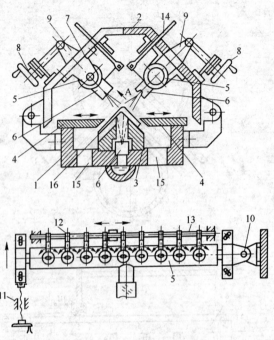

图 8-4 带有缝隙喷嘴的集水管冷却装置

1—箱;2—盖;3—下部导卫;4—上部导卫;5—喷嘴;6—集水管;
7—支柱;8—手轮;9—摇臂;10—活接头;11—丝杠传动装置;
12—拨杆;13—总拉杆;14—摇臂;15—排水孔;16—角钢

(3) 限制冷却装置,如图 8-5 所示。限制冷却装置位于精轧机后面。轧件以精轧机末架出口速度通过限制冷却装置进行冷却。

(4) 冷却箱体的角钢冷却装置,如图 8-6 所示。角钢进入导向喇叭嘴开始进行冷却,角钢的翼缘紧靠对中平板,由上部和下部供水冷却角钢顶部。根据角钢顶部截面积与总截面积的比值,用移动冷却箱体中带有供水管的喇叭嘴的方法来确定冷却区的总长度和顶部冷却区的长度。角钢穿过喇叭嘴后,水流沿其整个周边

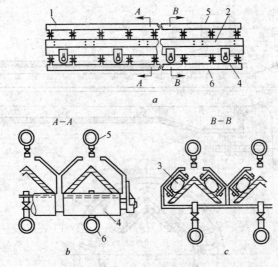

图 8-5　限制冷却装置

1、2—侧板；3—压紧辊；4—底板；5—上供水；6—下供水

a—冷却装置侧视图；b、c—两个部位的截面图

进行均匀冷却。

不等边角钢轧后采用两阶段快冷，然后在冷床上空冷的工艺。由于角钢顶部温度高于腿部温度，首先从上部和下部两个方向水冷角钢角部，第二阶段是由上下两个方向全面冷却(如图 8-7 所示)，随后在冷床上进行空冷。

热轧异形断面钢材由于断面上各部位面积或体积不同，冷却条件不同，温度不均匀，冷却速度也不同。为了达到各部分温度较均衡同时进行相变，必须注意下列条件：

(1) 设计合理的水冷装置，根据其冷却时间要求，合理布置水冷器位置；

(2) 选择适合冷却速度要求的冷却介质；

(3) 具备在线温度检测装置，检测钢材各部位温度；

(4) 具有计算机控制系统，根据所测温度值确定快速冷却工艺，设计对钢材各部位的喷水量大小、喷水面积、冷却时间和冷却

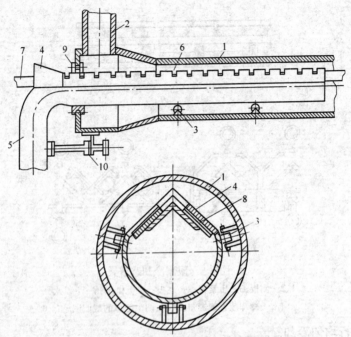

图 8-6　冷却箱体的角钢冷却装置
1—冷却箱体；2—供水管；3—托轮；4—喇叭嘴；5—供水管；
6—横向切口；7—角钢；8—平板；9—密封器；10—丝杠、丝母

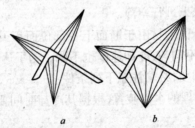

a　　　　　　b

图 8-7　不等边角钢两段、上下两个方向全面冷却示意图
a—第一冷却阶段；b—第二冷却阶段

强度；

（5）确定冷却方式和终冷温度。

260. 高碳钢和轴承钢的轧后快速冷却工艺的特点是什么,其目的是什么?

高碳钢和轴承钢采用轧后快速冷却工艺的目的是:高碳钢和轴承钢在热轧后奥氏体状态下冷却过程中,有二次碳化物析出,并且在奥氏体晶界形成网状碳化物,对钢材做成成品后的使用寿命有很大的影响。如何降低网状碳化物级别,是热轧高碳钢和轴承钢的重大问题之一。过去采用低温终轧,以细化网状碳化物,但在轧机强度较低的条件下给操作上造成一定困难。为了待温,延长了轧制节奏,降低了轧机产量。而采用间断冷却工艺既能控制奥氏体晶粒长大,又能抑制网状碳化物析出,降低网状碳化物级别,同时又可以减小珠光体片层间距,获得退化珠光体或索氏体组织。这种组织有利于加快球化过程,缩短球化时间,提高球化质量。如增加轧制时的变形量,可进一步细化奥氏体晶粒,为降低网状碳化物级别创造有利条件。这就是高碳钢和轴承钢采用控制轧制和控制冷却的目的。

高碳钢和轴承钢轧后快速冷却工艺的特点是:快冷、空冷交替进行间断冷却,但是每次快冷后的表面温度绝不允许低于生成马氏体的温度。

根据高碳钢和轴承钢尺寸的大小,可以分别采用轧后一次快冷、二次快冷、三次快冷工艺。一次快冷是指从终轧后立即快速冷却,使钢材表面冷却到 550~650℃。空冷后,表面最高返红温度为 650~730℃。二次冷却是指经一次冷却后又进行一次快冷,使钢材表面温度冷却到 550℃左右再进行空冷,待表面温度返红到 600~650℃。三次冷却是在二次冷却的基础上又进行一次快冷,使钢材快冷到表面温度 400~460℃,再空冷使最高返红温度控制在 550~600℃,并立即将钢材送入炉中、缓冷坑中或堆垛进行等温或缓冷相变。快冷一般采用穿水冷却。通过冷却可降低相变温度,得到退化珠光体或索氏体组织。

261. 什么是轧后不锈钢的在线固溶处理?

奥氏体不锈钢轧后余热快速冷却的目的是利用轧后余热进行固溶处理,以抑制不需要的铬碳化物析出而固溶在奥氏体中,从而去掉再加热固溶处理工艺。在连轧棒材生产中,奥氏体不锈钢的终轧温度约在1050℃,轧材仍处于奥氏体状态而晶界没有碳化物析出,如果钢材冷却速度慢,则碳化物将沿晶界析出。根据奥氏体不锈钢棒材直径的大小和钢种的不同,决定是否采用轧后快速冷却工艺。奥氏体不锈钢棒材经连轧后,直径在10~25mm的棒材一般不用穿水冷却,轧后采用空冷,送到冷床后采用强制风冷,因为采用风冷即可达到所需的冷却速度。直径大于25mm的棒材,轧后应立即进行多次快冷,进行在线固溶处理。

在固溶处理时,淬火终了温度要低于400℃以保住碳化物完全固溶在奥氏体中,不会再析出来。为了保证棒材断面上表面和内部温度均匀及内部热量更快散发,必须采用间断式冷却方法进行快冷。

为了对直径为10~42mm的圆钢进行卷取,并控制卷材质量,采用卷材淬火工艺,即利用卷取机在水中直接卷取奥氏体不锈钢卷,达到在线固溶处理的目的。

262. 型钢轧后有哪些精整工序?

型钢精整的工序及主要内容有热轧后型材的切断、冷却、矫直、质量检验、清除表面缺陷、热处理、打印、标记、称重和包装等。

根据型材的品种、断面形状、尺寸大小、生产的具体条件及有关产品标准规定,可以对型钢采用某些精整工序或一系列精整工序。在型材的标准和技术条件中对钢材各方面要求有明确规定,根据要求选择不同的精整工序。

在现代型钢轧机生产中,热轧后轧件的控制冷却、自然冷却、切断和矫直等工序一般在轧制流程线上进行,而其他精整工序则在轧钢厂的精整车间进行。每个精整内容既可以单独进行,也可以在一条流水作业线上完成所有过程,即所谓精整联合机组生产线。

263. 什么是型钢的切断,有哪些切断的方法,各种切断方法适用范围是什么?

型钢的切断就是根据有关标准或定货要求,将轧后的型钢切断成定尺长度以及进行切头切尾。由于型钢断面形状和尺寸大小不同,所采用的切断设备亦不同。切断设备有热锯、飞剪、冷剪和冷锯等。

型钢热锯切广泛用于高温下锯切非矩形断面的大、中、小型材。热锯常被安装在成品轧机后面,在热状态下锯切钢轨、工字钢、槽钢、管坯、方钢、大型和中型圆钢及其他异形断面钢材。锯切后的钢材断面仍能保持平直,而没有像剪切时产生的压扁和断面不规整等缺陷。所以,锯切比剪切的断面质量高,但锯切的速度慢。

一般小型的简单断面钢材都采用剪机剪切。用于型钢剪切的剪机种类从形式上分,有平刃剪及各类飞剪;以剪切金属状态分,有热剪和冷剪。对于型钢来讲,平刃剪一般为冷剪,放于冷床的后面,用于切定尺。在运动中横向剪切轧件的剪切机为飞剪机,一般在连轧机上使用,作为切头、分段和事故剪用。

在小型连轧机上使用飞剪要注意以下问题:

(1)各区域飞剪的剪切速度与能力应与轧机的出口速度和轧制品种相匹配;

(2)飞剪所能剪切的断面尺寸必须包括轧机所生产的全部品种和规格;

(3)当后部轧机发生事故时,前面飞剪及时将轧件碎断,以便于处理事故。

264. 什么是热飞剪优化定尺,它有什么意义,如何进行优化定尺?

在生产中由于坯料质量的变化导致轧后轧件长度不同,以及轧制过程中切头、切尾的误差和成品单位质量的误差,造成上冷床的轧件长度也不可能全部相同,因此,分段剪切的最后一段会出现短尺料进入冷床,如果不在冷床上剔除,将会成为任何自动定尺剪切系统的事故根源。

国外某公司提出分段剪优化剪切系统可以保证所有上冷床的轧件长度为定尺长度的整数倍。其分段飞剪的剪切程序如下：

首先将绝大部分轧件按冷床的全长进行剪切，然后将剩下部分剪切成短倍尺，同时调整冷床提升裙板的动作周期与之相匹配。这种剪切程序可以避免短尺长度无规则所带来的问题。如果剪切的短倍尺小于上冷床的要求长度，则调整倒数第二段长度，按成品倍尺减少，以增加最后一段的分段长度，使轧件达到上冷床的要求长度。这时提升裙板的动作周期也应相应配合。

热分段飞剪的优化剪切系统包括以下功能：

(1) 切头、切尾；

(2) 回收长度短于定尺的轧件；

(3) 对短于设定长度的轧件进行碎断；

(4) 出现事故时进行碎断剪切。

解决剪切后短尺的方法有两种，第一种是将短于定尺长度的尾部进行碎断，使短尺料不上冷床；第二种方法是在冷床前或冷床后设置短尺料收集装置，收集短尺料。一般碳素钢采用前一种，合金钢采用第二种。

265. 型钢为什么要矫直，有哪些矫直方法，什么条件下使用？

钢材在轧制过程或在以后的冷却过程和运输过程中经常会产生弯曲等。通过各种矫直工序可使弯曲等缺陷在外力作用下消除，使产品达到合格的状态。一般在锯切和冷却后进行矫直。根据钢材的形状、尺寸及弯曲状态，可以分别在压力矫直机、辊式矫直机或斜辊式矫直机上进行矫直。而对两个垂直方向弯曲的型钢及周期断面型材则采用拉力矫直。

下面介绍各种矫直方法及其使用条件：

(1) 压力矫直机矫直型钢。压力矫直机一般用于矫直型钢局部弯曲部分或钢材头部和尾部的弯曲，如某些大型钢材、钢轨的头部和其他复杂异形断面钢材；或者用于辊式矫直机矫直后进行补充矫直。压力矫直机分立式和卧式两种。在矫直钢材时,将钢材弯曲处固定在两个支点之间,利用上面的活动压头压下进行反弯曲。这种矫直机的缺点是操作复杂,生产率低。专用比较少,一般都设置在辊式矫直机之后,作补充矫直用。

(2) 辊式矫直机矫直型钢。在这种矫直机上矫直是在上下两排成错开排列的矫直辊中进行,钢材呈正反方向交替弯曲。矫直机以矫直辊数量、辊距大小和矫直力来表示其特征,按其结构分为闭口式和开口式两种。矫直大断面钢材采用开口式矫直机,一般有9辊式和7辊式,辊距可调整。

辊式矫直机的矫直原理如下:型材原始弯曲曲率的大小及方向是各不相同的,辊式矫直机使型材经多次反复弯曲,以消除曲率的不均匀性,使矫直曲率从大变小,直至平直。

根据辊式矫直机每个辊子对钢材产生的压下量不同,而形成两种矫直方法:

1) 小变形量矫直法:矫直机上排辊单独进行调整,从入口到出口其调整原则是进入第一辊的型材经过反弯和弹性恢复后,其最弯曲的原始半径应该完全消除,使该部分平直;而进入下一辊时,又将曲率半径稍小的弯曲部分进行反弯和弹复,并消除弯曲,但经第一辊已经平直的部分经第二辊后也相应反弯和弹复,所得曲率比以前小,如此重复下去,钢材的残余弯曲由大变小,最后趋于平直。

2) 大变形量矫直法:矫直原始曲率不均的型材时,施加的弯曲总曲率愈大,其弹复的曲率愈小,这意味着弹复后残余曲率变化将愈小,矫直效率可提高。根据这一原理,在前几个矫直辊上采用较大的压下量,使轧材各部位的反弯曲率均达到较大数值,使残余曲率的不均匀性迅速减小,从第四个辊子以后的各辊压下量逐渐减小,使轧件较快地获得平直,达到型钢矫直的目的。

(3) 斜辊式矫直机矫直型钢。圆钢矫直除了可以在辊式矫直机上矫直外,也可以在斜辊式矫直机上矫直,而且矫直效果更好。圆钢在带有凹形辊面、交叉布置旋转的两辊或多辊矫直机上矫直。圆钢在矫直过程中要保证圆轧件沿本身纵轴线旋转,并且逐渐沿纵轴前进。

（4）拉力矫直机矫直型钢。这种矫直机主要用于矫直有两个垂直方向弯曲的型材和周期断面型材等。线材拉伸相对伸长率为1%～4%。棒材变形接近屈服强度。在拉力机上将轧件一端固定在固定端夹头上，另一端固定在移动夹头上，既可以两面夹住，也可以四面夹住，然后拉伸。其缺点是生产能力低，由于夹头部位要切除，增大了金属消耗。

266. 钢轨轨端为什么要进行淬火，怎样进行淬火？

现代钢轨，指重轨产品需对轨端施行适当的热处理工艺，使轨头端部得到一层细珠光体组织，从而提高轨端的力学性能，尤其是冲击韧性和硬度，以延长重轨的使用寿命。

一般轨端淬火法有：

（1）利用轧后余热向轨端喷水淬火，然后自回火；

（2）在钢轨冷却后，再采用感应加热的方法，将轨端加热至880～920℃，然后淬火和自回火。

国内重轨厂轨端热处理均采用中频淬火（250Hz）装置，淬火剂为水质，淬火后为细珠光体组织，但细珠光体组织层深度不够，淬火组织不理想。目前国内正在研制1000～2000Hz中频装置和采用压缩空气作为淬火介质，可以得到较深的淬火层深度和淬火索氏体组织，使轨端热处理更理想。

267. 为什么要进行酸洗，哪些型钢需要酸洗？

热轧后的钢材在表面形成一层氧化铁皮，对于某些合金钢，为了检查表面缺陷必须清除表面的氧化铁皮。利用酸液和氧化铁皮的化学作用去除钢表面的氧化铁皮，此工序称为酸洗。常用的酸洗方法有硫酸酸洗、盐酸酸洗，其次是电解酸洗和超声波酸洗。

硫酸酸洗的优点是：成本较低，酸液便于运输和贮存，析出的酸雾刺激性较小，废酸回收比较容易；缺点是：酸液必须加热，对基体侵蚀较大，基体容易产生氢脆，酸洗速度较慢，效率不高等。

盐酸酸洗的优点是：酸在常温下即可进行酸洗，酸洗速度快，效率高，表面光洁，附着的铁盐较易用水洗净，酸洗过程中不易造成过酸洗和氢脆；缺点是：生产成本较高，盐酸析出的酸雾有强烈的刺激性和腐蚀性，需要完好的覆盖装置和驱除装置，废酸利用也比较困难。因此，盐酸酸洗一般用于要求较高的钢材。

硫酸酸洗、盐酸酸洗主要用于碳钢和低合金钢。对于高合金钢和不锈钢，常使用硫酸＋盐酸的两酸酸洗、硫酸＋盐酸＋硝酸的三酸酸洗以及氢氟酸＋硝酸的复合酸洗。

268. 型钢怎样进行包装，捆扎成品钢材应注意哪些问题？

成品钢材的捆扎即成品包装是生产的后部工序，也是必不可少的重要工序。完整的钢材包装应具有钢材输入、计数、堆垛、捆包成形、捆扎、捆包的输出及称量和标记等多种功能。

棒材和型材经定尺冷剪后送到成品收集系统。棒材采用计数、打捆、称量系统；型材采用码垛（堆垛）、打捆、称量系统。可以采用独立的两套系统，也可以用一套共用系统。

下面分别介绍各工序：

（1）型材的计数。机械方法计数是从一排轧件中提升、分离，然后计数；另一种为电气方法计数，在冷剪前冷床上直接计数。机械方法计数可靠性较差，尤其是对小规格轧件，而电气方法受到优化剪切后短尺轧件的影响。棒材成捆的方法可以有不同的方法，经常采用的有两种：一种是棒材经缓冲板直接卸入下部收集设备；另一种是采用一套鞍形收集槽。

（2）型材的码垛（堆垛）。有两种方法：一种是利用电磁式码垛机码垛，电磁式码垛机配有一套磁性运输小车和旋转头，这种机构更适于处理大断面型材和用于排料根数不很复杂的情况；另一种是用非磁性码垛机码垛，利用机械手进行一层一层堆垛，将钢材层面对面或背对背地进行堆放。非磁性堆垛机多用于中小断面型钢的堆垛。

（3）棒材的成捆。用于棒材的成捆机应具有以下特性：计数的误差应很低，棒材在未打捆前成捆的形状应尽量接近最终捆形。

尺寸小于或等于 30mm 的圆钢、方钢、钢筋、六角钢、八角钢和其他小型型钢,边宽小于 50mm 的等边角钢,边宽小于 63mm×40mm 的不等边角钢,宽度小于 60mm 的扁钢,每米质量不大于 8kg 的其他型钢必须用钢带、盘条或铁丝均匀捆扎结实,并一端平齐。

根据需方要求并在合同中注明亦可先捆扎成小捆,再捆成大捆。

成捆交货型钢的包装应符合表 8-1 的规定。1 类、2 类包装需经供需双方协议并在合同中注明。

倍尺交货的型钢,同捆长度差不受表 8-1 中有关规定的限制。同一批中的短尺应集中捆扎,少量短尺集中捆扎后可并入大捆中,与该大捆的长度差不受表 8-1 中有关规定的限制。

表 8-1　型钢成捆的捆扎道次和同捆长度差

包装类别	每捆质量/kg 不大于	捆扎道次/道		同捆长度差/m 不大于
		长度<6m	长度>6m	
		不　少　于		
1	2000	4	5	定尺长度允许偏差
2	4000	3	4	2
3	5000	3	4	

如果按钢材的钢种、规格和长短而定,则钢材的捆扎道数如表 8-2 所示。

表 8-2　不同钢种、规格和长度的钢材捆扎道数

序号	钢材品种	各种长度下的捆扎道数/道			
		长 12m 者	长 9m 者	长 6m 者	不大于 4m 及短尺
1	碳素钢,规格不大于 12(16)mm[①]	5	4	3	2
2	碳素钢,规格不大于 16(25)mm	4	3	2	2
3	合金钢,规格不大于 30mm			3	2
4	角钢等异形材		3	2~3[②]	2

注:非定尺钢材捆扎时,其一端必须平整。

①括号内为用机械方法打捆时的钢材规格。

②长 6m 的小规格异形材也可捆 3 道。

各类小型钢材的捆扎包装方式如表8-3所示。

表8-3　小型钢材的包装捆扎方式

序号	材料种类	包装捆扎方式		备注
		方式	图例	
1	碳素钢简单断面棒材	产品规格不大于32mm者,若干根一束捆成小捆(捆重不大于80～130kg;机械打捆时捆重为112～224kg)①		机械捆扎;短尺及零散收集用人工打捆
2	合金钢、优质钢棒材	直径或边长不大于25mm者,若干根捆成小捆(捆重不大于80～130kg)①		
3	六角钢及六角中空钢	每6～8根为一小捆		
4	扁钢(弹簧钢)	叠放,每4～6块捆成一小捆,再将小捆成排捆成大捆		捆重可达1～3t
5	角钢	叠放,每叠不搭接捆在一起叠放,搭接成大捆		
6	槽钢	小捆叠放 大捆搭接叠放 大捆不搭接叠放		
7	工字钢	叠放 搭接叠放		
8	轻轨	叠放		
9	钢窗	叠放		

　　①产品规格不大于30mm的棒材,并非一定要捆成小捆,如取得用户同意,也可打成3～5t的大捆交货。

(4) 成捆交货的工字钢、角钢、槽钢、棒材、扁钢、六角钢及六角中空钢、轻轨和钢窗等钢材的堆放捆扎方式,如表8-3中的图例所示。

(5) 热轧盘条应成盘或成捆(由数盘组成)交货。盘和捆均用铁丝、盘条或钢带捆扎牢固,不少于2道,成捆交货时捆重不大于2t。

269. 型钢的标志方式和要求是什么?

型钢的标志可采用打钢印、喷印、盖印、挂标牌、粘贴标签和放置卡片等方式。

对型钢标志的要求是:

(1) 标志上应有供方名称(或厂标)、牌号、炉罐(批)号、规格(或型号)、质量等印记;

(2) 标志应字迹清楚,牢固可靠;

(3) 逐根交货的型钢(冷拉钢除外),应在端面或靠端部逐根作上牌号、炉罐(批)号等印记,成捆交货的普通中型型钢可不逐根标记;

(4) 成捆(盘)交货的型钢,每捆(盘)至少挂两个标牌,每根型钢上作有标志时,可不挂标牌;

(5) 型钢涂色应符合有关标准的规定。

第九章

型钢产品缺陷和成品质量检验

270. 成品质量检验的意义和目的是什么？

产品质量是反映产品本身是否满足有关标准或合同规定的条件和内容。

产品质量检验的意义是：

(1) 反映产品质量在定量意义上进行精确的技术评价；

(2) 产品质量是否达到有关标准或所订合同规定的交货条件；

(3) 通过产品质量检验反映产品存在的问题，以便从有关生产环节上加以改进，提高产品质量。

产品质量检验的目的是：

(1) 通过产品质量检验表明产品质量水平，为产品的应用提供基础数据；

(2) 通过产品质量检验反映出产品生产过程中影响质量的环节，以便加以改进，提高产品质量；

(3) 为给出产品质量证书提供直观的技术数据。

271. 产品质量检验的内容有哪些？

根据产品质量的"动态性"，质量要求不是固定不变的，随着技术的发展，对产品提出新的要求和检验内容，因而应定期评定质量要求，修改相关标准和规范，不断开发新产品，改进老产品，以满足已变化的产品质量要求。

型钢产品的钢种、形状和用途各不相同，检验的内容、要求和检验方法也各不相同。质量检验的内容主要由有关标准和双方协议或合同来决定。

产品质量检验主要有以下内容：

（1）表面缺陷；

（2）内部缺陷；

（3）产品截面尺寸是否超出相应标准偏差及允许偏差，钢材剪切长度是否符合相应标准规定的交货长度；

（4）产品形状（不圆度、弯曲度、总弯曲度、不平度、镰刀弯、瓢曲、扭转和脱方等）和截面特性参数是否符合相应标准要求；

（5）产品性能检验，主要有力学性能、物理性能、化学性能和工艺性能检验；

（6）金属组织检验，主要有低倍组织检验、高倍组织检验和电镜显微组织检验，以及 X 射线衍射和电子探针分析等。

272. 产品质量检验的依据是什么？

产品质量检验的依据是中华人民共和国国家标准有关热轧、冷轧各类型钢的主题内容与适用范围、检验设备和检验方法。有的按双方合同或协议所规定的内容进行检验。

如果是出口钢材或进口钢材，则按供需双方所定合同内容要求或双方同意的有关标准进行质量检验。

型钢的质量由供方的技术监督部门进行检查和验收。供方必须保证交货的型钢符合有关标准的规定，需方有权按相应标准的规定进行检查和验收。

型钢应成批检验，组批规则按相应标准的规定检验。

273. 质量证明书是什么，证明书中应注明什么内容？

每批交货的型钢必须附有证明该批型钢符合标准要求和订货合同的质量证明书。

所填写的质量证明书必须字迹清楚，证明书中应注明：

（1）供方名称或厂标；

（2）需方名称；

(3) 发货日期；

(4) 合同号；

(5) 标准号及水平等级；

(6) 牌号；

(7) 炉罐(批)号、交货状态、加工用途、质量、支数或件数；

(8) 品种名称、规格尺寸(型号)和级别；

(9) 标准中所规定的各项试验结果(包括参考性指标)；

(10) 技术监督部门印记。

274. 产品的组织和性能检验项目有哪些,常规检验项目有哪些?

钢材的成品检验是冶金工厂用以控制钢材质量极为重要的手段。根据钢种和钢材用途的不同,按有关国家标准的规定,确定其检验项目。

产品性能检验项目有:

(1) 力学性能检验。力学性能检验指对金属产品在进行包括拉伸试验、压缩试验、扭转试验、冲击试验、硬度试验、应力松弛试验和疲劳试验等各种力学试验时所显示的各种力学性能的检验。

1) 钢材力学性能检验主要有拉力试验,测定抗拉强度(σ_b)、屈服强度 (σ_s)、伸长率(δ_5)和断面收缩率(ψ);冲击韧性试验,以测定不同温度条件下钢的韧性(A_K)。

常规检验项目就是指力学性能检验的项目,即抗拉强度、屈服强度、伸长率、断面收缩率和常温下的冲击韧性。

2) 硬度检验,钢材的硬度测定根据测量条件和测量方法的不同,硬度试验可分为压入法和刻划法。在压入法中根据加载速度不同又分为静载荷压入和动载荷压入两种。在生产中使用最广泛的是静载荷压入法硬度试验,即布氏硬度试验法、洛氏硬度试验法、维氏硬度试验法以及显微硬度试验法等。它们所标志的硬度值,实质上都是表示金属表面抵抗外物压入时所引起的塑性变形的能力。

(2) 金相组织检验。金相组织检验用以测定金属内部结构、晶粒、宏观和微观缺陷,分低倍、高倍和电镜显微组织检验。

1）金相检验试验,主要有宏观检验也常称为低倍检验,它是用肉眼或在不大于10倍的放大镜下检查钢材的纵、横断面或断口上各种宏观缺陷的方法。钢材中的宏观缺陷为疏松、偏析、白点、缩孔、裂纹、非金属夹杂、气泡以及各种不正常断口等。检验钢材宏观缺陷的方法主要有酸浸试验、断口检验、塔形车削发纹检验及硫印试验等。

2）显微检验,也称高倍组织检验,是用放大100~2000倍的显微镜对金属材料内部进行观察分析的检验方法。检查内容主要有非金属夹杂物、带状组织、碳化物不均匀性、碳化物液析、α相和δ相检验、脱碳层深度测定、球状组织级别评定、网状组织级别评定和奥氏体晶粒度评定等。

3）电镜显微组织检验,是用放大几千倍到几十万倍的电子显微镜对金属材料内部进行观察分析,以检验材料内部的细微组织结构。

此外,还有用X射线衍射方法测定金属内部各种相的晶体结构、用电子探针分析组织中显微区域内的化学成分等的组织检验方法。

（3）工艺性能检验。工艺性能检验是指在模拟的加工和使用条件下,材料在力的作用下所显示的与弹性、非弹性和应力-应变有关,但并不以力学指标表示的性能的检测。工艺性能检验与产品的品种和钢种直接有关,带有明显的产品特点。因此工艺性能检验项目各不相同,表示其性能优劣的衡量指标也不同。型钢经常使用的工艺性能检验方法有:

1）用于圆钢、钢筋的冷弯曲和热弯曲试验,反复弯曲试验;

2）各类型钢的焊接试验;

3）用于钢轨的落锤试验;

4）用于铆钉钢、标准件用碳素钢、优质结构钢冷拔钢材的冷顶锻和热顶锻试验;

5）淬透性试验;

6) 切削加工试验；

7) 钢的磨损试验。

（4）物理性能检验。物理性能检验是指对钢材产品磁性能、密度、弹性模量、线膨胀系数、电阻值等物理性能指标的检测。

磁性能主要包括感应强度 B、铁损 P、电阻系数 ρ、矫顽力 H_C、磁导率 μ。

（5）化学性能检验。化学性能检验主要指金属材料在周围介质作用下的抗腐蚀能力的检测。检测的方法主要有晶间腐蚀法、盐雾试验法和应力腐蚀试验法等。

275. 为什么要规定钢材的取样部位,各类常见型钢如何取样?

钢材的物理性能检验是冶金厂用以控制产品质量极为重要的手段,而试样的截取与加工对试验结果正确与否有直接关系。钢材试样的截取必须具有充分的代表性,否则,将会得出错误的结论,不能反映产品的实际质量水平和有效地控制产品质量。

钢锭和连铸坯固有的各种铸造缺陷,造成钢材各部位的性能不完全相同,为了反映钢材质量的实际水平,确保使用单位复验合格率,一般对于钢材的常规检验取样部位及数量在有关技术标准中都有明确的规定。

热轧时,随着压缩比的增加,钢材各部位的质量逐渐均匀,因此,对小型钢材(尺寸不大于 25mm)不做取样部位规定。对大、中型钢材,尤其是用钢锭轧成大型钢材,压缩比较小时,取样部位需要专门规定。例如,力学性能试样要在相当于钢锭头部的地方切取;低倍及夹杂物试样要在相当于钢锭头部和尾部的钢材上切取;脱碳、网状碳化物试样按热轧批次切取;其他检查试样可以随同上述试样兼做。

进行钢材的拉力及冲击试验时,其试样毛坯应按如下规定从成品钢材上切取：

（1）方、圆钢钢材尺寸不大于 60mm 者,样坯的中心线必须与钢材的中心线吻合；

（2）方、圆钢钢材尺寸大于 60mm 者,样坯的中心线必须位于钢材对角线或直径的 1/4 处;

（3）扁钢厚度大于 25mm 时,沿轧制方向在距其边缘为宽度的 1/3 处切取试样;

（4）工字钢、丁字钢和槽钢的试样,沿其轧制方向从腰部高度的 1/3 处切取;

（5）角钢及 Z 字钢的试样从其一个腿部边缘的 1/3 处切取。

一些特殊用途型钢试样的切取,可根据有关技术条件的规定执行。

276. 什么叫无损探伤,主要有几种探伤方法?

在不破坏成品的完整性与外貌的条件下,利用物理手段检验产品的质量和内部缺陷称为无损探伤。无损探伤具有以下优点:

（1）不损害钢材的完整性,可以 100％地检验其表面与内部的质量;

（2）准确性高,既可以确定缺陷的数量与大小,又可以定性与定量地按此确定产品质量等级,也可改尺,保留产品合格部分,提高产品收得率;

（3）既可以离线检验,更可实现在线检验,即在生产过程中立即进行缺陷检查,效率高,能实现自动检验,对每一根钢材可以进行全面检查,保证产品质量。

无损探伤方法有超声波、磁力、涡流和放射性探伤 4 种方法。

（1）超声波探伤。超声波探伤方向性好,穿透能力强,没有防护问题,探伤速度较快,可安装在生产线上,可实现自动探伤,是钢材无损探伤中应用最广的一种方法。在金属探伤中应用的超声波为频率在 $0.5\sim20MHz$ 范围内的振动波,它能在同一种均匀介质中作直线传播,但在不同的两种交界面上(如内部的气孔、夹杂、裂纹、缩孔等存在时,在这些缺陷的边界上)会出现部分或全部的反射。从超声波探伤仪的荧光屏上反映出不同的波形,根据反射脉冲讯号的高度和底波的有无,就可以测量出内部缺陷的大小、位置和数量。探出的缺陷能自动记录在扫描纸上。

超声波探伤法设备简单,操作方便。缺点是不能精确判断缺陷的种类。

(2) 磁力探伤。磁力探伤是利用电磁原理,以铁粉显示磁粉花纹来辨别其缺陷,检查铁磁性金属表面或皮下存在的缺陷,如裂纹、气孔和夹杂等。一般只用于方钢、圆钢、线材和方坯等表面有无裂纹、气孔及夹杂等缺陷的检查,不能检测钢材内部,即使是探表层缺陷也比较困难。

磁力探伤的方法是将钢材置于探伤机的强大磁场内,使其磁化,然后将氧化铁粉与汽油或酒精混合的悬浊液涂抹在待查的试件上,此时,氧化铁粉便积聚在那些表面或皮下有缺陷的地方,以显示其缺陷大小、分布状况及数量。磁力探伤在合金钢生产中经常使用。

(3) 涡流探伤。涡流探伤是利用电磁场同金属间电磁感应进行检测的方法,是以高频电流线圈的交变电磁场作用在被检钢材中可以产生"涡流"的原理来鉴别缺陷的。但这种探伤方法因受线圈的限制,一般只适用于较小的棒材和线材的表面和表层缺陷的探伤。这种方法灵敏度很高,探速很快,但检测数据容易受到各种"干扰因素"的影响,所以必须在有效地抑制干扰信息的条件下,才能使检验结果准确、可靠。

(4) 放射线探伤。放射线探伤有 γ 射线和 X 射线两种高穿透能力的类型,是在不破坏受检材料的情况下,对其内部质量进行检查的一种无损检测方法。γ 射线虽然可以探伤厚件,但分辨率较差。X 射线探伤厚度较小。采用放射线探伤有一个防护问题,防护设备十分昂贵。

277. 如何控制型钢的内部质量,内部缺陷主要有哪些?

钢的内部质量是影响钢材质量的决定性因素。钢的纯净度影响钢的强度、韧性、塑性、焊接性和疲劳寿命。钢质不纯净,会形成许多内部缺陷,它们是疲劳裂纹发生、扩展并造成断裂的起源。钢的内部质量控制就是控制钢的成分和均匀性,提高钢质纯净度,以减少或消除钢材内部缺陷。型钢常见的内部缺陷主要有内裂、疏松、气泡、白点、夹杂、偏析、翻皮、晶粒粗大、带状组织、魏氏组织、过热及过烧组织等。

278. 型钢的表面缺陷主要有哪些?

型钢的表面缺陷主要有折叠、结疤、裂纹、刮伤、耳子、麻点和压入氧化铁皮等。

型钢表面缺陷产生的原因既有冶炼、浇铸方面的,也有加热、轧制和精整方面的。钢坯上的缺陷,必须根据有关标准的规定加以清除后才能将钢坯装入加热炉。可以鉴别出由热送连铸坯直接轧成钢材因漏检而带到成品上的表面缺陷,因为经过加热,表面缺陷内存在脱碳层。

279. 如何控制型钢的尺寸精度?

型钢断面有很多尺寸,如工字钢就有 17 个,每个尺寸都需要测量和控制。但是,实际上许多尺寸由于轧辊孔型已经固定,只要轧辊孔型车削正确,钢材有关尺寸不易波动。只有少数尺寸随轧制温度、压下量、辊跳而波动。型钢尺寸的波动对使用部门极为重要。

要提高型材尺寸精度,需要多方面的配合,其中需要做的工作主要有:

(1) 提高轧机的刚度,减小或稳定轧辊的辊跳值;

(2) 为了获得精度更高的产品,在精轧机后和预精轧机后安装一组 2~3 架小压下量规圆机组(或叫定径机组),有紧凑式、平立交替二辊式和三辊 Kocks 式轧机;

(3) 加热钢坯温度均匀,减小钢坯温差,消除加热炉的冷却水管黑印;

(4) 采用在线测径仪,以及测量腰厚、腰宽、腿宽和腿厚等的在线测量设备,及时测量出型钢轧件有关尺寸;

(5) 运用 AGC 尺寸自动控制系统。

280. 型钢产品尺寸的精度等级是什么，如何确定？

所谓型钢产品尺寸的精度等级是指有的产品品种标准中，对相同规格的产品规定的不同的尺寸偏差范围，供钢材用户与钢厂签订合同时选择。如：GBT/702《热轧圆钢和方钢尺寸、外形、重量及允许偏差》中，对直径 $\phi18mm$ 圆钢的尺寸偏差就规定了 3 个精度等级：第 1 组精度 $\pm0.20mm$、第 2 组精度 $\pm0.35mm$、第 3 组精度 $\pm0.40mm$，供用户选择。标准中还规定，如果用户未提出明确要求，则按第 3 组精度执行。

281. 什么是尺寸公差和尺寸超差，两者有什么关系？

钢材都有一定的外形和尺寸，而且国家标准规定外形尺寸允许在一定范围内波动，允许波动的范围叫公差，小于公称尺寸的叫负公差，大于公称尺寸的叫正公差。尺寸在公差范围内的产品属合格品。

产品外形尺寸超出标准规定的产品公差范围叫超差，其中包括大于规定尺寸的上限和小于规定尺寸的下限。超差的产品是一种质量缺陷，为不合格品、等外品或废品。

标准上规定的公差是生产单位和使用单位都能接受的尺度，是产品交货的依据。外形尺寸包括断面尺寸和长度尺寸。断面尺寸指圆钢的直径，方钢的边长和对角线长，扁钢的厚度和宽度，角钢的边宽度、边厚度、各有关的内圆弧半径和边端内圆弧半径等，不等边角钢的长边宽度、短边宽度、边厚度、圆弧半径等，以及工字钢和槽钢的高度、腿宽度、腰厚度、平均腿厚度和有关的圆弧半径等。异形型钢或带肋钢筋等都有相关的规定测量部位。

各种外形尺寸的超差有不圆度、脱方、扭转、弯曲度、波浪弯、镰刀弯、异形材的轴线垂直度、带棱角产品的棱角缺肉等。

282. 如何控制型钢的外形？

控制型钢的外形主要是指：控制圆钢的椭圆度、方钢的脱方度、扁钢的镰刀弯以及它们的弯曲度、扭转和切斜等。

（1）椭圆度是以圆断面上最大与最小直径之差来衡量的，标准规定，椭圆度一般为直径正负公差之和的 0.5 倍。引起不圆的原因是轧辊孔型不圆，孔型未充满，孔型错牙，导卫板不正或安装过松轧件入孔型不正等。连轧机之间张力波动也能引起不圆。采用规圆机或 Kocks 定径机可以得到精确的圆度。

（2）脱方度，又叫脱矩度。方轧件四角不成 90°直角，矩形轧件成为平行四边形或梯形、菱形叫做脱方或脱矩。方钢四角是否成 90°不易测量，故用对角线之差来衡量。标准上规定，矩形轧件脱矩公差不得大于边长公差的 70%，方形轧件不得大于边长公差的 50%，角部缺肉不得大于厚度的 20%。

造成脱方、脱矩的原因是孔型错牙、导卫板安装不正，以及轧件堆垛不良，互相挤压变形等。

（3）弯曲度，型材在长度方向上不平直叫做弯曲，其程度用单位长度上弯曲的弦高来衡量。标准规定，用一米直尺测量其最大弦高，称为局部弯曲度；或以钢材总长的弯曲弦高除以总长度来衡量，称为总弯曲度。轧制材、冷拔材的弯曲度标准各不相同。热轧棒材弯曲度分为 2.5mm/m、4mm/m、6mm/m 3 个档次，工字钢、槽钢、角钢各有规定。

造成弯曲的原因是热轧或热处理后断面冷却速度不同，收缩不一致，矫直效果不好或加工运输中造成弯曲。

（4）镰刀弯是指扁平轧件的侧向弯曲，它在冷状态下难以矫直。

引起镰刀弯的原因是导卫不正，沿轧件宽度压下量不均造成跑偏，或在冷床上运输过程中移动不均衡而造成弯曲。

（5）扭转是指轧件在孔型中压下不对称，产生扭转力矩，使之扭转。轧辊窜动、轧辊交叉、孔型错牙等均可以引起扭转。按标准规定，轧件扭转定为废品。

（6）切斜是指锯片或剪刃不与轧件长轴垂直，锯切时断面倾斜。在热轧时控制不当很容易切斜。现代化的切断方式是采用冷锯切定尺,可很好地控制切断时的垂直度。

283. 如何检查圆钢的尺寸和外形?

圆钢的尺寸和外形检查起来比较简单,一是用游标卡尺检查圆钢的垂直直径和水平直径是否在公差范围内,二是检查圆钢的不圆度是否不大于该规格直径允许公差的 1/2(仅适用于直径不大于 ϕ40mm 的规格)。不圆度的测量方法是在同一横截面上测量任一方位的直径,测得的最大直径和最小直径之差即为不圆度。

在连轧机上采用激光测径仪连续自动测量圆钢的直径尺寸。

284. 如何检查方钢的尺寸和外形?

方钢的尺寸和外形检查与圆钢相比差别不大。检查的主要内容是:一是用游标卡尺检查方钢的边长尺寸是否在公差允许范围内;二是方钢的对角线长度是否不小于该规格公称边长的 1.33 倍(仅适用于边长不大于 50mm 的规格);三是检测方钢的脱方度,即在同一横截面内任何两边长之差不得大于公称边长公差的 50%,两条对角线长度之差不得大于公称边长公差的 70%。

285. 如何检查扁钢的尺寸和外形?

由于扁钢检验项目中对厚度尺寸有两点差的要求,为保证检测结果准确,所使用的检验工具除游标卡尺外,还必须使用外径千分尺。用游标卡尺测量扁钢的宽度,用外径千分尺测量扁钢的厚度和厚度两点差值。

286. 扁钢两点差出格的特征和产生的原因是什么?

扁钢两点差出格的典型特征是:用千分尺测量出的扁钢沿同一横截面上的最大厚度与最小厚度之差值超出该规格允许的厚度公差的 1/2。例如:对厚度为 8mm 的扁钢,标准规定其偏差为 +0.30mm、-0.50mm,则其公差的 1/2 为 0.40mm,那么用上述方法测量出的两点差只要大于 0.40mm,均应判为两点差出格。

扁钢两点差出格的原因一般来自两个方面:一是轧辊加工质量问题,如轧辊表面有锥度或凹凸不平等;二是轧制过程中造成的轧辊表面的不均匀磨损。

287. 如何检查带肋钢筋的尺寸和外形?

带肋钢筋尺寸和外形的主要检查内容和检验方法如表 9-1 所示。

表 9-1　带肋钢筋尺寸和外形的检查内容和检验方法

序号	检查项目和内容	检验用工具	检　验　方　法
1	钢筋内径尺寸	游标卡尺	测量钢筋任一截面的垂直内径是否符合标准规定,测量值精确到 0.1mm。当重量偏差合格时,此项可免检
2	钢筋横肋高度	游标卡尺	测量钢筋的内径和该处最大垂直径,用外径减去内径再除以 2,测量值精确到 0.1mm
3	钢筋纵肋高度	游标卡尺	测量钢筋的内径和该处最大水平外径,用外径减内径再除以 2,测量值精确到 0.1mm
4	钢筋的横肋间距	游标卡尺	测量钢筋一面上第 1 个与第 11 个横肋的中心距离,用该数值除以 10,即为横肋间距,测量值精确到 0.1mm
5	钢筋横肋的末端间距	游标卡尺	测量钢筋两面上任意一对横肋末梢间的距离是否符合标准规定,测量值精确到 0.1mm
6	钢筋的表面标记	肉眼	钢筋表面应扎有牌号标记,还可扎上厂名(商标)和直径(mm)数字

288. 带肋钢筋两侧纵肋不对称的特征和产生的原因是什么?

带肋钢筋两侧纵肋不对称的特征是:用肉眼观察,在钢筋的同一截面上与轧辊辊缝相对应的两条纵肋的高度存在明显的差别。产生原因一般受两种因素影响:最常见的原因是成品轧机入口导卫装置不正、松动或开口过大;有的成品前架轧机上两支轧辊的孔槽磨损严重不均时,也能导致这种问题的出现。

289. 圆钢耳子的特征和产生的原因是什么?

圆钢表面上与辊缝相对应处,出现沿轧制方向的凸起称之为耳子。耳子有单边的,双边的,有通长的,有断续的。

产生耳子的原因有:本道次压下量过大、上道次来料大、倒钢、入口导卫装置偏斜、孔型错动、轧件温度过低等。

290. 刮伤(又名擦伤、划痕)的特征和产生的原因是什么?

型材在轧制和运输过程中,被设备、工具刮出的沟痕状表面缺陷称为刮伤,一般呈直线形状,有时也呈曲线形状,单条或多条、局部或通长地分布在产品的表面上。刮伤的深度不等,从肉眼能见到几毫米,长度自几毫米到几米,连续或断续地呈现在钢材全长或局部。一般的钢材产品允许有局部刮伤,但其深度应符合有关标准的规定。

产生刮伤的原因是:

(1)导卫板加工不良或严重磨损,边缘不圆滑;

(2)导卫装置安装、调整不当,对轧件压力过大引起刮伤;

(3)导卫板或孔型粘附氧化铁皮引起刮伤;

(4)孔型侧壁磨损过多,与轧件接触产生弧形擦伤;

(5)热轧区的地板、辊道、冷床上移钢、翻钢设备有尖角,轧件通过时被刮伤。

防止和消除刮伤的措施是:

(1)加工的导卫板符合要求,边缘圆滑;

(2)正确调整导卫装置;

(3)消除辊道、辊道上盖板、移钢和翻钢设备上的尖角,防止刮伤。

291. 什么是结疤,其特征和产生的原因是什么?

钢材表面呈疤状金属薄片,经常呈舌状、块状或鱼鳞状,呈不规则分布。结疤的大小不同,深浅不等。结疤的宽而厚的一端与钢材基体相连。结疤的下面常有夹杂物存在。轧制时产生的结疤称为轧疤,其所在部位、形状和大小基本一致,缺陷的下面有较多的氧化铁皮。型钢的表面不允许有结疤缺陷。

产生结疤的原因是:

(1) 浇铸钢锭时操作不当,使散流或飞溅的钢水粘于模壁,被氧化后贴在钢锭表面,不能与钢锭基体焊合,轧后在表面形成结疤;

(2) 由于在钢锭表面存在粘模、凸包、网纹、重皮、翻皮或连铸坯表面的夹渣、网纹等缺陷,在轧制时形成结疤;

(3) 轧制过程中,成品孔前某道次因刮伤形成表面飞翅附在轧件表面上,或轧槽表面磨损严重,或掉肉轧件形成凸包,再轧制造成结疤;

(4) 轧件在孔型内打滑,使金属堆积于变形区周围的表面,压下时造成结疤。

防止和消除结疤的措施有:

(1) 改善铸锭和整模操作或连铸操作,提高钢锭及连铸坯质量;

(2) 加强坯、锭质量检查,对有结疤缺陷的钢坯必须在清除后投产;

(3) 避免轧辊的轧槽掉肉,严格轧辊刻痕操作;

(4) 及时更换磨损严重的导卫板和轧槽,防止轧件刮伤。

292. 什么是麻点,其特征和产生的原因是什么?

麻点是在钢材表面呈凹凸不平的粗糙面,又称麻面,一般是连续成片,有的呈局部或周期性分布。麻点是允许存在的缺陷,但其深度不得超过产品厚度偏差的范围。

产生麻点的原因是:

(1) 轧辊质量差,表面硬度不一,或失去冷硬层,磨损不均;

(2) 成品孔或成品前孔轧槽磨损、锈蚀或粘上破碎的氧化铁皮等物；

（3）破碎的氧化铁皮被压入轧件表面,后又脱落而引起；

（4）坯料在加热时表面严重氧化,氧化皮又清除不干净而被轧入轧件引起的,钢坯加热不当、局部或全部严重脱碳也可形成麻点。

防止和消除麻点的措施有：

（1）换辊时,认真检查轧辊,不使用严重锈蚀的轧辊；

（2）及时更换磨损的轧辊或孔型；

（3）改进轧辊材质,提高耐磨性,保持轧槽冷却良好,采用热轧工艺润滑剂,减少磨损,提高轧槽的耐磨性；

（4）控制坯料加热制度,使炉内保持正压并减少氧化性气氛,对某些易于氧化而氧化铁皮又不易脱落的合金钢,应在钢坯表面加盖铁皮,保护加热；

（5）采用高压水、压缩空气在轧前或轧制过程中清除轧件表面上的氧化铁皮。

293. 什么是压痕,其特征和产生的原因是什么？

压痕是轧件表面缺陷之一,为在表面上被外物压成的局部凹坑,呈周期性单个或多个断续分布,也有无规则的、大小不同、深浅不一的凹坑,所以也叫凹坑。一般产品表面允许有深度不超过标准规定的压痕。

产生压痕的原因是：

（1）周期性压痕是由于成品孔或成品前孔、出口滚动导板、导辊、矫直辊等粘有凸物,如氧化铁皮等；

（2）异物掉在轧件上,轧制时压入轧件表面,轧后脱落,留下压痕；

（3）加热不当,钢坯氧化铁皮过厚,局部压入轧件表面,冷却后脱落造成；

（4）产品在运送、保管过程中与硬物碰压或产品本身硌压造成。

防止和消除压痕的措施有：

（1）生产中定期检查轧件、轧槽、滚动导板和矫直辊，发现问题及时处理；

（2）轧制时防止异物掉在轧件上；

（3）吊运钢材要平稳，包装平齐，捆扎牢固，堆放时底脚要垫平、码平。

294. 什么是凸包，产生的原因是什么？

凸包是指在钢材表面呈周期性的金属凸起。产品不允许有凸包缺陷，出现凸包必须清除。

产生凸包的原因主要有：

（1）成品孔或成品前孔轧槽上有砂眼、爆槽或被外物硌伤；

（2）轧黑头钢，辊面被轧件撞凹、掉肉引起轧件表面凸包。

防止和消除凸包的措施有：

（1）不轧黑头钢，防止撞坏辊面；

（2）处理卡钢事故时，防止损坏轧槽表面；

（3）生产中定时取长度大于成品辊周长的轧件进行检查，发现凸包及时更换轧辊或轧槽，或自动检测表面缺陷，及时反馈；

（4）换辊前严格检查更换轧辊的质量，不得有砂眼或硌伤、掉肉。

295. 什么是折叠，其特征和产生的原因是什么？

折叠是钢材表面缺陷之一，其特征为表面层金属的压折成分层，外形与裂纹相似，其缝隙与表面倾斜一定角度，常呈直线形，也有曲线形或锯齿形。折叠的分布一般是沿轧制方向连续地、也有的是局部或断续地分布在钢材表面上，深浅不一。在横截面上一般为折叠，折叠内有较多的氧化铁皮。双层金属折合面有脱碳层，在与金属本体相接触一侧的折合缝壁上更为严重。钢材表面上不允许有折叠。

产生折叠的原因是：

（1）成品轧机前某道，轧制出耳子并在以后被轧折形成折叠；

（2）成品轧机前孔型磨损严重或半成品轧件表面严重刮伤，后续轧制时被轧折；

（3）上下孔型尺寸不吻合轧出的轧件出棱子或导卫板偏斜在轧件上形成台阶，后被轧折，特别是轧制异形钢材更容易形成折叠；

（4）坯料上有耳子或钢坯表面清理沟痕过陡，深宽比不够，清理不合要求，热轧时被轧折；

（5）轧辊辊面剥落、掉肉而造成钢材表面有凸包，后续轧制时被轧回呈折叠。

防止和消除折叠的措施有：

（1）严格检查坯料质量、耳子高度或清理沟痕，不合格的坯料不投产；

（2）轧槽刻痕不合格的轧辊不得使用；

（3）完善孔型设计，正确调整轧机，正确安装轧辊和导卫装置，防止轧件出耳子或产生棱子；

（4）及时更换辊面剥落的轧辊或更换磨损严重的轧槽和导卫装置，以保证轧件表面质量符合规定。

296. 什么叫钢材表面夹杂，其特征是什么，产生表面夹杂的原因是什么，如何防止产生夹杂？

钢材表面上的夹杂是指在钢材表面上有一定深度的非金属夹杂物，一般呈点状、条状或块状分布，其颜色有暗红、淡黄色等。

产生表面夹杂的原因主要有：

（1）锭、坯表面原来带来的非金属夹杂物，没清理掉而被轧入钢材表面；

（2）在加热过程中炉顶或炉端的耐火材料及煤灰、煤渣剥落到钢坯表面上，未清理干净而被轧入轧件表面；

（3）轧机周围环境不清洁，使轧件表面粘上非金属夹杂物轧入形成。

297. 什么叫表面裂纹，如何判定裂纹，产生表面裂纹的原因是什么，如何防止和消除型材中的表面裂纹？

表面裂纹是钢材表面缺陷的一种，在钢材表面呈线性开裂，一般多为直线形状，也有斜线形或呈网状的。从钢材横截面上看，裂纹有尖锐的根部，具有一定的深度并与表面垂直，其周边有严重的脱碳现象和具有非金属夹杂。一般钢材表面不允许存在裂纹。

产生表面裂纹的原因有：

(1) 炼钢工序操作不当而引起的连铸坯各种类型的表面裂纹，而且没有清除和修磨干净而带来的。这些裂纹包括表面纵裂、表面横裂、角部纵裂、角部横裂和星状裂纹，另外还有表面针孔以及表下气孔、深振痕和表面宏观夹杂(以及皮下夹杂物)等。

1) 表面纵裂纹发生在连铸时的结晶器内，发生裂纹的主要原因是初生坯壳厚度不均匀，在坯壳薄的地方应力集中，或坯壳内外温差造成的热应力，钢水静压力反抗坯壳沿厚度方向的凝固收缩产生的应力等，当应力超过坯壳的抗拉强度时就产生裂纹。

2) 连铸坯角纵向裂纹的产生原因是当铸坯发生脱方时，在其钝角处冷却速度快，较早收缩形成气隙，此外坯壳厚度较薄，当受到横向拉应力时即形成角裂纹。

3) 连铸坯表面横裂纹多发生在弧形连铸机铸坯的内弧侧，而且常发生在铸坯表面深振痕的波谷处。对于含铝高的钢种和含有铌、铜、镍、氮等微量元素的钢种较容易发生这种裂纹。

有时铸坯在矫直之前，表面已有星状裂纹，若在脆性区矫直，就会以原有的星状裂纹为缺口扩展为表面横裂纹。

4) 星状裂纹又称表面龟裂，是在铸坯表面呈网状分布的细小裂纹。通常在铸坯表面经喷丸处理、酸洗或剥皮后，才能检查出来。

星状裂纹遗留在轧材中，当缺陷深度达 0.6mm 以上时轧材的疲劳强度将显著降低。此外，星状裂纹还会扩展为横裂纹。

5) 深振痕。在连铸过程中，为了避免坯壳与结晶器壁粘结，连铸机设有结晶器振动装置，由于结晶器上下往复运动，在铸坯表面形成周期性的和拉坯方向垂直的振动痕迹。如果振动痕迹较深（大于 0.5mm），在振谷部位往往潜伏着横裂、夹杂和针孔等缺陷，构成了铸坯的深振痕表面缺陷，这种缺陷危害钢材质量。

6）表面气泡和皮下气泡。由于发生位置不同，把露出铸坯表面的气泡称为表面气泡，把潜伏在铸坯表面下边而又靠近表面的称皮下气泡。前者在未经清理的铸坯表面即可观察到，而后者只有在对铸坯进行表面清理之后才能看到。当气泡较小但密集在一定面积内时称为针孔。当连铸坯有气泡缺陷时，会在轧材表面形成鳞状折叠缺陷。

7）表面（皮下）夹杂。连铸坯表面的夹杂多为硅-锰系夹杂，而皮下夹杂多为 Al_2O_3 系细小夹杂。表面夹杂会造成成品表面条纹缺陷。

铸坯表面夹杂和皮下夹杂，除了和钢水纯净度有关外，主要和保护渣的化学组成、物理性能以及液面波动状态有关。

（2）坯料加热不均，局部温度过低，轧件各部分的延伸和宽展不一致。

（3）坯料加热或轧件冷却速度过大而不均，产生局部过大的热应力。

（4）轧制过程中冷却不均，局部温度过低。

防止和消除裂纹的措施有：

（1）提高炼钢和连铸的冶金质量，改善连铸坯的表面质量。严格检查，不合格的铸坯不投产。

（2）严格控制加热制度（加热温度、加热速度和均匀加热）。

（3）完善轧制制度，制定合理的轧制制度，防止不均匀冷却，采用均匀压下量和合理的翻钢道次。

（4）合理的轧后控制冷却，使轧件冷却均匀。

298. 耳子的特征和产生的原因是什么？

耳子是指型钢表面沿长度方向出现的条状凸起，是钢材的一种表面缺陷。出现在轧件一侧的是单面耳子，两侧的是双面耳子。

有的贯穿产品全长,也有的呈局部、断续或呈周期性分布。产品表面的耳子应修磨掉。

产生耳子的主要原因是热轧时金属在成品孔过充满,多余的金属被挤到辊缝里形成的。而具体产生原因则是:

(1) 孔型设计不合理,对宽展估计不足,轧辊调整不当或成品前孔严重磨损,前道次来料大,造成成品孔压下量过大,产生双面耳子;

(2) 成品孔入口导板安装不正、不牢、间隙过大,或轧件入孔型不正易产生单面耳子或双面断续耳子;

(3) 轧件温度低或全长温差大,钢温不均,温度低的部分宽展大,形成耳子;

(4) 成品前孔轧槽掉肉,轧件表面出现凸包,再轧时产生周期性耳子;

(5) 成品孔进口大或严重磨损,由于进口导轮大,起不到夹持轧件的作用,轧件歪斜进入孔型,不能稳定地在孔型内变形而产生两边耳子;

(6) 精轧前活套翻套,轧件倾倒;

(7) 在连轧机上轧制,由于调整不当,易产生堆钢、拉钢现象,堆钢时轧件中间出现耳子,拉钢时,轧件头尾出现耳子。

防止和消除耳子的措施有:

(1) 控制好来料尺寸;

(2) 选择合适的孔型系统、合理的宽展系数;

(3) 加强轧机调整操作,合理分配、控制压下量;

(4) 正确安装成品孔入口导板,及时更换严重磨损的导板;

(5) 及时更换磨损严重的轧槽;

(6) 提高坯料的加热质量,钢温均匀、一致;

(7) 控制好活套。

299. 什么是扭转,其特征和产生的原因是什么?

扭转是轧制型材和圆、棒材时轧件绕自身纵轴转动一定角度而形成螺旋状的缺陷。标准规定产品不能有扭转,出现扭转必须进行矫直,直至达到有关标准要求方能交货。

产生扭转的原因是:

(1) 轧辊中心线不在同一垂直面内和不在水平方向平行或轴向窜动,轧辊的孔型错牙,轧件在孔型宽度方向上压下不均,形成扭矩,引起轧件转动;

(2) 导卫板安装偏斜、磨损严重或轧件调整不当,轧件进孔型不对中,沿宽度压下不均,而造成扭转;

(3) 轧件沿宽度上温度不均,轧制时轧件各部的变形抗力不同,延伸不一致,引起倾倒扭矩,造成扭转;

(4) 出孔型时因导板不正,轧件受压不均或受到倾翻力矩引起;

(5) 连轧时,机架间张力过大,拉钢严重而引起扭转;

(6) 成品冷却设备和精整操作不良或矫直机调整不当。

消除扭转的措施有:

(1) 调整好孔型,不能错牙;

(2) 调整好卫板和导板,使轧件对正孔型;

(3) 坯料加热均匀;

(4) 连轧时,机架间张力不应过大。

300. 什么是内裂,内裂的种类、产生的原因和减少内裂的措施是什么?

内裂是钢材内部缺陷的一种,表现为在酸浸低倍试样上不是因为缩孔、非金属夹杂物、气泡造成的不同形态的内部裂纹,如弯曲裂纹、直裂纹、鸡爪形裂纹和人字形裂纹。而在裂纹内有较少或完全没有夹杂物的晶间开裂,多发生在高碳钢和高合金钢中。集中在铸锭或铸坯中心处的内裂叫轴心晶间裂纹。

连铸坯的内部柱状晶比较发达,有中心疏松和成分偏析缺陷。150mm×150mm 铸坯内部裂纹较严重,其他尺寸的连铸坯内部裂纹较少。连铸坯的内部裂纹主要有角部裂纹、中间裂纹、中心线裂纹和矫直裂纹。

(1) 角部裂纹也称对角线裂纹，多出现在方坯中，发生在靠近铸坯角部 20mm 处。产生的原因是当钢水浇入结晶器内时，坯壳角部凝固较快，最先发生收缩，产生气隙使传热减慢，此时坯壳较薄，不能承受钢水的静压力和应力的作用而产生裂纹。或发生在两个不同冷却面凝固组织交界处，小方坯的棱角冷却不均而引起的裂纹。

(2) 中间裂纹也叫中途裂纹或径向裂纹，多发生在方坯厚度的 1/4 处，并垂直于铸坯表面，位于铸坯表面和中心轴之间。二次冷却区的冷却水冷却不均，使坯壳温度回升，凝固前受张力的作用，产生裂纹并沿柱状晶晶界扩展。

(3) 中心线裂纹出现在铸坯横断面的中心区，靠近凝固末端可见的缝隙，并伴有硫、磷、碳的正偏析，是连铸坯中常见的缺陷。这种裂纹如果轧制时不能焊合，对成品质量有一定的危害。这种缺陷是由于凝固末期铸坯心部的收缩柱状晶搭桥或铸坯鼓肚引起的。

(4) 矫直裂纹从铸坯中心向外弧方向延伸，一般达 26mm。这是由于铸坯带液心矫直，凝固前沿承受的机械应力超过了钢的高温许用强度而造成的。

在凝固冷却过程中铸坯中产生了裂纹，树枝晶间富集溶质的母液充满裂纹，形成偏析线。

产生内裂的原因有：

(1) 钢锭在凝固时由于各层收缩不同以及受其他因素作用（如冷却速度过快）产生很大的内应力，当应力超过钢的强度时产生裂纹。

(2) 热轧时，锭坯加热速度过快，各层膨胀不同产生很大的内应力，当应力超过钢的强度时产生裂纹。

(3) 由于加热不均或变形不均而造成内裂纹。

减少内部裂纹的措施为：

(1) 为了减少铸坯内部裂纹，连铸操作上必须控制好低温浇铸;结晶器内冷却水流分布均匀,采用合适的锥度和圆角半径,水口注流对中;控制好二次冷却强度和水量分布,消除温度回升,钢水中硫、磷含量尽可能低。

(2) 加热温度均匀和变形均匀。增大变形量可以将细小内裂焊合。

内裂的危害性极大,它破坏了金属的连续性,一旦发生内裂即应报废。

301. 什么是疏松,其特征和产生的原因是什么?

疏松是钢材的内部缺陷之一,表现为钢材横断面上酸浸试样上呈现组织不致密,有许多分散的小黑点和孔隙,树枝状结晶粗大,主干和各枝间致密度差别明显,孔隙呈不规则多边形,严重时呈海绵状。在整个横向低倍试片上表现出组织不致密的分散的小孔隙和小黑点,孔隙多呈不规则的多边形或圆形,称作一般疏松。一般疏松处硫含量较高。

在中心处集中有许多孔隙和黑点时叫中心疏松。纵向酸浸试样上疏松表现为不同长度的条纹,但深度很浅,同裂纹有本质的区别。中心疏松是在连铸坯纵向中心线上有一些小孔,它与中心偏析的形成机理大致相同,并有密切关系,在横向低倍试片上的中心部位呈集中的空隙和黑暗的小点。以钢锭为原料时,中心疏松一般出现在钢锭头部和中部,未氧化的缺陷可以通过轧制减小以至消除。当铸坯柱状晶严重时,偏析也严重,疏松也严重。

通常在压缩比为 3~5 的情况下,一般疏松和中心疏松可以焊合,对产品无危害。所以热轧时道次压下量的大小对疏松的程度有较大的影响。

302. 什么是偏析,其特征和产生的原因是什么?

偏析是钢锭或连铸坯内碳、磷、硫、锰等化学成分分布不均匀的一种内部缺陷。在酸浸的横断面试样上,由于腐蚀速度的不同,呈现为密集的暗黑小点,或小点与空隙组成的条带和大小不同的斑点。小点或斑点处化学成分与基体存在差异,夹杂含量较高。铸锭时与锭模轮廓相似的偏析带叫锭形偏析;呈斑点状分布的叫点状偏析;集中在中心部位的叫中心偏析;呈树枝状分布的叫树枝状偏析。

产生偏析的原因是金属结晶过程中,晶粒呈树枝状长大,先结晶出来的晶粒较纯净,把杂质留在液体中,或推向各晶粒间的边界和空隙处,引起成分不均匀。

连铸坯中的中心偏析是由于凝固末期树枝晶之间残余钢水的流动造成的。在最后凝固部位附近,由于铸坯鼓肚也会造成残余钢水的流动而产生偏析。在这类偏析中,当成分富集的钢液被挤出后,成分浓度较低的钢液补充进来,因此往往伴有负偏析,为防止这类偏析出现,应当避免铸坯鼓肚发生。

连铸坯的柱状晶比较发达,在柱状晶前沿不断富集的偏析元素被推向轴心区,当轴心部分凝固收缩时,液相穴底部富集有杂质的钢液向其中填补,使连铸坯的轴心偏析非常显著,它往往和中心疏松、轴心裂纹同时出现。因为中心偏析和中心疏松严重的铸坯,氢气可被疏松和偏析捕集,从而产生非扩散型氢气偏析,缓冷也不能明显减轻这种缺陷。氢偏析在钢材中会引起裂纹。

影响连铸坯中心偏析的因素有连铸时钢水的铸温、拉速、钢中含碳量和连铸坯断面的大小及形状等。

钢锭结晶速度过慢,易生成树枝状偏析。扩散退火和热轧由于扩散作用可减轻偏析程度。采用净化钢水、吹氩搅拌和电磁搅拌,连铸工艺可避免或减轻成分的偏析。

偏析降低金属的力学性能,严重偏析的钢锭锻轧时易破裂。

303. 什么叫白点,白点的特征和产生的原因是什么?

白点是钢材内部缺陷的一种,是由钢中氢引起的内部裂纹,在钢材纵横断面的酸浸试样上表现为不同长度的细小锯齿状发纹,呈放射状分布或不规则排列,多存在于离表面有一定距离的中心部位,与轧制方向呈一定角度。在纵向断口上随形成条件和所取断面的不同,呈圆形或椭圆形银白色斑点,多出现在轴心区。钢材尺寸越大越容易产生白点。一般小于40mm的钢材上没有白点。白点裂纹中夹杂较少。钢坯上的白点,经加工有可能变形延伸和焊合。白点是在热轧后冷却时产生的,故与变形后的夹杂物、气泡、内裂所形成的裂纹有明显区别。

在钢材中绝对不允许存在白点缺陷。

白点产生的原因是奥氏体中固溶的氢在冷却相变时,因溶解度降低而大量析出、聚集在空洞和一些缺陷处,并产生很大压力,与相变组织应力结合产生无方向性和规律性的裂纹。白点多发生在高碳钢、含镍高合金钢、马氏体钢和贝氏体钢中。在奥氏体钢及铁素体钢中一般不产生白点。

消除白点的方法有:钢水采用真空处理,钢中氢含量在$1.8 \times 10^{-4}\%$(体积分数)以下;热加工前后进行扩散退火、等温退火或缓冷,使金属中的氢在一定温度下逐渐扩散出来。

304. 什么是气孔,其特征和产生的原因是什么?

所谓气孔是指在钢坯内呈圆形、椭圆形或蜂窝状的空洞。经热轧后空洞延伸成不规则的黑线条。纵向试样上气孔呈细裂纹,有弯有直,数量、长度、宽度都不一定,分布没有规律。横断面上气孔延伸成细管状,呈孤立的小孔,又称针孔。分布在锭坯表皮下的气孔称皮下气泡,与表面垂直或呈放射状。这些皮下气泡经热轧暴露而形成轧件表面缺陷——气泡。

气孔所形成的裂纹其内壁夹杂物较少。

沸腾钢存在内蜂窝状气孔是正常的。热轧时采用大压下比能够焊合。

形成气孔的原因是:

(1) 钢水脱氧不够,含有过多的气体,凝固时气体溶解度降低,大量析出聚集的气泡未能逸出锭外;

(2) 下注过快带有空气;

(3) 钢水飞溅氧化返回后产生气体;

(4) 耐火材料潮湿产生蒸汽;

(5) 锭模涂油不均,油料不好,产生的气体未能排出留在钢内。

防止的措施有:

(1) 钢水充分脱氧;

(2) 真空处理;

(3) 保护浇铸;

(4) 合理地控制浇铸温度和速度。

305. 什么叫翻皮,其特征和产生的原因是什么?

翻皮是在铸锭过程中,钢水在锭模内上升速度过快,冲破了液面上半凝固状态的薄膜并将它们卷入钢水中而形成的一种内部缺陷。翻皮在酸浸低倍钢材横断面试样上呈暗黑色或白色大理石状水印,离表面有一定深度。翻皮处常有气孔与氧化夹杂物,与基体成分和结构不同,破坏了钢材基体的完整性和纯净度。

防止翻皮的措施是:

(1) 浇铸时加液面保护渣,保护液面,隔绝空气,液面保温,防止液面氧化和结壳;

(2) 控制浇铸温度,不要过低。

306. 什么叫过热、过烧,其特征和产生的原因是什么?

过热是指以晶粒粗化为特征的钢锭或钢坯的加热缺陷。当锭、坯加热温度超过 Ac_3 温度较高时,钢的奥氏体晶粒开始长大。加热温度越高或加热时间越长,晶粒长大越显著。晶粒过分长大,晶粒间的结合力下降,钢的高温力学性能下降,热轧时容易产生裂纹。坯料加热温度过高,晶粒粗大,但还没有达到过烧温度或加热时间过长是产生过热的主要原因。当坯锭过热不很严重时可以通过退火,使钢的组织发生再结晶,使晶粒细化,之后,可以进行热轧。但是,如果过热严重,晶粒过分长大,而形成过烧组织,则难以通过退火工艺将组织细化,只有将锭坯报废。

锭坯加热时过烧是以晶粒粗化并在晶粒边界产生熔化或氧化为特征的加热缺陷。过烧是过热的继续和发展。由于加热温度过高或在高温下停留时间过长,除晶粒长大外,夹杂富集的晶界发生熔化或出现网状分布的氧化,导致晶粒间的结合力大为降低,破坏了钢的整体性,钢的塑性严重恶化,使锭坯在热加工时发生碎裂。金属的断口无金属光泽。过烧的表面呈现鸡爪状或树皮状裂纹。过烧的钢无法补救,只能报废。

钢发生过烧不仅与加热温度和加热时间有关,也和炉内气氛有直接关系。炉气的氧化性越强,钢越容易发生过烧。钢的含碳量越高,发生过烧的温度越低。高合金钢产生过烧的可能性也大大增加。

307. 什么是晶粒粗大,其特征和产生原因是什么?

晶粒粗大是钢材内部缺陷之一,表现为金属晶粒比正常生产条件下所得到的晶粒尺寸粗大。

表示晶粒大小的方法主要有:晶粒的平均体积、晶粒的平均直径、单位体积内含有的晶粒数。但这些方法测定繁琐,为简化评定方法,一般采用与晶粒大小标准图相比较的方法,确定晶粒大小的级别。钢的标准晶粒级别由大到小划分为 $-3 \sim +12$ 共 16 级,晶粒平均直径由 -3 级的 1.000mm 到 $+12$ 级的 0.0055mm。$1 \sim 4$ 级为粗晶粒,$5 \sim 8$ 级为细晶粒。粗于 1 级的为晶粒粗大,细于 8 级的为超细晶粒。

钢材由于生产不当,如加热或轧制温度过高、轧后冷却速度过慢或处在晶粒粗大的临界变形量范围内变形均能生成粗大的奥氏体晶粒或粗大的常温组织。

粗大的晶粒组织可以通过热处理进行细化。

粗大晶粒组织使钢的强度、塑性和韧性降低。

产生晶粒粗大的原因是:

(1)金属凝固或加热到相变温度以上停留时间过长导致原始奥氏体晶粒粗大,之后,变形量又不大而无法细化晶粒;

(2) 奥氏体再结晶区轧制时轧后停留时间长、冷却速度慢使晶粒集聚长大,粗大奥氏体晶粒相变后铁素体晶粒仍粗大。

防止晶粒粗大的措施有;

(1) 采用铝脱氧的本质细晶粒钢;

(2) 控制加热温度和保温时间;

(3) 采用控制轧制和控制冷却工艺。

308. 什么是混晶,其特征和产生原因是什么?

混晶是钢材内部缺陷的一种。其特征是在金属基体内粗大和细小晶粒混杂,细晶粒分布在粗大晶粒之间,或表面为细晶粒、中心为粗晶粒,也可能相反。粗晶和细晶晶粒级别相差较大。

这种混晶组织使钢的力学性能严重降低。

形成混晶的原因是:

(1) 钢坯加热温度严重不均,变形条件相同,导致变形组织再结晶条件不同而造成混晶;

(2) 金属各部位的变形程度不一致,造成再结晶组织相差较大,相变后晶粒大小仍不均而引起混晶;

(3) 热轧时,在奥氏体部分再结晶区终止变形,造成晶粒粗细大小不均而引起混晶。

防止产生混晶的主要措施有:

(1) 坯料加热均匀;

(2) 各部位变形量尽可能均匀;

(3) 不在奥氏体部分再结晶区的中心范围内轧制或终止变形;

(4) 采用控制轧制和控制冷却工艺。

309. 什么叫非金属夹杂,其特征和产生原因是什么?

非金属夹杂是指金属中含有非成分和性能所要求的非金属相。非金属夹杂来源于金属冶炼和铸造过程中,熔液中各元素与炉气等介质反应产生的氧化物和氮化物,以及由炉体、炉衬、铸锭时的罐衬、汤道、水口;连铸时的炉渣卷入、钢水包和中间包的耐火材料的熔损卷入残渣、灰分和残留熔剂等。

钢中常见的非金属夹杂有氧化物（Al_2O_3、MnO_2、FeO、Fe_3O_4和Fe_2O_3等）、硫化物（FeS、MnS、$MnS \cdot FeS$等）、硅酸盐［如硅酸亚铁（$2FeO \cdot SiO_2$）、硅酸亚锰（$2MnO \cdot SiO_2$）、铁锰硅酸盐（$mFeO \cdot nMnO \cdot pSiO_2$等）］和氮化物（$TiN$、$ZrN$）等。不同形态的夹杂物混杂在金属内部,破坏了金属的连续性和整体性,显著影响钢材的塑性、韧性、强度、疲劳强度和耐蚀性等。

连铸坯表面夹杂或夹渣（颗粒大而浅入表层的硅酸盐夹杂和颗粒小而深入的Al_2O_3）没有清除干净而轧入型钢表面形成重要的表面缺陷。

非金属夹杂分塑性夹杂和脆性夹杂。塑性夹杂如MnS等随金属变形而拉长、变薄。脆性夹杂如Al_2O_3等随金属变形而破碎。另一些夹杂如TiN、稀土硫氧化物等软化点及硬度很高,热轧时不变形也不破碎,保持原来形状。

非金属夹杂物的形态、大小和在金属中的分布情况不同,对金属性能有不同的影响,通常集中分布、尺寸较大的颗粒和团块对材料的性能影响最大;分散、细小颗粒的影响相对小一些。

非金属夹杂物按占母体金属的质量百分数评定,或根据产品标准中的图片评级,并按产品的使用要求,确定允许存在的百分数或级别。

防止非金属夹杂的措施有:钢液炉内净化、炉外净化、吹氩搅拌、保护浇铸、控温浇铸、防止夹杂卷入和减少外来夹杂混入等。

310. 什么是金属组织检验,检验的内容和手段是什么?

金属组织检验就是通过各种金相手段观察金属材料内部结构,对晶粒大小、形状、种类、相组成、相对数量和分布进行定性和定量的测量。金属组织检验是钢材性能检验项目之一,因为钢材的性能决定于它的成分、结构和组织。材料成分一定后,它的许多性能将由结构、组织、宏观和微观缺陷所决定。因此,钢材出厂前必须进行金相组织检验。

金相组织检验的内容和手段主要分为：低倍组织检验、高倍组织检验和电镜显微组织检验。

(1) 低倍组织检验，是指用肉眼或放大镜观察钢材的纵横断面上的缺陷，也叫宏观组织检验。低倍组织检验常采用以下试验方法：

1) 酸浸试验，分热酸浸(70~80℃)和冷酸浸两种。根据不同的钢种选用不同的酸液。检验的内容主要是将钢中的疏松、偏析、气泡、白点和非金属夹杂等显露出来。

2) 塔形车削发纹检验，即把按规定尺寸车削的塔形试样进行热酸浸，用于显示沿轧制方向分布的有一定长度、深度的小裂纹。

3) 硫印试验，即在检验的试样上覆以用 5%~10% 硫酸水溶液浸过的相纸，呈现深棕色印痕，用于检验钢中硫的数量及分布。

4) 断口试验，是检验钢材宏观缺陷的重要方法之一，可与酸浸检验并用，互相补充。按钢种和检验的要求不同，试样在检验前要经过不同方式的热处理，分淬火断口、退火断口和调质断口，通常都采用淬火断口。在淬火断口上可以发现白点、夹杂、夹层、气孔等缺陷。退火断口用于轴承钢和工具钢，可检查晶粒的均匀细密程度，以显示石墨碳析出、夹杂、缩孔等缺陷。调质断口只用于少数钢材，断口上出现的纤维组织能在一定程度上反映钢的力学性能(韧性)。

(2) 高倍组织检验，即显微组织检验，是用放大 100~2000 倍的显微镜对钢材内部进行观察分析的检验方法。检验内容主要有非金属夹杂、带状组织、碳化物不均匀性、碳化物液析、α 相和 δ 相检验、脱碳层深度测定、球状组织级别评定、网状组织级别评定和奥氏体晶粒度级别评定。

(3) 电镜显微组织检验，也叫精细组织检验，是用放大几千倍到几十万倍的电子显微镜对钢材内部进行观察分析。

此外，还有用 X 射线衍射方法测定金属和合金内部各种相的晶体结构、用电子探针分析组织中显微区域内的化学成分等的组

352

织检验方法。

311. 什么叫脱碳,脱碳的特征和产生原因是什么?

钢坯在加热过程中表层金属因氧化造成含碳量减少甚至不含碳元素的现象称为脱碳,是钢材缺陷的一种,一般叫表面脱碳。金属脱碳的表层称脱碳层。高碳钢(如轴承钢)、工具钢、弹簧钢等会因脱碳降低表面硬度,影响耐磨性、切削性和抗疲劳性。含碳量较高的钢材,通常都要进行脱碳层的检查。

钢的脱碳机理是加热炉内的 H_2O、CO_2、O_2、H_2 和钢中的 Fe_3C 发生反应的过程。其反应过程如下:

$$Fe_3C + H_2O \longrightarrow 3Fe + CO + H_2$$
$$Fe_3C + CO_2 \longrightarrow 3Fe + 2CO$$
$$2Fe_3C + O_2 \longrightarrow 6Fe + 2CO$$
$$Fe_3C + 2H_2 \longrightarrow 3Fe + CH_4$$

这些氧化反应中 H_2O 的脱碳能力最强,其次是 CO_2、O_2、H_2。反应过程中碳元素向外扩散,脱碳介质向内扩散。

影响钢材脱碳的因素主要有:加热温度、加热时间、钢的化学成分、炉气成分等。钢的碳含量较高和炉气中含有较多的水气时,容易发生脱碳,脱碳程度也越严重。

防止和减轻钢的脱碳的主要措施是:

(1)正确地选择加热温度;

(2)进行快速加热,缩短钢在高温下的停留时间;

(3)适当调节和控制炉内气氛。

312. 什么叫网状碳化物,其特征和产生原因是什么?

网状碳化物是钢材内部缺陷之一。热加工的过共析钢材如碳素工具钢、合金工具钢和铬轴承钢等在冷却过程中碳在奥氏体中溶解度降低,过饱和的碳以碳化物的形态从奥氏体中沿奥氏体晶界呈网状析出,它是先共析二次碳化物,在以后的成品淬火时不能完全消除,明显增加零件的脆性,降低承受载荷的强度和韧性变坏。

网状碳化物的形成与钢的化学成分和钢锭中原始碳化物偏析程度有密切关系。热加工的工艺制度对网状碳化物的厚薄也有直接影响。变形量小、终轧温度高、轧后冷却慢均使钢材中网状碳化物趋向连续与粗化。钢锭中原始碳化物偏析程度大,在碳化物密集的区域易出现网状碳化物。金相试样上网状碳化物呈白色网络,包围在晶粒和晶团周围。

降低或消除网状碳化物的措施有:

(1) 控制钢中易形成碳化物元素的含量(一般控制在下限);

(2) 采用低温终轧,加大变形量,使晶界面积增大和晶粒内产生变形带,使碳化物析出分散,析出的网状碳化物细而薄,降低碳化物级别;

(3) 采用高温终轧、轧后快冷工艺,高温终轧可以得到完全再结晶,轧后快冷使晶粒来不及长大,快冷又可阻止网状碳化物的析出,消除或降低碳化物级别;

(4) 如果网状碳化物级别不合标准要求,可以采用正火工艺消除。

313. 什么叫液析碳化物,其特征和产生原因是什么?

液析碳化物是指钢锭或连铸坯凝固时出现的由钢的液态中碳及合金元素富集而产生的亚稳定莱氏体共晶,是由液态偏析而形成的,是从钢液直接形成的一次碳化物,所以称为液析碳化物。

液析碳化物对钢材组织不均和性能有明显影响,其表现有:

(1) 液析碳化物颗粒大、硬度高、脆性大,暴露在零件表面时容易引起剥落;

(2) 大块液析碳化物的晶界,是疲劳裂纹的发源地;

(3) 引起所制成零件硬度的不均匀性和力学性能的异向性,并增大零件淬火时的开裂倾向;

(4) 未消除的一次共晶碳化物,在热加工时随钢中奥氏体塑性变形而转动、变形,形成位错,并在位错线处碳扩散、溶断为小块,且沿轧制方向呈条状分布。

改善或消除高碳、高合金钢钢材中液析碳化物的主要措施有:

(1) 控制钢中碳和合金元素含量在范围的中下限,钢中加入少量钒,也可以减少液析碳化物程度;

(2) 改进浇铸工艺和选择合理锭型,采用合适的浇铸温度和高的凝固速度,浇铸后急冷,能减少偏析,连铸坯由于冷却速度比较大,液析碳化物比较少;

(3) 通过扩散退火可以消除液析碳化物;

(4)热变形时采用较大的变形量或伸长率,可以细化液析碳化物。

314. 什么叫带状碳化物,其特征和产生原因是什么?

带状碳化物是在高碳钢钢液凝固时形成的枝晶偏析引起的,在各枝之间和在晶体二次轴之间富集碳和合金元素,从而引起成分和组织的不均匀性。这种钢锭或连铸坯经热轧后这些高碳、富合金元素的区域沿轧制方向被拉长,在钢材中便形成了带状碳化物。带状碳化物是从奥氏体中析出的二次碳化物。以含铬轴承钢为例:带状碳化物为含铬的渗碳体$(Fe,Cr)_3C$,在碳化物带上碳的质量分数高达 $1.3\% \sim 1.4\%$,铬的质量分数大于 2%,而两带之间的珠光体碳的质量分数只有 $0.6\% \sim 0.7\%$,铬的质量分数小于 1%。

严重的带状碳化物对钢的组织和力学性能均有不利影响,例如:

(1) 钢材进行退火时不易获得均匀粒状珠光体,在带的贫碳区得到片状珠光体,或者球化不完全的组织;

(2) 带状碳化物严重时,淬火后所得组织和硬度不均匀;

(3) 具有带状碳化物的钢材,其力学性能呈现各向异性;

(4) 具有带状碳化物的钢坯,在以后的热变形过程中不能明显改善碳化物的分布。

为了降低带状碳化物级别主要是采取扩散退化。

315. 什么叫魏氏组织,其特征和产生原因是什么?

魏氏组织是固溶体发生分解时第二相沿母相的一定晶面析出的常呈三角形、正方形或十字形分布的晶型。因是德国人魏德曼施泰登(A. J. Widmannstätten)首先在陨石中发现的,故用他的姓命名该组织。它是一种先共析转变组织。钢的魏氏组织分亚共析钢中的魏氏组织和过共析钢中的魏氏组织两种,前者称铁素体魏氏组织,后者称渗碳体魏氏组织。

铁素体魏氏组织是在亚共析钢中,较粗大的奥氏体以快速冷却通过 $Ar_3 \sim Ar_1$ 温度区时,铁素体不仅沿奥氏体晶界析出、生长,而且形成许多先共析铁素体片(显微镜下呈针状)插向奥氏体晶粒内部,铁素体之间的奥氏体最后转变成珠光体。铁素体魏氏组织属于低碳亚共析钢中无碳化物贝氏体型转变产物,具有贝氏体铁素体的一些特点,其金相形貌与贝氏体铁素体有相似之处,形成针状铁素体。其形成特点有:

(1) 符合形核与核长大的相变规律;

(2) 铁素体魏氏组织与原始相奥氏体之间存在一定的取向关系,即$(110)_\gamma /\!/ (110)_\alpha$,$[110]_\gamma /\!/ [111]_\alpha$;

(3) 铁素体新相沿奥氏体母相的一定惯习面 $\{111\}_\gamma$ 析出;

(4) 魏氏组织的铁素体长大是以切变方式进行的;

(5) 在高温下形成,转变时碳和合金元素均有扩散能力,扩散充分,形成不含碳的片状或针状铁素体。

渗碳体魏氏组织是在过共析钢中当碳含量、奥氏体晶粒度和冷却条件合适时产生的先共析渗碳体的魏氏组织。其形成特点有:

(1) 渗碳体以针状或扁片状、条状出现在奥氏体晶粒内部;

(2) 渗碳体与原始奥氏体之间存在一定的取向关系,即$(311)_\gamma /\!/ (001)_{Fe_3C}$,$[112]_\gamma /\!/ [100]_{Fe_3C}$;

(3) 渗碳体在奥氏体中的惯习面是 $\{227\}_\gamma$;

（4）魏氏组织中渗碳体的形成机制是沿着应变能小的结晶方向生成针状、扁片或条状晶体，在生长时狭长的两面保持共格，只能通过共格台阶的侧向移动才能使板条加宽加厚。

钢中魏氏组织的存在会降低钢的力学性能、显著降低塑性和冲击韧性。为了防止在热轧条件下的钢材形成魏氏组织，可以采用控制轧制和控制冷却工艺措施，以细化奥氏体晶粒，并控制轧后冷却速度阻止晶粒长大。当形成魏氏组织后，一般采用完全退火或正火加以消除。

316. 什么是带状组织，其特征和产生的原因是什么？

带状组织是热轧钢材的内部缺陷之一，出现在热轧低碳结构钢显微组织中，成层状沿轧制方向平行排列，形同一条带的铁素体晶粒与一条带的珠光体晶粒一层一层排列。

产生带状组织的原因是：在热轧后的冷却过程中发生相变时铁素体优先在由枝晶偏析和非金属夹杂延伸而成的条带中形成，导致铁素体形成带状，铁素体条带之间奥氏体转变成为珠光体，两者相间成层状分布。

带状组织的存在，使钢的组织不均匀，影响钢材的性能，形成各向异性，降低钢的塑性、冲击韧性和断面收缩率，造成冷弯不合、冲击废品率高、热处理时钢材容易变形等不良后果。

带状组织按产品标准中的带状组织评级图进行评级，根据钢材用途确定带状的允许级别。

第十章

型钢车间技术经济指标

317. 型钢车间要考核哪些技术经济指标?

表示轧钢车间各种设备、原材料、燃料、动力以及劳动力、资金等利用程度的指标,称之为技术经济指标。这些指标反应企业的生产技术水平和生产管理制度的执行情况,是鉴定车间设备和工艺是否先进合理的重要指标,是评定车间各项工作优劣的主要依据。通过对同一类型不同车间的技术经济指标的对比,或者对同一车间不同时期的指标分析比较,可以找出差距,分析原因,提出改进生产、提高指标的途径。因此,研究与分析技术经济指标也是研究轧钢车间工作情况的重要方法之一,对促进轧钢生产发展有重要意义。

技术经济指标包括:综合技术经济指标、各项原材料及动力消耗指标、车间劳动定员和车间各项费用及土地消耗等。其中产量、质量、作业率、各项材料消耗及劳动力使用等指标是人们分析和研究的主要内容。

轧钢生产过程中主要原材料及动力消耗包括:金属、燃料、电力、轧辊、水、润滑用油、压缩空气、氧气、蒸汽和耐火材料等。由于生产条件不同,或者由于技术操作水平和生产管理水平不同,不同车间的上述消耗指标会有很大差异。因此,要经常掌握和研究产品的各种消耗指标,才能了解和改进生产。

318. 什么叫金属消耗,如何考核和计算?

金属消耗是轧钢生产中最重要的消耗,通常它占产品成本的一半以上。因此,降低金属消耗对节约金属、降低产品成本有重要意义。

金属消耗指标通常以金属消耗系数表示,它的含义是生产1t合格产品需要的钢坯量。其计算公式为:

$$K_{金} = \frac{W}{Q} \tag{10-1}$$

式中　$K_{金}$——金属消耗系数;

　　　W——投入的钢坯质量,t;

　　　Q——合格的钢材质量,t。

型钢生产过程中产生的金属消耗一般由下列损耗所组成:烧损;切头、切尾;清理金属表面缺陷产生的损耗;轧废;加热、精整所造成的废品以及管理原因所造成的损耗等。

(1)烧损。烧损是金属在高温下的氧化损失,它包括坯料在加热过程中生成的氧化铁皮和轧制过程中产生的二次氧化铁皮,但前者是主要的。金属一次加热、轧制产生的金属烧损率一般在2%～3%左右。

(2)切损。切损包括切头、切尾和由于局部质量不合格而必须切除造成的金属损失。切损主要与钢种、钢材种类和要求、坯料尺寸计算的精确程度以及选用的原料状态有关。型钢生产中金属的切损量一般不大于5%。

(3)清理表面损失。清理金属表面所造成的损失包括对原料表面的缺陷处理和成品表面清理所造成的金属损耗。由于钢种、清理方法不同,以及对产品的要求也不一样,此项金属损耗也不相同,一般都在1%～3%的范围内。

(4)轧废。轧废是由于操作不良、管理不善、前后工序不协调或因各种事故所造成的废品损失。有时因产品生产困难或试制新产品也会产生废品,轧废一般不会超过1%。

在钢材生产过程中除上述的金属损失外,型钢生产还有取样、检验、铣头、钻眼等所造成的金属损耗,但数量不大,均不会超过1%。

型钢车间总的金属消耗系数一般在1.06～1.12的范围内。

319. 什么叫燃料消耗，如何考核和计算？

型钢车间的燃料消耗主要用于坯料的加热和预热。常用的燃料有煤、煤气、天然气和重油等。把生产 1t 合格产品消耗的燃料叫单位燃料消耗。由于燃料种类不同，其燃烧值差别也很大。所以，用实物消耗量来考核加热过程中的燃料消耗，难以真正说明加热炉的燃料消耗情况。不同炉子之间，同一炉子不同时间之间的燃料消耗也难以进行对比。为了便于考核和比较，通常把燃料消耗折合成发热量为 29.3MJ/kg 的标准燃料消耗量，以每吨合格产品消耗的标准煤(kg/t)为单位进行考核。其计算公式为：

$$W_{燃} = \frac{W_{标总}}{Q} \qquad (10-2)$$

式中 $W_{燃}$——单位合格产品标准煤消耗量，kg/t；

$W_{标总}$——耗用的标准煤总量，kg；

Q——轧制的合格产品数量，t。

折算标准煤的方法是以燃料的理论发热值与标准煤的发热量进行对比。

每吨钢材的燃料消耗取决于坯料的加热时间、加热制度、加热炉的结构和产量、坯料的钢种、断面的尺寸以及坯料入炉时的温度等因素。对型钢车间常用的连续式加热炉而言，炉子的产量愈高，相对的燃料消耗愈少；反之，燃料消耗愈多。因此，提高轧机作业率、提高加热炉生产率是减少单位燃料消耗的重要途径。另外，坯料断面越小、加热时间越短，炉子的各种热损失愈少，燃料消耗也就越少。

部分型钢轧机的燃料消耗如下(4.1868×10^6J/t)：

800mm 轨梁轧机	0.37
800mm/500mm 大型轧机	0.55
650mm 中型轧机	0.55
300mm 连续式小型轧机	0.88
300mm 横列式小型轧机	0.52

320. 什么叫电能消耗,如何考核与计算?

型钢车间的电能消耗主要用于驱动轧机的主电机和车间内各类辅助设备的电机生产用电以及照明用电。显而易见,照明用电只占耗电总量的很少部分。

在实际生产中,电能消耗用生产 1t 合格钢材需要多少电量来表示,其单位为 kW·h/t,计算公式如下:

$$W_电 = \frac{N}{Q} \qquad (10\text{-}3)$$

式中　$W_电$——单位合格产品的电能消耗,kW·h/t;

　　　N——轧钢生产过程中的全部用电量,kW·h;

　　　Q——轧制合格型材的数量,t。

每吨型材的电能消耗与所轧钢种、产品种类、轧制道次、轧制速度、轧制温度等工艺因素,车间用电设备的多少与容量大小以及车间的机械化、自动化程度等多种因素有关。例如在同样条件下,产品方案中高碳钢及合金钢的比例愈大、轧制道次愈多、延伸系数愈大、金属变形愈不均匀、轧制温度愈低,则电能消耗愈多;反之,电能消耗就少。

321. 什么叫水消耗,如何考核与计算?

轧钢车间用水按其用途可以分为生产用水、生活用水、劳动保护用水 3 项。这 3 项中后两项用水量不大,生产用水是轧钢厂水耗量的主要方面。型钢车间生产用水主要用于加热炉冷却、轧钢机轧辊冷却、冲刷氧化铁皮、热剪或热锯的冷却以及轧后控制冷却、冷床冷却等。

轧钢车间有两种水耗量表示方法,一种是生产每吨合格产品耗用的水量,计算方法为:

$$W_水 = \frac{W_{水总}}{Q} \qquad (10\text{-}4)$$

式中　$W_水$——单位合格产品的耗水量,m³/t;

$W_{水总}$——总耗水量，m^3；

Q——合格产品质量，t。

另一种表示方法用单位时间内的耗水量表示，其单位为 t/h，用此种方法表示的比较少。

型钢车间耗水量的多少主要取决于生产规模的大小、用水设备的多少、每台设备的用水量等情况。如有的车间生产带肋钢筋，装有轧后控制冷却装置，其用水量远大于不用控制冷却装置的车间。部分型钢车间用水指标如表 10-1 所示。

表 10-1　部分型钢车间用水量

车 间 类 型	1t 产品用水量/t
950mm/800mm 轨梁车间	34
650mm×3 中型车间	33.8
400mm×2/250mm×5 小型车间	30
250mm 连续式线材车间	40

322．什么叫轧辊消耗，如何考核与计算？

轧辊是型钢轧机的主要备件，其消耗取决于每车削一次所能轧出的钢材数量和一对轧辊的辊径所能允许车削的次数。表示型钢轧机轧辊消耗量的单位是每吨合格产品平均消耗的轧辊质量，通常称之为辊耗。其计算公式为：

$$W_{辊} = \frac{W_{辊总}}{Q} \qquad (10\text{-}5)$$

式中　$W_{辊}$——单位合格产品的轧辊消耗，kg/t；

$W_{辊总}$——耗用的轧辊总质量，kg；

Q——轧制合格产品的数量，t。

影响轧辊消耗的因素很多，例如轧制产品的种类、变形的均匀性、轧制温度的高低以及轧辊的材质、轧辊的使用与维护、轧辊车削次数等。对型钢轧机而言，一对轧辊车削的次数越多，轧辊车削一次后所轧出的钢材数量愈多，则轧辊的耗量愈少；反之，则辊耗量愈大。因此,不少厂家把适当增大轧辊直径、提高轧辊的耐磨性作为降低辊耗的重要措施。

随着轧辊材质的改善、制造方法的进步、热处理工艺的发展、轧机产量的不断提高以及轧辊焊补技术的应用,轧辊的使用寿命日益延长,轧辊消耗也越来越少。一些型钢车间轧辊消耗指标如表 10-2 所示。

表 10-2　部分型钢车间辊耗指标

轧机名称	主要产品	轧辊材质	单位辊耗/kg·t^{-1}
轨梁轧机	钢轨、钢梁	锻钢、铸钢	2.4~3.0
大、中型轧机	大、中型型材	铸钢、球墨铸铁	3.0~4.0
小型轧机	小型型材	铸钢、冷硬铸铁	1.0~2.5
线材轧机	线材	冷硬铸铁、碳化钨	1.0~1.5

323. 什么叫蒸汽消耗,怎样考核与计算?

蒸汽在型钢车间主要用于冲刷煤气管道、冬季润滑油的保温、加热炉燃烧重油时的雾化以及合金钢车间酸洗工段酸洗溶液和水洗槽的加热等。

生产 1t 合格产品所耗用的蒸汽量叫单位产品的蒸汽消耗,其计算公式为:

$$W_{汽} = \frac{W_{汽总}}{Q}$$ (10-6)

式中　$W_{汽}$——蒸汽的单位消耗,kg/t;

　　　$W_{汽总}$——消耗的蒸汽总量,kg;

　　　Q——轧制的合格产品数量,t。

轧钢车间使用的蒸汽温度一般为 150℃,压力则根据使用条件有所不同。如用于轨梁车间清除轧件表面氧化铁皮的蒸汽压力可达 882kPa,而其他用途的蒸汽压力一般在 392~588kPa 的范围内。

根据使用情况的不同,蒸汽供应的方式有连续供应、定期供应、间断供应 3 种,无论用哪种方式供汽,其消耗均按 t/h 向供汽单位提出。

324. 什么叫氧气消耗,如何考核和计算?

型钢车间的氧气消耗主要用于废品切割、清理钢坯表面以及设备检修等。型钢车间生产工艺和设备的条件不同所消耗的氧气数量也不一样。生产 1t 合格产品所消耗的氧气叫单位产品的氧气消耗,其计算公式为:

$$W_{氧} = \frac{W_{氧总}}{Q} \qquad (10\text{-}7)$$

式中　$W_{氧}$——单位产品氧气消耗,m^3/t;

　　$W_{氧总}$——消耗的氧气总量,m^3;

　　　Q——轧制的合格产品产量,t。

一些型钢车间的氧气消耗指标如下:

车间名称	氧气消耗/$m^3 \cdot t^{-1}$
700mm/500mm 大型车间	0.75
650mm×3 大型车间	1.40
500mm×2/300mm×5 中型车间	0.20
520mm×2/300mm×5 合金钢车间	0.40

氧气供应方法有两种,一种是瓶装运输供应;一种是氧气管道供应。大多数型钢车间采用的是瓶装供应的方式。

325. 什么叫压缩空气消耗,如何考核和计算?

型钢车间的压缩空气主要用作一些机械设备的动力、风铲清理和吹刷氧化铁皮等。由于各车间生产条件不同,使用压缩空气的设备种类和数量也各不相同,因此压缩空气消耗的多少并不代表该车间生产技术和管理水平的高低。

生产 1t 合格产品耗用的压缩空气量叫单位产品压缩空气消耗量,其计算公式为:

$$W_{气} = \frac{W_{气总}}{Q} \qquad (10\text{-}8)$$

式中　$W_气$——单位产品的压缩空气消耗量，m^3/t；

　　$W_{气总}$——压缩空气总耗用量，m^3；

　　Q——合格产品的数量，t。

轧钢厂用的压缩空气的压力一般保持在 392～588kPa。各设备或生产过程中需用压缩空气时按每分钟用多少立方米提出，其单位为 m^3/min。

326. 什么叫耐火材料消耗，如何考核与计算？

型钢车间的耐火材料主要用于加热炉的砌造，合金钢厂除加热炉使用耐火材料外，还有热处理炉使用。耐火材料的消耗取决于加热炉的种类、大小和数量，此外，加热制度、操作技术的熟练程度、日常维护和管理也影响耐火材料的消耗。

生产 1t 合格产品耗用的耐火材料叫单位产品的耐火材料消耗，以 kg/t 为计量单位。计算公式为：

$$W_{耐火} = \frac{W_{耐总}}{Q} \tag{10-9}$$

式中　$W_{耐火}$——单位产品耐火材料消耗量，kg/t；

　　$W_{耐总}$——耗用的耐火材料总量，kg；

　　Q——合格产品数量，t。

部分型钢轧机的耐火材料消耗如表 10-3 所示。

表 10-3　部分型钢轧机耐火材料消耗

加热设备名称	耐火材料消耗/$kg \cdot t^{-1}$
800mm 轨梁轧机加热炉	0.6
500mm×2/300mm×5 中小型轧机加热炉	1.0
500mm×2/300mm×5 合金钢厂加热炉	1.8
400mm×2/250mm×5 小型轧机加热炉	2.0
300mm 连续式小型加热炉	0.6
线材轧机加热炉	0.8～1.2
高速线材轧机加热炉	0.4

327．什么叫润滑油消耗，如何考核与计算？

型钢车间的润滑油消耗主要用于车间各种机械设备的润滑，如电机的润滑、轧机齿轮箱的润滑、轴承的润滑、锯机和剪机的润滑等，有的车间还包括工艺润滑油的消耗。

生产 1t 合格产品所消耗的润滑油叫单位产品润滑油消耗，计算公式为：

$$W_{油} = \frac{W_{油总}}{Q} \tag{10-10}$$

式中　$W_{油}$——单位产品润滑油消耗，kg/t；

　　　$W_{油总}$——耗用的各种润滑油总量，kg；

　　　Q——轧制合格产品数量，t。

部分型钢车间润滑油消耗指标如表 10-4 所示。

表 10-4　润滑油消耗指标

车 间 名 称	润滑油耗量/kg·t^{-1}
700mm/500mm 开坯车间	0.2
650mm×3 大型车间	0.4
650mm×3 大型合金钢车间	0.5
550mm×1/400mm×3 中型车间	0.4
550mm×2/300mm×3 中型车间	0.3
400mm×2/250mm×500mm 小型车间	0.25

328．什么叫综合能耗，如何考核与计算？

生产 1t 合格的轧钢产品，除了直接消耗一定数量的一次能源（燃料、电）之外，还间接消耗了一定数量的二次能源，例如 1t 蒸汽是由 $100 \sim 120 kg$ 标准煤生产出来的；$1m^3$ 的压缩空气需耗用 $6kW \cdot h$ 的电能。每吨合格产品消耗的全部能量，称作综合能耗，计算公式为：

$$W_{综} = \frac{W_{综总} - W_{商}}{Q_{合}} \tag{10-11}$$

式中　$W_综$——单位产品的综合能耗(标煤),kg/t;

　　　$W_{综总}$——一次能源总量(标煤),kg;

　　　$W_商$——商品能源(包括外销燃料、电、氧气、蒸汽),kg;

　　　$Q_合$——合格产品总量,t。

或　　　　　　　　　$W_综 = W_燃 + W_电$　　　　　　(10-12)

式中　$W_燃$、$W_电$——分别为单位产品的燃耗和电耗(标煤),kg/t。

329. 什么叫轧机的日历作业率,如何表示?

任何一架轧机或一个机组都会有一定的停轧时间,用以处理故障、定期进行检修、更换轧辊以及进行交接班等,致使轧机不能全年连续不断地工作,这样就会造成轧机实际工作时间少于年日历时间。所谓轧机的实际工作时间包括轧机实际运转时间和生产过程中轧机的空转时间。以实际工作时间为分子、以日历时间减去计划大修时间为分母求得的百分数叫轧机的日历作业率,即:

$$轧机日历作业率 = \frac{轧机实际工作时间(h)}{日历时间(h) - 计划大修时间(h)} \times 100\%$$

(10-13)

轧钢机的计划大修时间由于车间的工艺设备条件差异很大,故有较大的不同,平均每年大致在 6~9 天的范围内。

轧机日历作业率是国家考核轧钢企业日历时间利用程度的指标。在各种类型的轧机上,由于技术操作水平和生产管理水平的不同,由于技术装备先进程度的不同,轧钢车间之间的日历作业率可能有较大的差别。但可以肯定,轧钢机的日历作业率越高,轧机的年产量也就越高。

330. 什么叫轧机的有效作业率,如何表示?

各企业的轧钢机工作制度是不相同的,有节日、假日不休息的连续工作制和节日、假日休息的间断工作制之分。在作业班次上也有三班工作制、两班工作制和一班工作制之分。按日历作业率考核企业不能充分说明轧钢机的有效作业情况。为了便于分析研究轧机的生产效率,企业内部一般都用轧机有效作业率来考核轧机的生产作业水平。

实际工作时间占轧机计划工作时间的百分比叫轧机的有效作业率,计算公式为:

$$轧机有效作业率 = \frac{实际生产作业时间(h)}{计划工作时间(h)} \times 100\% \qquad (10-14)$$

计划工作时间可根据本企业轧机的工作制度、作业班次、计划检修时间、计划换辊时间、交接班时间以及其他需要列在计划内的时间确定。

国内一些型钢轧机的工作时间如表 10-5 所示。

表 10-5　型钢轧机作业率与工作小时

轧 钢 机 类 型	日历作业率/%	年实际工作时间/h
轨梁轧机	72~74	6300~6500
横列式大型轧机	74~86	6500~7600
横列式中、小型轧机	72~77	6300~6800
半连续式小型、线材轧机	74	6500

331. 什么是日历作业时间,什么是计划工作时间,什么是实际工作时间?

日历作业时间是指日历上全年、全季或全日的小时数。平均的全年日历作业时间为:

$$24h/天 \times 365\ 天 = 8760\ h$$

如前所述,任何一架轧机或一个机组,实际上都不可能做到全年连续不断地工作,一定有计划之内的大修、定期的中小修、换辊及交接班等停机时间,对实行连续工作制度的轧机,其计划工作时间可用下式计算:

$$T_{计} = (365 - T_{大修} - T_{中小修} - T_{换})(24 - T_{交}) \qquad (10-15)$$

式中　$T_{计}$——全年计划工作时间,h;

365——全年天数,天;

$T_{大修}$——全年计划大修时间,天;

$T_{中小修}$——全年计划定期中小修时间,天;

$T_{换}$——全年轧机换辊时间,天;

$T_{交}$——每天规定的交接班时间,h/天;

24——每天的小时数,h/天。

对于实行非连续工作制度的轧机,其年计划工作时间则由下式计算:

$$T_{计} = (365 - T_{大修} - T_{中小修} - T_{换} - T_{节})(24 - T_{交})$$

$$(10-16)$$

式中　$T_{节}$——每年国家规定的节假日数,天。

上述 $T_{计}$ 为轧机一年可能的工作小时数,但实际上由于技术上的原因或者由于生产管理上的原因,如设备发生故障、断辊、非计划换辊,以及外来原因待热、待料、待电等,往往会造成轧机非计划停机。这些原因造成的时间损失,很难进行准确计算,在工程上通常用时间利用系数来考虑。这样,轧机一年实际工作的时间往往小于年计划工作时间,二者关系如下式表示:

$$T_{实际} = T_{计} K_{时} \qquad (10-17)$$

式中　$T_{实际}$——轧机年实际工作时间,h;

　　　$K_{时}$——轧机的时间利用系数,即轧机的有效作业率,一般可按 0.79~0.95 考虑。

332. 如何提高型钢轧机的作业率?

分析计算轧机作业率的公式可知,增加轧机工作时间是提高轧机作业率的有效途径。影响轧机工作时间的因素很多,这些因素都对轧机作业率发生作用。提高型钢轧机作业率的措施主要有:

(1)加强对设备的维护与保养,减少设备的检修次数和每一次检修所用的时间;对有些设备的零部件实行检修前成套更换的方法,以缩短检修时间。

（2）缩短换辊时间，减少换辊次数，如加强管理、均匀冷却、改进材质、正确操作、安排好生产计划以及做好换辊前后的准备工作和组织工作都能收到良好的效果。

（3）减少或消除机械设备、电气设备事故，采用一切有效措施，保证这些设备的正常运行。

（4）改变工作制度，增加轧机工作时间。如有的轧机可将间断工作制改为连续工作制；有的轧机交接班时间过长可适当减少，甚至有的轧机实行不停机交接，以增加轧机工作时间。

（5）加强生产组织管理和技术管理，协调前后工序，减少待热、待料、待轧等原因造成的时间损失。

333. 什么叫成材率，如何计算？

成材率是反映轧钢生产过程中金属收得情况的重要指标。成材率越高，表明用 1t 原料轧制出合格产品的数量越多；成材率低，则表明用 1t 原料轧制出合格产品的数量少。因此，成材率的概念是指用 1t 原料能够轧制出合格成品质量的百分数，其计算公式为：

$$b = \frac{Q_{合}}{G} \times 100\% \tag{10-18}$$

式中　　b——成材率，%；

$Q_{合}$——合格产品质量，t；

G——原料质量，t。

因为：

$$Q_{合} = G - G_{损失} \tag{10-19}$$

式中　　$G_{损失}$——各种原因造成的金属损失量，t。

故成材率计算公式又可表示为：

$$b = \frac{G - G_{损失}}{G} \times 100\% \tag{10-20}$$

成材率与金属消耗成倒数的关系，它们的关系式为：

$$b = \frac{1}{K_{金}} \times 100\% \tag{10-21}$$

式中　$K_{金}$——金属消耗系数。

334．什么叫合格率，如何计算？

轧制出的合格产品数量占产品总检验量与中间废品量之和的百分比叫合格率，其单位为％，计算公式如下：

$$合格率 = \frac{合格产品数量}{产品总检验量 + 中间废品量} \times 100\% \quad (10\text{-}22)$$

合格产品数量是指本月（也可用季、年）轧制的产品经检验后入库的数量。

中间废品指在加热、轧制或中间热处理过程中烧坏、轧废以及生产过程中因其他原因而未进行成品检验的一切废品。

总检验量是指轧制出的产品送至检验台上被检验的数量，它包括合格产品和检验出的废品，不包括判定属于供料责任所造成的轧后废品。

335．如何提高型钢轧机的成材率？

由计算成材率的公式中可以看出，提高成材率的途径最主要的是减少生产过程中的各种金属损耗。对型钢轧机而言，通过减少金属损耗来提高成材率的主要措施有：

（1）实行正确的加热工艺，减少加热过程中的氧化损失。坯料在加热过程中造成的金属氧化损失大致在1％～2％之间，有的车间甚至超过2％。一个年产量为20万t的型钢车间，如能减少1％的氧化铁皮，则可节省金属2000t。

（2）对坯料的轧后长度与成品交货的长度进行正确计算，尽量做到倍尺剪切，以减少切头、切尾损失，减少非定尺料造成的损失。对非定尺交货的钢材，如线材，在可能条件下应尽量增加坯料质量，因为增加坯料质量后切头切尾造成的金属损失的比例将会减小。

（3）实行负公差轧制。在型钢生产中有的品种是按质量交货的，也有不少品种是按长度交货的。按长度交货的品种（如角钢），实行负公差轧制即可增长轧件轧出长度,从而达到节省金属提高成材率的目的。

(4) 减少轧废损失,减少因管理混乱造成的钢料被判废的损失。

336. 如何计算型钢轧机的小时产量?

轧机产量是衡量轧机技术经济效益的重要指标。轧机产量分别以小时、班、日、年为时间单位进行计算,其中小时产量为轧机常用的生产率指标。

型钢轧机的小时产量用下式计算:

$$A = \frac{3600}{T} \times GbK_1 \qquad (10\text{-}23)$$

式中　A——轧机小时产量,t/h;

　　3600——1h 的秒数,s/h;

　　G——原料质量,t;

　　T——轧机的轧制节奏时间,即在机组中每轧出 1 根钢所需要的时间,s;

　　b——成材率,%;

　　K_1——轧机利用系数。

用上式计算的轧钢产量为某一种产品的小时产量,也称为单品种小时产量。

337. 如何计算型钢轧机的平均小时产量?

许多型钢轧机都生产多种产品,产品不同,所用的坯料不同,轧制道次不同,因而各品种的小时产量也不同。为了分析和考核轧机工作水平,需要根据各个品种的小时产量计算出轧机的平均小时产量,也叫轧机平均生产率。实际上计算轧机的年产量也是以平均小时产量为基础的。

在一定时间内(日、月、年),轧制不同产品的总产量与所花费的生产时间的比值叫该时间内轧机的平均生产率,轧机的平均生产率有以下两种计算方法：

(1) 按轧制产品的品种百分数计算，其计算公式为：

$$A_平 = \frac{100}{\dfrac{a_1}{A_1} + \dfrac{a_2}{A_2} + \cdots + \dfrac{a_n}{A_n}} \qquad (10\text{-}24)$$

式中 $A_平$——轧机平均生产率，t/h；

a_1、a_2、$\cdots$、a_n——各相应品种的产量占总产量的质量百分数，%；

A_1、A_2、$\cdots$、A_n——各相应品种的轧机小时产量，t/h。

(2) 按劳动换算系数计算。生产标准产品的轧机生产率与生产某品种的轧机生产率之间的比值，称为某种产品的劳动换算系数，如下所示：

$$K_换 = \frac{A_标}{A_x} \qquad (10\text{-}25)$$

式中 $K_换$——该产品的劳动换算系数；

$A_标$——生产标准产品的轧机生产率，t/h；

A_x——生产某种产品的轧机生产率，t/h。

由上述关系可知，劳动换算系数的大小，反映了该产品与标准产品相比，其生产的难易程度。如劳动换算系数为 1，表示某品种与标准产品相比，其生产难易程度相当；如大于 1，则表示该品种生产的难易程度大于标准产品的生产；反之，如小于 1，则说明某产品的生产较标准产品生产容易。

标准产品可根据产品大纲确定。在工程设计中常采用工艺比较简单、小时产量又最高的产品作为标准产品，作为选择与计算设备负荷的依据。有时在编制产品计划时也可以将占年产量百分数最大的产品作为标准产品。

劳动换算系数一般根据现场生产情况实测而得。用劳动换算系数计算轧机平均生产率的公式为：

$$A_平 = \frac{100}{\dfrac{a_1}{A_标} \times K_{换1} + \dfrac{a_2}{A_标} \times K_{换2} + \cdots + \dfrac{a_n}{A_标} \times K_{换n}} \qquad (10\text{-}26)$$

式中　　　　$A_{平}$——轧机平均生产率,t/h;

　　　　　　$A_{标}$——标准产品的小时产量,t/h;

$K_{换1}$、$K_{换2}$、$\cdots$、$K_{换n}$——生产各相应品种时的劳动换算系数。

338．如何计算型钢轧机的年产量?

轧钢车间的年产量是指轧机在一年内生产各种产品的综合年产量,是以车间轧机的平均小时产量为基础进行计算的,计算公式如下:

$$A_{年} = A_{平} \, T_{计划} K_2 \tag{10-27}$$

式中　$A_{年}$——轧机的年产量,t/年;

　　　$A_{平}$——平均小时产量,t/h;

　　　$T_{计}$——轧机一年计划工作时间,h/年;

　　　K_2——轧机时间利用系数。

$T_{计}$为轧机一年内可能工作的小时数,但实际上各车间由于技术上的原因或者由于生产管理上的原因,会造成轧机的非计划停产。由这种原因造成轧机的时间损失难以进行准确计算,通常用时间利用系数来表示。根据生产实践经验,型钢轧机的时间利用系数 $K_2 = 0.8 \sim 0.9$。

339．什么叫轧机利用系数?

理论轧制节奏与实际轧制节奏之比称为轧机利用系数。它反映了轧机轧制节奏失调的程度,反映了轧机理论小时产量和实际小时产量的差异,表示出轧机操作技术水平和熟练程度的高低。

轧机利用系数包括了下列原因所造成的时间损失:

(1) 由操作失误造成的时间损失;

(2) 前后工序不协调造成的时间损失;

(3) 生产过程中发生的零星小事故造成轧机不停车修理所花费的时间损失等(如轧件一次未送入、打滑、翻钢不成功、更换孔型、调整导卫板等)。

总之,轧机利用系数反映了轧机在没有停车的情况下所造成的时间损失。轧机利用系数用下式表示:

$$K_1 = \frac{T_理}{T_实} = \frac{A_实}{A_理} \qquad (10\text{-}28)$$

式中　K_1——轧机利用系数,一般为 $0.80 \sim 0.85$;

　　　$T_理$——理论轧制节奏,s;

　　　$T_实$——实际轧制节奏,s;

　　　$A_实$——实际小时产量,t/h;

　　　$A_理$——理论小时产量,t/h。

由上式可知,轧机利用系数愈高,轧机实际达到的小时产量与技术上可能达到的小时产量就愈接近,轧机利用情况愈好,反映出轧机操作技术水平愈高,反之,轧机利用情况就不好,轧机产量小,轧机操作技术水平就低。

340. 什么叫劳动换算系数?

型钢车间通常都不是单一品种生产,往往都是多品种、多规格产品的生产。在诸多产品中,通常都会有一种典型产品(也称标准产品)。典型产品的形成没有固定的规律,一般都以在年产量中占比例最多的或生产工艺过程较为简单的产品为典型产品。典型产品小时产量与非典型产品小时产量的比值称为劳动换算系数。其意义是在同样条件下,在生产 1t 典型产品所花费的时间内能生产出多少吨非典型产品,反映了典型产品与非典型产品之间在生产上的难易程度。二者的关系如式 10-25 所示。

劳动换算系数一般在现场经测试而得到。

341. 如何提高型钢轧机的产量?

由式 10-23 可知,影响轧机小时产量的因素有:轧制节奏、坯料质量、成材率、轧机利用系数。因此,提高轧机产量的途径应该从影响轧机产量因素方面考虑。

(1) 从轧制节奏方面考虑。从开始轧制第一根钢到开始轧制第二根钢的时间间隔叫轧制节奏。由计算轧机产量公式可以知道:轧制节奏愈短,轧机产量愈高。但轧制节奏是个复杂的问题,它受诸多因素的影响,如坯料断面尺寸的大小、轧制道次的多少、轧制速度的快慢、轧机布置方式以及操作技术水平的高低等。对型钢轧机而言,缩短轧制节奏的办法有:缩短纯轧时间和间隙时间,增加交叉轧制时间等。

(2) 从坯料质量方面考虑。坯料质量的大小对轧机产量有重大影响,从式 10-23 中看出,坯料质量愈大,轧机小时产量愈高。实际上,情况并不都是如此,有时会因增加坯料质量导致轧制节奏增加而使轧机产量下降。只有当坯料质量增加引起轧制节奏增加而使产量减少的作用小于坯料增加使产量增加的作用时,轧机产量才能提高,否则会使轧机产量下降。对型钢轧机而言,通过增加坯料长度来增加坯料质量,一般都能得到轧机产量增加的效果。

(3) 从轧机利用系数方面考虑。轧机利用系数愈高,轧机产量愈高。轧机利用系数的高低,主要受操作技术水平和生产管理水平的影响。提高设备机械化自动化程度、加强生产管理是提高轧机利用系数的主要措施。

(4) 从成材率方面考虑。成材率愈高,轧机小时产量愈高。提高成材率的措施主要在于想方设法减少生产过程中的一切金属消耗。

342. 什么叫劳动生产率?

劳动者在一定时间内,比如一年内平均生产合格产品的数量叫劳动生产率。劳动生产率的高低反映了劳动者在一定时间内生产产品的多少。劳动生产率高,则表示劳动者在该段时间内向社会提供的物质财富多;反之,劳动生产率低,则表明劳动者向社会提供的物质财富少。

劳动生产率的高低与劳动者的技术水平、劳动工具的先进程度以及劳动组织状况等因素有关。因此,劳动生产率是反映车间劳动者劳动效果的重要指标,也是国家考核企业水平的重要内容。

劳动生产率有实物劳动生产率和产值劳动生产率之分。

343. 什么叫全员劳动生产率?

全员劳动生产率是经常采用的考核劳动者劳动效果的指标。全员劳动生产率也被称作全员实物劳动生产率,它的含义是企业平均每个职工在一定时间内生产出的合格产品数量。其计算公式为:

$$全员劳动生产率 = \frac{考核时间内生产的合格产品总量(t)}{考核时间内全部职工人数(人)}$$

$$(10-29)$$

全部职工指参加产品生产劳动的全体人员,包括企业的劳动职工、临时职工、计划外用工等。

344. 什么叫工人实物劳动生产率,什么叫工人产值劳动生产率?

工人实物劳动生产率是指企业内部平均每个工人在一定时间内生产的合格产品实物量。其计算公式为:

$$工人实物劳动生产率 = \frac{考核时间内生产的合格产品总量(t)}{考核时间内员工总人数(人)}$$

$$(10-30)$$

工人产值劳动生产率是指企业内生产工人在一定时间里生产的合格产品的总产值。其计算公式为:

$$工人产值劳动生产率 = \frac{考核时间内合格产品总产值(元)}{考核时间内员工总人数(人)}$$

$$(10-31)$$

以上两式中,员工总人数为企业的固定工人、临时工人、计划外用工和学徒工的总和。

345. 如何提高劳动生产率?

劳动生产率是个综合指标,它受企业多方面因素的影响,比如它与企业采用的工艺技术的先进性、车间装备的水平与其工作的可靠性、工人操作技术水平的高低与其对工作认真负责的态度、车间组织与管理生产是否科学等一系列因素有关。无疑,哪个车间的劳动生产率高,则必定反映出哪个企业工艺技术先进、装备稳定可靠、工人操作技术水平高超、生产管理科学、劳动组织协调;反之,劳动生产率低,则说明该企业必定在上述几方面存在问题。

因此,要提高企业的劳动生产率首先要分析与研究影响本企业劳动生产率的主要原因是什么,具体表现在哪些方面,然后结合企业的具体情况有针对性地采取措施,才能收到应有的效果。

346. 什么叫产品成本,它由哪几部分组成?

工业企业的基本任务是生产出各种类型的工业产品供应社会并满足人民生活各方面消费的需要,并实现产品的价值,取得利润。

产品的生产和经营管理的过程,同时也是生产和经营管理耗费的过程。工业企业为生产一定种类、一定数量的产品所耗费的各种生产费用之和,就是这些产品的生产成本,亦称为产品的制造成本,简称产品成本。

工业企业在生产经营过程中发生的各项费用,具有不同的性质和用途,有的是用于产品生产,有的是用于购建固定资产,有的是用于福利支出。这些费用并不都能计入产品成本。按照有关会计制度的规定,各工业企业施行制造成本法。所谓制造成本法是一种生产范围内的成本计算方法,即产品成本只包括生产领域中的与产品制造有直接关系的直接材料、直接工资和制造费用。这部分费用称之为产品费用,是构成产品成本的主要内容。与产品生产无直接关系的各项费用,如管理部门为组织和管理企业所发生的各项管理费用、企业生产经营过程中发生的利息支出等财务费用、在销售产品过程中发生的各项销售费用,均作为期间费用处理。也就是说,管理费用、财务费用和销售费用不能计入产品成本。

为进一步核算产品成本,必须对产品费用进行合理的、科学的分类。产品费用的分类方法很多,常用的产品费用是按经济用途

分类,一般可以分为下列几项:

(1) 原材料,指构成产品实体的原料及主要材料,以及有助于产品形成的辅助材料;

(2) 燃料和动力,指直接用于产品生产的外购和自制的燃料和动力;

(3) 工资,指直接参加生产的工人工资以及按生产工人工资总额和有关规定的比例计算提取的职工福利费;

(4) 制造费用,指企业各生产车间为管理和组织生产而发生的各项间接费用,包括工资和福利费、折旧费、修理费、办公费、水电费、机物料消耗、劳动保护费、租赁费、保险费、排污费、存货盘损费以及其他制造费用。

将产品费用按照经济用途划分为若干成本项目,可以反映出产品成本的构成情况,有利于考核各项消耗,并分析各项支出是否合理,为企业降低产品成本、厉行节约、提高经济效益提供了重要依据。

347. 什么叫固定资产,什么叫流动资金?

固定资产是企业在生产经营过程中使用期限较长、单位价值较高的主要劳动资料。这些劳动资料虽然能在若干个生产周期内使用,但其原有实物形态和使用价值不变,其价值则随着使用时间的延长逐渐地部分地减少。其减少的价值以折旧的形式计入企业的生产成本、管理费用,随后通过产品销售得到补偿。所以,我国企业财务制度规定:固定资产是指使用期限超过一年的房屋、建筑物、机械、机器、运输工具以及其他与生产经营有关的设备、器具、工具等。不属于生产经营主要设备的物品,单位价值在2000元以上,并且使用期限超过两年的,也应当作为固定资产。

流动资金是除固定资产以外的企业资产,它是企业进行日常生产所必需的资本金。流动资金主要由以下几部分资产所组成:(1)企业现有的资金;(2)企业在银行的有价证券;(3)企业所有的可以折旧的应收款;(4)企业所有的可以变现的其他资产。其中货币资金是流动资金中最重要的组成部分。

348．如何计算与考核企业利润指标？

企业利润是企业生产追求的目的，企业利润的大小反映了企业生产经营的效果。因此争取获得企业的最大利润是企业生产经营者的责任。企业的利润净额由营业利润、投资净收益、营业外收支净额和所得税等项目组成。

营业利润是指企业直接从事劳务经营活动所获取的利润，对工业企业而言，则为产品销售利润。而产品销售利润如下式所示：

产品销售利润＝产品销售收入－产品销售费用

－产品销售税金及其他附加费用

此外，还有其他业务利润，其数额为：

其他业务利润＝其他业务收入－其他业务支出

投资净收益是指企业投资收益扣除投资损失后所得的数额。

因此，企业利润总额是指营业利润、投资净收益和营业外收入净额加上以前年度积累数额之和。企业净利润为利润总额减去所得税。

由以上分析不难看出，增加企业的经济效益最有效的途径是增加各种收入，减少各种支出。

参 考 文 献

1 《中国冶金百科全书》编委会 . 中国冶金百科全书,金属塑性加工卷 . 北京:冶金工业出版社,1999

2 王廷溥 . 轧钢工艺学 . 北京:冶金工业出版社,1996

3 王有铭 . 型钢生产理论与工艺 . 北京:冶金工业出版社,1996

4 张强 . 合金钢轧制 . 北京:冶金工业出版社,1993

5 《小型型钢连轧生产工艺与设备》编写组 . 小型型钢连轧生产工艺与设备 . 北京:冶金工业出版社,1999

6 《高速轧机线材生产》编写组 . 高速轧机线材生产 . 北京:冶金工业出版社,1995

7 刘文等 . 轧钢生产基础知识问答 . (第 2 版),北京:冶金工业出版社,1994

8 上海冶金工业局孔型学习班 . 孔型设计 . 上海:上海人民出版社,1979

9 白光润等 . 孔型设计 . 北京:冶金工业出版社,1996

10 王有铭等 . 钢材的控制轧制和控制冷却 . 北京:冶金工业出版社,1999

11 李曼云等 . 钢材的控制轧制和控制冷却技术手册 . 北京:冶金工业出版社,1990

12 武学泽 . 棒材生产 . 北京:中国言实出版社,1996

13 李风岭 . 大连钢铁(集团)公司新建的合金钢棒线材轧机机组 . 特殊钢,1997;(5)

14 李小玉 . 低温轧制与热轧润滑 . 钢铁,1992;(5)

15 邹家祥等 . 轧钢机械(第 3 版). 北京:冶金工业出版社,2000

16 袁康 . 轧机车间设计基础 . 北京:冶金工业出版社,1988

冶金工业出版社部分书目简介

现代电炉－薄板坯连铸连轧	98.00 元
英汉金属塑性加工词典	68.00 元
高精度板带材轧制理论与实践	70.00 元
金属轧制过程人工智能优化	36.00 元
中国热轧宽带钢轧机及生产技术	75.00 元
金属塑性变形力计算基础	15.00 元
金属挤压理论与技术	25.00 元
板带铸轧理论与技术	28.00 元
二十辊轧机及高精度冷轧钢带生产	69.00 元
高精度轧制技术	40.00 元
小型连轧机的工艺与电气控制	38.00 元
轧机轴承与轧辊寿命研究及应用	39.00 元
轧钢生产实用技术	26.00 元
金属塑性加工有限元模拟技术与应用	35.00 元
钢铁生产工艺装备新技术	39.00 元
板带连续轧制	28.00 元
轧机传动交流调速机电振动控制	29.00 元
金属塑性变形的实验方法	28.00 元
液压润滑系统的清洁度控制	16.00 元
轧钢生产新技术 600 问	62.00 元
轧制工艺润滑原理技术与应用	29.00 元
小型型钢连轧生产工艺与设备	75.00 元
薄板坯连铸连轧(第 2 版)	45.00 元
高技术铁路与钢轨	36.00 元
液压传动技术	20.00 元
中厚板生产	29.00 元
中型型钢生产	28.00 元
高速线材生产	39.00 元